DANGDAI ZIRAN BIANZHENGFA

当代自然辩证法

● 主　编　许为民

ZHEJIANG UNIVERSITY PRESS
浙江大学出版社

图书在版编目（CIP）数据

当代自然辩证法 / 许为民主编. 一杭州：浙江大学出版社，2011.8(2019.5 重印)
ISBN 978-7-308-08935-7

Ⅰ. ①当… Ⅱ. ①许… Ⅲ. ①自然辩证法 Ⅳ. ①N031

中国版本图书馆 CIP 数据核字（2011）第 154000 号

当代自然辩证法
主　编　许为民

责任编辑　朱　玲
出版发行　浙江大学出版社
（杭州市天目山路 148 号　邮政编码 310007）
（网址：http://www.zjupress.com）
排　　版　杭州中大图文设计有限公司
印　　刷　浙江省良渚印刷厂
开　　本　787mm×1092mm　1/16
印　　张　16.75
字　　数　407 千
版 印 次　2011 年 8 月第 1 版　2019 年 5 月第 7 次印刷
书　　号　ISBN 978-7-308-08935-7
定　　价　35.00 元

浙江大学出版社市场运营中心联系方式：0571－88925591；http://zjdxcbs.tmall.com

目　录

绪　论 …… 1

一、自然辩证法的创立与现代演进 …… 1

二、《当代自然辩证法》教材的逻辑体系 …… 6

三、学习自然辩证法的意义和要求 …… 7

第一篇　自然观与生态文明

第一章　自然观的历史变迁 …… 13

第一节　古代朴素自然观 …… 13

一、古代朴素自然观的基本特点 …… 13

二、古希腊自然哲学 …… 14

三、古代中国自然哲学 …… 16

四、古希腊自然哲学与古代中国自然哲学的差异 …… 18

第二节　近代机械自然观 …… 19

一、神创论自然观向机械自然观的转变 …… 19

二、机械自然观的主要观点 …… 20

三、机械自然观评价 …… 21

第三节　现代辩证自然观 …… 22

一、辩证自然观是近代科学与哲学发展的必然产物 …… 22

二、辩证自然观的主要观点 …… 24

三、辩证自然观的历史意义和现实意义 …… 25

第二章　自然存在观 …… 27

第一节　系统观是辩证存在观的现代形态 …… 27

一、系统观的科学基础 …… 27

二、系统的界定及其构成 …… 29

第二节　物质系统的基本属性 …… 31

一、整体性 …… 31

二、开放性 …… 32

三、层次性 …… 33
第三节　物质系统存在的若干哲学问题 …… 35
一、物质与时空 …… 35
二、有限与无限 …… 36
三、虚拟与现实 …… 38
第三章　自然演化观 …… 41
第一节　自然界的演化及其方向 …… 41
一、从研究存在的自然到研究演化的自然 …… 41
二、自然界的演化及其基本特征 …… 42
三、自然界演化的两个相反方向 …… 43
第二节　自然系统的自组织奥秘 …… 45
一、自组织理论概述 …… 45
二、涨落是自组织的微观基础 …… 46
三、非线性正反馈是自组织的作用机制 …… 47
四、开放远离平衡是自组织的外部条件 …… 48
五、自组织进化的随机性与多样性 …… 49
第三节　自然界的重要演化现象 …… 50
一、宇宙的创生与演化 …… 50
二、太阳系与地球的演化与进化 …… 51
三、生命的起源与进化 …… 52
四、人类的起源与进化 …… 53
第四章　自然生态观 …… 56
第一节　生态观的历史演进 …… 56
一、原始社会的生态观 …… 56
二、农业社会的生态观 …… 57
三、工业社会的生态观 …… 57
四、马克思主义的生态观 …… 58
第二节　现代社会的生态危机及其思想根源 …… 59
一、新世纪生态危机的加剧 …… 59
二、造成当前生态危机的思想根源 …… 60
第三节　可持续发展与生态文明建设 …… 61
一、可持续发展的基本思想 …… 61
二、生态文明的特征与理念 …… 63
三、生态文明建设的价值维度分析 …… 65
第四节　中国特色的生态文明建设 …… 67
一、中国生态文明建设的历史进程 …… 67
二、中国生态文明建设的特殊意义 …… 68
三、中国生态文明建设的路径 …… 69

第二篇　科学观与科学方法

第五章　科学发展与科学革命 …… 73

第一节　现代以前的科学发展 …… 73

一、古代科学及其特点 …… 73

二、近代科学及其特点 …… 75

第二节　科学革命与现代科学发展 …… 79

一、世纪之交的物理学革命 …… 79

二、现代科学的全面发展 …… 81

三、现代科学的特点 …… 82

第三节　科学发展模式的若干理论 …… 85

一、逻辑经验主义的积累式观点 …… 85

二、波普尔的“四段图式”论 …… 85

三、库恩的科学革命论 …… 86

四、科学发展模式理论的讨论 …… 86

第六章　科学问题与科学事实 …… 88

第一节　科学研究的结构与程序 …… 88

一、科学研究系统的结构 …… 88

二、科学研究的程序 …… 89

第二节　科学问题与科研选题 …… 89

一、科学问题是科学研究的逻辑起点 …… 89

二、科学问题的类型及其来源 …… 91

三、科研选题的原则 …… 92

第三节　科学事实及其获取方法 …… 94

一、科学事实及其性质 …… 94

二、科学观察方法 …… 95

三、科学实验方法 …… 97

四、科学事实获取中的认识论问题 …… 100

第七章　科学抽象与科学思维 …… 104

第一节　科学事实走向科学假说的重要环节 …… 104

一、两种互相关联的科学理性活动 …… 104

二、科学抽象与科学思维的主要形式 …… 105

三、科学抽象和科学思维在科研中的作用 …… 107

第二节　科学研究中的逻辑思维 …… 108

一、逻辑思维的含义及其主要类型 …… 108

二、形式逻辑的主要方法及基本规则 …… 109

三、辩证逻辑的主要原则与分析维度 …… 111

四、形式逻辑与辩证逻辑的相辅相成 …… 112
第三节　科学研究中的非逻辑思维 …… 113
一、非逻辑思维与逻辑思维的区别与联系 …… 113
二、科学研究中的想象 …… 115
三、科学研究中的直觉与灵感 …… 116
四、非逻辑思维能力的培养 …… 117
第八章　科学假说与科学理论 …… 119
第一节　科学假说 …… 119
一、科学假说的特征和作用 …… 119
二、科学假说的形成和建立 …… 121
三、科学假说的确证和证伪 …… 124
第二节　科学理论 …… 127
一、科学理论的结构和特征 …… 127
二、科学理论的功能和评价 …… 128
三、科学理论的发展 …… 130
四、科学理论与科学假说的关系 …… 132
第三节　科学解释 …… 132
一、逻辑实证主义的科学解释观 …… 132
二、当代科学哲学的科学解释理论 …… 133

第三篇　技术观与技术方法

第九章　技术演进与技术革命 …… 139
第一节　古代手工技术的演进 …… 139
一、原始社会的技术发展 …… 139
二、奴隶社会的技术发展 …… 140
三、封建社会的技术发展 …… 141
第二节　近代工业化技术的革命与演进 …… 142
一、近代技术的三个转变 …… 142
二、蒸汽技术革命 …… 143
三、电力技术革命 …… 143
四、工业化大生产技术体系 …… 145
第三节　现代科学化技术的革命与演进 …… 147
一、现代技术的科学化特征 …… 147
二、“二战”期间兴起的现代技术 …… 148
三、当代高新技术群 …… 150
第十章　技术本质与技术结构 …… 156
第一节　技术概念和技术本质 …… 156

一、技术概念的多重定义 …… 156
二、技术本质 …… 158
第二节 技术属性和价值负荷 …… 159
一、技术的双重属性 …… 159
二、技术的价值负荷 …… 160
第三节 技术要素和技术结构 …… 163
一、技术要素 …… 163
二、技术结构 …… 165
三、技术体系与技术结构 …… 165
四、技术联系方式与技术结构 …… 167
第十一章 技术研究的基本方法 …… 170
第一节 技术研究过程与技术方法特点 …… 170
一、技术研究的一般过程 …… 170
二、技术方法的特点 …… 172
第二节 技术研究的一般方法 …… 173
一、技术预测方法 …… 173
二、技术评估方法 …… 175
三、技术发明方法 …… 177
四、技术设计方法 …… 180
五、技术试验方法 …… 181
第三节 技术研究的系统方法 …… 183
一、系统论与系统工程 …… 183
二、系统工程与方法 …… 184

第四篇 科学技术与当代社会

第十二章 科学技术的社会建制 …… 191
第一节 科学技术的社会体制化 …… 191
一、作为社会建制的科学技术体制 …… 191
二、科学技术社会体制化的进程 …… 192
第二节 科学技术的社会组织 …… 194
一、科学技术界的社会分层和互动 …… 194
二、科学技术的社会组织 …… 196
三、科学共同体与技术共同体 …… 199
第三节 科学技术的社会运行 …… 201
一、科学技术的体制目标 …… 201
二、科学技术的社会规范 …… 202
三、科学技术的奖励制度 …… 203

第十三章　科学技术与社会的互动 …… 207
第一节　科学技术的社会功能 …… 207
一、科学技术的认识功能 …… 207
二、科学技术的物质生产功能 …… 208
三、科学技术的教育功能 …… 211
四、科学技术的政治功能 …… 211
第二节　社会对科学技术发展的影响 …… 213
一、经济是科学技术发展的动力 …… 213
二、教育对科学技术发展的影响 …… 214
三、文化对科学技术发展的影响 …… 215
四、政治对科学技术发展的影响 …… 216
第三节　科学技术的负面影响及其反思 …… 217
一、科学技术对人类社会的负面影响 …… 217
二、对科学技术负面影响的反思 …… 220
第十四章　科学技术与伦理道德 …… 222
第一节　科技工作的职业道德 …… 222
一、科技工作职业道德的原则 …… 222
二、科技工作职业道德的规范 …… 224
三、科技行为的道德选择与评价 …… 226
第二节　现代科技伦理的若干重要领域 …… 229
一、核伦理 …… 229
二、太空伦理 …… 230
三、网络伦理 …… 231
四、基因伦理 …… 233
第十五章　科学技术与创新型国家建设 …… 237
第一节　创新型国家的内涵及其形成 …… 237
一、创新型国家的内涵与评价 …… 237
二、创新型国家的形成与经验 …… 240
第二节　科学技术与创新型国家建设 …… 242
一、科学技术是创新型国家建设的关键 …… 242
二、创新型国家建设推动科学技术发展 …… 244
第三节　中国建设创新型国家的道路 …… 245
一、建设国家创新体系 …… 245
二、实施自主创新战略 …… 248
三、深化科技体制改革 …… 249
后　记 …… 253

图目录

图 1-1　柏拉图
图 1-2　八卦
图 1-3　想象中的拉普拉斯妖
图 2-1　石墨和金刚石的结构比较
图 2-2　生态系统的整体性、开放性和层次性
图 2-3　计算机绘制的虚拟图像
图 3-1　混沌
图 3-2　B-Z 反应中出现的时空有序现象
图 3-3　宇宙大爆炸的时空示意图
图 3-4　地质年代及生命演化示意图
图 4-1　原始图腾
图 4-2　日本水俣病患者
图 4-3　循环经济示意
图 5-1　拉斐尔的《雅典学园》
图 5-2　耸立在意大利罗马鲜花广场中央的布鲁诺雕像
图 5-3　20 世纪物理学精英图
图 6-1　2009 年 8 月，IBM 科学家利用原子力显微镜拍摄了单个并五苯分子的照片
图 6-2　巴甫洛夫实验
图 7-1　富兰克林雷电类比实验
图 7-2　大胆想象
图 8-1　地心说示意图
图 8-2　物质波实验
图 8-3　大陆漂移示意图
图 8-4　正五边形的作图过程
图 9-1　古罗马竞技场
图 9-2　“克莱蒙特号”汽船
图 9-3　第一代到第五代计算机的发展
图 10-1　夏代陶器

图 10-2　分形结构图
图 10-3　冯·诺伊曼式计算机结构图
图 10-4　中国秦山核电站
图 11-1　技术研究一般过程
图 11-2　技术评估程序
图 11-3　瓦特和他的蒸汽机模型
图 11-4　系统工程三维结构
图 11-5　网络分析图
图 12-1　英国皇家学会
图 12-2　美国阿贡实验室
图 12-3　库恩《科学革命的结构》2003 年中文版封面
图 14-1　抄袭舞弊
图 15-1　蒸汽机的出现引领了 18 世纪英国的第一次工业革命
图 15-2　2006 年全国科技大会
图 15-3　中国的“两弹一星”
图 15-4　面向知识社会的科技创新体系

专栏目录

专栏 1-1　亚里士多德：百科全书式的学者

专栏 1-2　笛卡尔关于机械自然观的基本思想

专栏 2-1　系统非加和性的来源

专栏 2-2　电路系统可靠性与单个元件可靠性

专栏 2-3　系统分层结构优于无分层结构事例

专栏 3-1　运动、演化、进化和退化概念的比较

专栏 3-2　“线性”与“非线性”

专栏 4-1　《二十一世纪议程》

专栏 4-2　中国 21 世纪议程

专栏 4-3　包容性增长

专栏 5-1　同时性的相对性

专栏 5-2　量子力学的产生

专栏 5-3　物理学和生物学的理论大综合

专栏 6-1　爱因斯坦的问题观

专栏 6-2　反氢原子——人类向解读宇宙奥秘迈出又一步

专栏 6-3　寻找“反物质”的太空实验

专栏 7-1　归纳原理及其问题

专栏 7-2　“濠梁之辩”

专栏 7-3　“飞矢不动”

专栏 8-1　科学假说的确证和证伪的逻辑公式

专栏 8-2　月球起源的四种假说

专栏 8-3　经典电磁学理论的形成

专栏 8-4　科学大战

专栏 9-1　沈括与《梦溪笔谈》

专栏 9-2　爱迪生与发明

专栏 9-3　中国航天发展史上的大事

专栏 9-4　信息技术的 3A、3C、3D

专栏 9-5　信息时代的三大定律

专栏 9-6 “多利”的克隆过程
专栏 9-7 NBIC 会聚技术
专栏 10-1 埃吕尔的技术哲学思想
专栏 10-2 美国的火星探索计划
专栏 10-3 信息行业的技术体系概念
专栏 11-1 三门峡工程半个世纪成败得失
专栏 11-2 专利利用与发明
专栏 11-3 专利文献调查避免技术引进和研发的盲目性
专栏 11-4 一举而三役济
专栏 11-5 阿波罗登月计划
专栏 12-1 汤浅现象
专栏 12-2 科学分层的金字塔结构
专栏 12-3 科学研究中的荣誉性奖励——命名法
专栏 13-1 熊彼特关于技术创新的定义
专栏 13-2 李约瑟难题
专栏 13-3 任鸿隽论中国学术的弊端
专栏 13-4 绿色革命的“悖论”
专栏 13-5 居里夫人对镭的担忧
专栏 14-1 科学家追求真理的案例
专栏 14-2 乌普斯拉科学研究规范
专栏 14-3 学术不端行为的七种表现
专栏 14-4 医疗实践中动机和效果的统一
专栏 14-5 网络问题的七个 P
专栏 14-6 基因工程的安全性
专栏 15-1 关于国家创新体系的几种界定
专栏 15-2 索罗余值

绪　论

重点提示

- 19 世纪自然科学和哲学共同的重大进展是恩格斯创立自然辩证法学说的基础。
- 20 世纪出现的科学哲学和科学社会学是自然辩证法学科在现代发展的重要内容。
- 《当代自然辩证法》教材以自然—科学—技术—社会的讨论为基本对象。
- 学习自然辩证法课程要坚持与时俱进，促进科学发展。

自然辩证法是研究自然界和科学技术发展一般规律以及人类认识自然和改造自然一般方法的学科，它是马克思主义理论的重要组成部分，是对于人类认识自然和改造自然的成果与活动进行科学概括总结的产物。学习自然辩证法课程，对于研究生了解自然、科学、技术与社会发展的客观规律和相互联系，掌握科学思维方法，并在具体的科学技术研究工作中实践科学发展观，建设创新型国家，促进人与自然、社会的全面、协调、可持续发展，具有重要意义。

一、自然辩证法的创立与现代演进

1. 自然辩证法的创立

18 世纪下半叶开始的资本主义工业革命，既是在自然科学发展基础上产生的，也为自然科学的发展提供了新的事实材料和实验手段，从而推动了近代自然科学在 19 世纪的全面进展，开创了科学的文化世纪。在 19 世纪，自然科学的一些主要部门相继由经验领域进入理论领域，即由搜集材料阶段进入到整理材料阶段，由分门别类研究进入到研究自然界的相互联系，由研究既成事实进入到研究过程变化，由研究力学的因果关系进入到研究各种运动形式的特殊本质。

19 世纪涌现的各门自然科学重大理论成果，一次又一次地打开了形而上学自然观的缺口，揭示出自然界普遍联系和变化发展的客观辩证法。与此同时，德国古典哲学的最著名代表人物黑格尔从其唯心主义的观点出发，提出了辩证法的规律和范畴，批判了自然科学研究中形而上学的思维方法和经验主义倾向。这一时期自然科学和哲学两个方面的重大进展，为马克思主义创始人研究和阐述自然界与自然科学的辩证法提供了重要基础，推动了自然辩证法的产生。应该说，关于自然界与自然科学的辩证法思想是马克思和恩格斯共同提出的，但马克思的主要精力在研究资本主义经济运动规律方面，自然辩证法的研究和创立主要是由恩格斯完成的。

1858 年 7 月 14 日，恩格斯在给马克思的信中说他正在进行关于生理学和比较解剖学的研究，发现 30 年代以来自然科学所取得的成就，处处显示出自然界的辩证性质。信中提到了细胞理论的建立、能量转化的发现、胚胎发育显示的生物进化等科学研究最新成果。这封信被认为是记载自然辩证法思想的第一个历史文献。①

1873 年 5 月 30 日，恩格斯致信马克思："今天早晨躺在床上，我脑子里出现了下面这些关于自然科学的辩证思想。"信中提出："自然科学的对象是运动着的物质，物体。物体和运动是不可分的，各种物体的形式和种类只有在运动中才能认识。""自然科学只有在物体的相互关系中，在物体的运动中观察物体，才能认识物体。对运动的各种形式的认识，就是对物体的认识。"②这封信反映了恩格斯关于自然辩证法学说的第一个全面构思，也是他准备写作《自然辩证法》一书的起点。在这封信基础上，恩格斯写了《自然辩证法》全书的第一篇札记《自然科学的辩证法》。

从 1873 年 5 月到 1876 年 5 月的三年里，恩格斯全力投入探索自然辩证法的工作，写出了 2 篇论文 94 篇札记，其中一篇论文是 1875—1876 年间写成的《导言》。《导言》是恩格斯《自然辩证法》全书的精髓，它生动地总结了近代科学的成长和发展，特别是自然观的变化和发展，深刻地揭示了自然界的辩证本性，正确地指出"自然界不是存在着，而是生存着并消逝着"。③

1876 年 5 月，鉴于国际共产主义运动形势的需要，恩格斯应德国社会民主党领袖李卜克内西的请求，暂时放下了自然辩证法的研究转而写作《反杜林论》，以从理论上回击杜林对于国际共产主义运动的挑战。直到 1878 年 8 月，恩格斯才又继续进行自然辩证法的研究，写了 8 篇论文、75 篇札记和 2 个计划草案。就在恩格斯准备尽快结束《自然辩证法》全书写作之际，1883 年 3 月 14 日马克思去世了，恩格斯不得不再一次中断自然辩证法的研究而去整理出版《资本论》。这一次的中断最后遗憾地成为终结，直到 1895 年 8 月 5 日逝世，恩格斯都没有能够再进行《自然辩证法》的写作。现在我们读到的恩格斯《自然辩证法》一书，实际上是由 181 篇论文、札记和计划草案组成的手稿汇编。

尽管恩格斯没有能够最终正式完成《自然辩证法》的著作，但是自然辩证法作为马克思主义理论体系中的一个重要组成部分，已经被实际地建立起来了。在《自然辩证法》手稿中，恩格斯通过对自然科学特别是 19 世纪自然科学最新发展成果的哲学概括，确立了辩证唯物主义自然观的主要内容以及辩证法规律和若干范畴；通过对科学技术史的研究，总结了自然科学的发展规律，批判了自然科学领域中的唯心主义和形而上学，论述了科学认识方法论的基本内容。恩格斯还根据唯物辩证法原理，对自然科学的未来发展提出了许多科学的预见，例如关于原子可分、生命本质、各门学科的交叉点上必然产生新的边缘学科等，都得到了后来科学发展事实的有力佐证。

恩格斯《自然辩证法》的手稿在 1925 年以德文原文和俄文译文对照的形式在苏联第一

---

① 许良英. 恩格斯《自然辩证法》的准备、写作和出版的过程. 载：恩格斯. 自然辩证法. 北京：人民出版社，1984：361.

②③ 恩格斯. 自然辩证法. 北京：人民出版社，1984：329，12.

次正式出版。接着,《自然辩证法》日文版(1929 年)、中文版(1929 年)、英文版(1939 年)等多种文字的版本也相继问世,关于自然界和自然科学辩证发展的思想在世界范围内传播开来了。

2. 自然辩证法的现代演进

进入 20 世纪以后,以物理学三大发现(X 射线、放射性、电子)和两大理论(相对论、量子力学)为代表的现代科学革命,开创了科学技术蓬勃发展的新时代。自然科学在继续研究宏观低速运动层次的基础上,向上拓展到宇观太空高速运动层次,向下拓展到微观原子内部结构层次,涌现了宇宙学、粒子物理学、分子生物学等一系列新兴基础学科,向人类展现了全新的自然图景和科学图景。自然界各种不同物质运动之间的相互转化和内在统一的客观规律,各种自然现象之间相互联系和依存规律被不断地揭示出来。同时,现代科学革命带动了现代技术革命,进而又引起了新一轮的产业革命,最终导致社会生产力的巨大进步,并带来人类物质生活、社会关系、精神生活和思维方式的极其深刻变化。这既为自然辩证法的基本理论提供了更充分的证据,也极大地丰富了自然辩证法的学科基础和研究内容,使它的发展获得了与时俱进的强大生命力。其中,科学哲学和科学社会学的研究与自然辩证法的现代演进关系最为密切。

(1)科学哲学的产生与发展

科学哲学是以科学为研究对象的一门哲学学科,它主要研究科学的认识论和方法论。具体而言,科学哲学要探讨科学的性质,科学与非科学的分界,科学发现与科学证明的逻辑,科学理论的提出、检验和评价,科学理论的结构、解释和更替,科学发现的模式,科学思维的形式、要素和特点。同时,在进行科学认识论和方法论研究的过程中,科学哲学也不绝对排斥考察科学的社会本质,不绝对排斥对科学的本体论研究。

一般认为,科学哲学是在 20 世纪 20 年代以维也纳学派为代表的逻辑经验主义形成后,才成为一门独立学科的。1922 年,石里克担任了奥地利维也纳大学“归纳科学的哲学”讲座教授,1926 年卡尔纳普也成为维也纳大学的哲学教授。以他们两人为首,形成了科学哲学的维也纳学派(始称石里克小组)。维也纳学派建立起逻辑经验主义(前期也叫逻辑实证主义)的“标准”科学哲学,其基本特征是同时强调理性的最核心基石——经验和逻辑。逻辑经验主义主张,只有可能得到经验证实的命题,才是有意义的、科学的命题,否则便是一串空洞的、无意义的语词排列。因此,科学与非科学、伪科学的划界标准就是可证实性原则。哲学的变革、改造,就是要坚决“拒斥形而上学”,使哲学像经验科学一样精确。哲学的任务就是运用逻辑主要是数理逻辑的方法,对科学语言进行分析,揭示其经验性。除此之外,哲学就再没有别的任务了。

20 世纪 20 年代到 50 年代,逻辑经验主义虽然受到来自各方面的挑战,但一直被奉为标准的科学哲学,占据着科学哲学的统治地位。50 年代以后,这种统治地位发生动摇,以波普尔为代表的批判理性主义(也称证伪主义)取代了逻辑经验主义的正统地位。波普尔以分界问题和归纳问题作为其理论体系的主要支柱。在分界问题上,他提出可证伪原则以取代逻辑经验主义的可证实原则。他认为,任何科学理论必定能推演出有可能在经验中受到检验或反驳的结论,并且终将被证伪,被更好的理论所取代。永远正确、不可反驳不是理论的优点,而是伪科学的特征。在归纳问题上,波普尔认为归纳既不能发现知识也不能证明知识。

从单称观察陈述中不能得出全称的理论命题，从已知的观察中不能推出未知的事件。因而他提出猜测和反驳的方法，即通过试错法提出各种尝试性假说，并进行理性批判和经验检验，从而选择出暂时具有较高逼真度的理论。

批判理性主义以证伪取代证实，但证伪的基础依然是经验，运用的方法也主要是逻辑分析，因而在本质上还是属于逻辑主义的类型。对逻辑主义传统进行彻底变革的，是 20 世纪 60 年代兴起的以库恩为代表的历史主义学派。历史主义考察科学的视角与逻辑主义很不相同，它主张从科学史提供的史料出发研究科学，也就是以历史取向替代逻辑取向，以发展态度取代静止态度。他们认为，科学知识是一种历史的产品，科学本质上是一种人文的事业，社会的事业。科学是集团的产物，只有科学共同体才是科学知识的生产者和批准者。范式作为科学共同体共有的信念体系，其提出、接受和变更，不是靠逻辑的论证，也不是靠经验的证实或证伪，而是由于科学共同体的“格式塔转换”①。从而，社会学和心理学被历史主义者引进了科学哲学领域。

科学哲学的理论和学说丰富多彩，但其发展的基本轨迹是从逻辑主义到历史主义。逻辑主义着重于科学理论的逻辑分析，追求科学语言的清晰和准确。批判理性主义可以视为是从逻辑主义到历史主义的过渡，他们主要是用新的视角和方法对科学进行逻辑的分析，力图对逻辑主义进行“理性重建”。历史主义是把焦点聚集在对科学的社会和历史考察上，认为只有逻辑的考察不能准确地理解科学。现在，越来越多的科学哲学家认识到，逻辑主义和历史主义各有片面性，希望探索一条把逻辑方法和历史方法综合起来的道路。同时，科学哲学的研究领域也在发生变化，它从原先“过于强调科学的本质和含义的精神方面转向人类更广泛关心的问题，那就是：科学、技术和道德价值，科学的社会意义、科学和宗教以及科学的局限性等方面。”②

(2)科学社会学的产生与发展

科学社会学是在社会大系统的背景下，把科学作为一种社会建制或社会事业，着重考察科学与社会的相互关系。

1931 年在英国伦敦召开的第二次国际科技史大会上，苏联代表格森作了题为《牛顿力学的社会经济根源》报告，系统论述了牛顿力学的产生与当时资本主义生产关系的兴起以及与生产发展的关系，引起强烈反响。报告突破了科学史研究的“内在论”模式，启迪人们从科学与社会关系的新视角考察科学，催化了科学社会学的面世。

在格森报告的影响下，以英国剑桥大学为活动轴心的左派“无形学院”在 20 世纪 30 年代形成，其中心人物是英国皇家学会会员、著名物理学家贝尔纳。贝尔纳系统地探究了自然科学史、科学的社会作用、社会经济因素对科技发展的作用等问题，并在 1939 年发表巨著《科学的社会功能》。在书中，贝尔纳指出：“科学正在影响当代的社会变革而且也受到这些变革的影响。”一方面，“科学显然已经取得了巨大的社会重要性。这种重要性决不单单是由于对智力活动的任何估价而产生的。”另一方面科学发展又依赖于社会经济的需要，“不管科

---

① “格式塔”是德文 Gestalt 的音译，意为组织结构或整体。1912 年创始于德国的欧美现代心理学主要流派之一格式塔心理学(即完形心理学)认为，心理现象最基本的特征是在意识经验中所显现的结构性和整体性。格式塔转换源于格式塔心理学，是指认知主体发生的心物同形的组织结构整体性转换。

② 简明不列颠百科全书(第 4 卷). 北京：中国大百科全书出版社，1985：722.

学在发展过程中受到多大的阻碍，要不是由于它对提高利润有贡献，它永远不可能取得目前的重要地位。”①贝尔纳这部著作被认为是科学学的奠基之作，并且直接影响了科学社会学的发展。

伦敦国际科技史大会的影响波及美国，哈佛大学社会学系博士生默顿也把探索的目光投向科学与社会的关系，并于1938年发表了题为《十七世纪英格兰的科学、技术和社会》的博士论文。默顿以17世纪英国社会的科学职业及科学兴趣中心转移为研究对象，着重研究科学作为一种社会建制怎样受到以新教为标记的特殊价值关系培育而出现。这篇论文为社会学研究提供了一个新视野，被认为是科学社会学在美国诞生的标志。

从20世纪40年代到50年代，科学社会学经历了一个休眠蛰伏时期，并在60年代走向成熟。默顿学派以及受他影响的学者，陆续发表了一大批有影响的论文和专著，集中讨论科学体制、科学共同体的内部关系，讨论科学家的行为模式、科学交流体制、科学奖励制度等问题。特别是美国科学史家、科学计量学创始人普赖斯和美国科学史家、科学哲学家库恩，都对科学社会学的发展作出了重要的贡献。普赖斯在1963年的《大科学，小科学》一书中，运用数量统计和分析方法研究科学发展的历史与现状，通过分析科学研究中人力、文献、经费的统计数字，说明科学事业的指数增长规律，说明现代科学已经成为与以往“小科学”有巨大区别的“大科学”。他创建的科学计量学带来了科学社会学研究的新工具，他提出的“大科学”概念成为现代社会普遍使用的词汇。库恩在1962年发表的《科学革命的结构》一书，既是科学哲学的著名文献，同时也被认为是科学社会学的重要著作。库恩在书中提出了“范式论”以及与之紧密相关的科学共同体概念，认为科学中的不同范式是不同科学共同体观察某一类科学问题的总观点，科学的发展就是范式的转变，范式的转变伴随着科学共同体的兴亡。

20世纪70年代中期以后，在欧洲，出现了与美国传统的科学社会学有所不同的科学知识社会学(SSK)。英国以爱丁堡学派为代表，注意宏观研究，着重考察科学知识与社会环境条件、社会结构之间的关系；法国以巴黎学派为代表，关注微观研究，着重研究科学家之间的相互作用以及科学信念的形成，主张科学知识的建构主义纲领。这一研究在30多年的发展中越来越受到人们关注，已经出现了对科学技术进行多维视角审视、多种途径探索的Science and Technology Studies 学科群。在国际上，人们称之为STS或S&TS，国内许多学者以科学技术学或者科学的文化研究来称呼。

由于当今世界科学和技术的关系越来越密切，更由于技术以及由技术支撑的各种工程活动对于人类社会的影响越来越全面，越来越深刻，对于技术的哲学和社会学反思也越来越重要，许多学者把科学哲学和科学社会学的研究理论与方法应用于技术领域，并根据技术发展的自身特点开展了技术哲学和技术社会学的研究。当然，就当前的情况看，单独的技术哲学和技术社会学与单独的科学哲学和科学社会学相比，在研究上要滞后一些。同时，它们的研究存在很多相互借鉴、交叉、渗透的地方，常常无法对它们的边界作出明确区分，因此，我们经常可以看到科学技术哲学和科学技术社会学的名称。在我国，学界普遍认为科学技术哲学和科学技术社会学是自然辩证法学科在现代发展的重要内容。

---

① 贝尔纳.科学的社会功能.北京:商务印书馆.1982:37,45,47.

事实上，除了科学技术哲学和科学技术社会学之外，自然辩证法在现代中国的演进和发展还有其他许多交叉学科的支撑和推动，自然辩证法已经成为融汇自然科学技术与人文社会科学的重要桥梁和纽带，成为帮助人们正确认识和改造利用自然、正确理解和变革发展社会的重要思想资源。

二、《当代自然辩证法》教材的逻辑体系

传统的自然辩证法研究以人和自然界的关系为中心线索。在这对关系中，人是主体，居于积极地变革的主动地位，是认识和改造自然的能动实践者；自然界是客体，是人类所要认识和改造的客观对象，也是人类认识和改造活动是否具有合理性的客观依据。在主体的人和客体的自然界之间，处于中介地位的是科学技术，科学技术是主体反映和改变客体的手段。人类作为掌握了科学技术的主体，在与自然界的关系中，就有了区别于其他动物与自然界关系的本质差异。

自然辩证法考察人与自然关系的三个方面，构成了其主要研究内容，即研究客体——构成了自然界一般规律的辩证唯物主义的自然观，研究主体——构成了人类认识自然和改造自然一般方法的辩证唯物主义的科学技术方法论，研究中介——构成了科学技术发展一般规律的辩证唯物主义的科学技术观。传统的自然辩证法教学体系就是按照自然观、方法论和科技观三大块建构起来的，它具有自身内在的逻辑合理性。

但是，我们应当牢牢记住创立自然辩证法的马克思主义经典作家的一再告诫："每一时代的理论思维，从而我们时代的理论思维，都是一种历史的产物，它在不同的时代具有非常不同的形式，并同时具有非常不同的内容。"①这就告诉我们，自然辩证法作为马克思主义理论体系的重要组成部分，其所具有的强大生命力的动力源泉，应当是来自与时俱进的理论品质。自然辩证法的内容、形式以及由内容和形式所建构起来的体系，都必然随着科学技术的发展和时代的进步而不断发展和变化。

基于这样的理论思考和近年来课程教学的实践，我们对传统的三大块自然辩证法教学体系进行了较大调整，在保持原有教学核心内容前提下，按照树立科学发展观、建设创新型国家的要求，提出包括绪论和四篇十五章组成的《当代自然辩证法》内容体系。

本书的逻辑框架如下图所示：

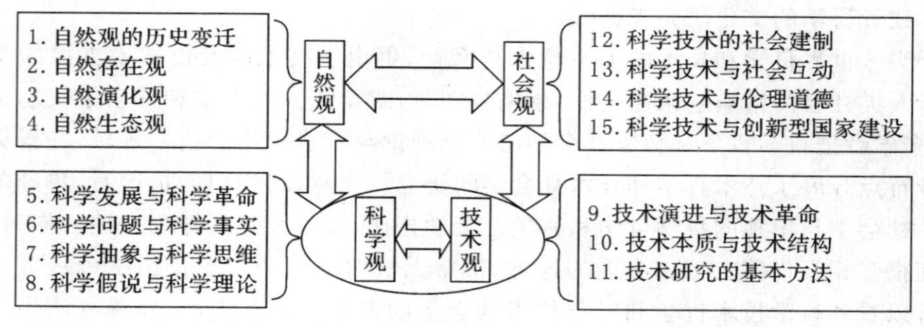

① 恩格斯. 自然辩证法. 北京：人民出版社，1984：45.

三、学习自然辩证法的意义和要求

在科学技术突飞猛进的21世纪，目前在读的我国广大研究生将责无旁贷地承担起实现中华民族伟大复兴的历史使命，成为中国特色社会主义事业的合格建设者和可靠接班人。这需要研究生们清醒认识自己身处的时代特征、科技特点、中国特色，以科学的理论指导具体科研实践，特别是要以丰富和发展了的马克思主义理论的科学发展观武装自己。科学发展观吸收了人类文明进步的新成果，站在历史和时代的高度，创造性地回答了为什么发展、怎么样发展的重大问题，是对自然、社会发展规律认识的深化，赋予马克思主义关于发展理论以新的时代内涵和实践要求，体现了我们党在新时期的重大战略思想，是建设中国特色社会主义的根本指导思想。

自然辩证法与时俱进的理论品质和不断发展的创新内容，对于研究生在今后的科学研究和工作实践中自觉贯彻"以人为本，全面、协调、可持续"的科学发展观，落实"统筹城乡发展、统筹区域发展、统筹经济社会发展、统筹人与自然和谐发展、统筹国内发展和对外开发"的方针，将提供有力的思想武器。在这个意义上可以说，自然辩证法是帮助研究生和科技工作者通过对自身从事的科学技术研究活动及其成果的思考，架起一座通向提高马克思主义理论修养的桥梁。

具体而言，研究生和科技工作者学习自然辩证法的理论和现实意义，主要体现在以下几个方面。

1. 有助于认识自然界存在与演化的辩证规律，理解人与自然共存共荣的关系

自然界是物质的，自然物质在结构上是以系统方式互相联系的，在层次上是无限的。自然物质又是运动的，运动在质上和量上都是不灭的。自然界的一切物质系统都处于不断产生和消灭的演化过程中。通过对自然界存在与演化规律的讨论，可以帮助我们从哲学的高度，反思人与自然的关系。恩格斯早在一百多年前就深刻地指出："我们不要过分陶醉于我们人类对自然界的胜利。对于每一次这样的胜利，自然界都对我们进行报复……因此我们必须在每一步都记住：我们统治自然界，决不象征服者统治异民族那样，决不同于站在自然界以外的某一个人，——相反，我们连同肉、血和脑都是属于自然界并存在于其中的；我们对自然界的全部支配力量就是我们比其他一切生物强，能够认识和正确运用自然规律。"①面对20世纪下半叶以来出现的人口、资源、环境等全球问题，基于人与自然界对象性关系的哲学思考，人们提出了可持续发展的战略目标。掌握自然界发展的辩证规律，必将大大提高我们实施可持续发展战略的自觉性，提高我们认识自然、利用自然、改造自然、保护自然的能力，建设人与自然和谐发展的生态文明。

2. 有助于把握当代科学技术发展的全球趋势，认识各个学科领域的内在联系

通过对科学技术发展历程的系统回顾，同时考察科学技术发展中的重要理论问题和全球趋势，对于人们从事物的普遍联系与发展中去分析和把握科学技术的走向，在更高层次上理解与科学技术发展密切相关的各方面问题，如"大科学"问题，跨学科交叉问题，科学技术发展宏观和微观模式问题，都具有重要意义。只有在整个科学技术发展的历史背景下来理

---

① 恩格斯. 自然辩证法. 北京：人民出版社，1984：304.

解“科教兴国”和“自主创新”战略的地位和作用，其行动才会是高度自觉的。

另外，科技工作者以献身科学技术事业为己任，需要掌握一门或者多门具体的专业知识。然而学科的具体知识往往是分散的，要真正把握学科的核心和灵魂，就必须了解系统的学科思想历程。学科的价值不仅仅在于具体知识本身，更在于其延绵不断的思想传承。同时，各门学科的发展不是孤立的，它们具有内在联系的普遍性，现代科学技术更是表现出越来越复杂的综合性和整体性，这需要我们不断突破自身原有学科领域的藩篱，掌握全局的、系统的、整体的思想方法，从而实现思想的飞跃和创新的突破。

3. 有助于掌握科学技术研究的辩证方法，提高科技创新的思维和实践能力

从事科学技术研究不能不讲方法，辩证法是源于各种具体方法又高于各种具体方法的最基本的思想方法。“人们蔑视辩证法事实上是不能不受惩罚的。人们可以对一切理论思维随便怎么样轻视，可是没有理论思维，人们就是两件自然的事实也不能联系起来，或者对两者之间所存在的联系都不能了解……轻视理论思维显然是自然主义地因而是错误地思维的最可靠的途径。”[①]辩证的理论思维使科技工作者在面对主体与客体、一元与多元、现象与本质、现实与虚拟、必然与偶然、进化与退化、整体与部分、继承与创新等科研实践中的诸多矛盾时，能够站在哲学的高度加以辨析，为各类具体的研究和思考提供深层次、跨学科的思维方法和能力，高屋建瓴，审时度势，在自主创新、建设创新型国家的具体行动中，寻找科学的路径，运用有效的方法，到达胜利的彼岸。

4. 有助于理解科学技术与社会的互动关系，增强历史使命感和社会责任感

江泽民同志指出：“科学技术是生产力发展的重要动力，是人类社会进步的重要标志。纵观人类文明的发展史，科学技术的每一次重大突破，都会引起生产力的深刻变革和人类社会的巨大进步。”[②]当代社会，科学技术已经从社会的边缘走到了社会的中心，与社会的关系越来越密不可分，社会政治、经济、文化的发展与变革，无不与科学技术休戚相关。然而，科学技术在推动社会进步的同时，也带来了因为应用不当甚至滥用导致的负面问题。科学技术与社会出现了全方位、多维度的双向互动。科学地认识互动，不能只站在科学技术的角度，需要同时从哲学和人文社会科学的角度进行考察。自然辩证法将引导研究生追求科学精神和人文精神的统一，认同科学技术共同体的核心价值观，在关心科学技术运用的同时关注与其相伴而生的社会后果，时刻意识到自己肩负的历史使命和社会责任，恪守科技职业伦理，成为国家发展、民族振兴的中坚和脊梁。

学习自然辩证法除了了解它的重要意义外，还应当具备科学的学习态度和方法。其中最重要也是最基本的，就是坚持解放思想、实事求是、与时俱进思想路线，也即唯物的态度和辩证的方法。恩格斯说得好：“随着自然科学领域中每一个划时代的发现，唯物主义必然要改变自己的形式。”[③]自然辩证法的学习和研究必须是开放性的，这不仅是指要及时汲取国内外科学发现、技术发明、工程发展和哲学社会科学的最新研究成果，更强调要保持对于所有已有结论有条理的怀疑精神和批判的战斗精神，不墨守成规，不保守僵化，同时防止教条主

---

① 恩格斯．自然辩证法．北京：人民出版社，1984：62．

② 江泽民．现代科学技术基础知识．北京：科学出版社，1994：1．

③ 马克思恩格斯全集（第 21 卷）．北京：人民出版社，1972：320．

义和经验主义两种错误倾向，体现与时俱进的马克思主义理论品质。只有这样，自然辩证法的理论才会有强大的生命力，才能成为引领实践的指路明灯。

在具体的学习方法上，对于自然辩证法这样一门体现自然科学技术与人文社会科学融汇的课程，需要根据文理交叉学科的学习特点，除了课堂教学之外，特别强调阅读—思考—讨论—书写各个环节的联动，循序渐进，不断积累，从而真正提高自己对于自然、科学、技术和社会复杂问题的认识能力和分析能力，在思想上从“必然王国”走向“自由王国”。

进一步阅读文献

1. 恩格斯. 自然辩证法(导言). 北京：人民出版社，1984.

2. 许良英. 恩格斯《自然辩证法》的准备、写作和出版的过程. 见：恩格斯. 自然辩证法(附录). 北京：人民出版社，1984.

3. 邓小平. 在全国科学大会开幕式上的讲话. 见：邓小平文选(第2卷). 北京：人民出版社，1983.

复习思考题

1. 为什么说自然辩证法是一门体现与时俱进马克思主义理论品质的课程？

2. 你打算如何学习自然辩证法课程？

第一篇 自然观与生态文明

自然观是人类对于自然界的总体认识观点，是人们关于自然界如何存在和演化的根本观点。自然观在人们以自然界为认识对象的实践活动中产生，并随着人类认识的进步而演变。古代朴素自然观，经过中世纪神创论自然观，到近代机械自然观，都是人类在不同历史时期对于自然界认识的反映。马克思主义辩证自然观实现了人类对于自然界总体认识观点的一次革命性变革。辩证自然观的基本特征是注重把握自然界的普遍联系和演化发展的辩证性质，始终保持它的开放性，不断吸收人类认识和改造自然界的科学技术成果发展自身。

一个时代的自然观必然与两个问题密切相关：一是人与科学技术进步的关系。现代科学技术的成果，特别是现代系统思想和自组织理论，都已经成为辩证自然观在现代发展的重要思想来源。二是人与自然的关系，现代社会出现的生态危机向人们提出了建设生态文明的要求，辩证自然观关于人与自然对象性关系的理论既为我们确立可持续发展的生态观提供了思想武器，也在人们建设生态文明的实践中不断得到丰富和深化。

第一章　自然观的历史变迁

重点提示

- 古代朴素自然观大多是自发唯物主义和朴素辩证法的结合。
- 以近代科学为背景的机械自然观对于科学和哲学发展有着历史性的贡献。
- 辩证唯物主义自然观的创立实现了自然观发展史上的革命性变革。

自然观是关于自然界以及人与自然关系的总体看法和观点。它是在人以自然界为对象的认识和实践活动中产生的，也是人类自然知识的有机组成部分。由于自然界是人类起源和进化必不可少的生态条件，是人类社会发展的资源环境保障，人类的命运与自然界的状态休戚相关，因此，自古以来，人类就一直关注自然，始终执著地探索自然，并且力求从总体上把握自然。

人类对自然界的认识是一个不断深化的过程，自然观作为这种认识的哲学概括，也是在不断演进和发展的。人类发展的每一个历史时期均产生了与此相对应的自然观，这些自然观大体可以分为古代朴素自然观、近代机械自然观和现代辩证自然观等。

第一节　古代朴素自然观

自古以来，人类便对自然界有着强烈的探索欲望。在原始社会中，由于社会生产力水平低下，人类处于混沌无知状态，对自然界的认识主要靠种种猜测和经验体验来获得，形成的是以原始宗教为主要形态的自然观。随着人类抽象思维能力的增长，人们开始了对自然界的深入追问和理性分析，“世界万物的始基是什么”、“世界万物的存在状态如何”等哲学问题逐渐进入人们探究和思考的视野，从而形成了以自然哲学为表现形态的古代朴素自然观。

一、古代朴素自然观的基本特点

古代朴素自然观有以下几个明显特点：

整体性。古代自然哲学家都强调世界的有机统一，并且探讨了将整个世界统一起来的“始基”。他们或者将水、气、火等某种具体物体，或者将某种人们无法直接感知的物质微粒，甚至将某种数字比例及秩序当做世界万物的共同本源，从而肯定了世界的统一性和整体性。

流变性。大部分古代自然哲学家都把世界看成是一个有其自身生命的生长或循环的过程。他们认为，自然界的万物之间存在着稀散和凝聚、集结和疏离等相反的倾向，正是由于这种相反倾向的普遍存在，自然界的万物从本原中产生，最后又复归于本原。

猜测思辨性。古代自然观往往包含着一定的臆测成分。虽然古代人对自然界已经有了一定认识，但由于生产力水平低下，研究工具简陋，人们无法对自然界进行分门别类的研究，也无法深入探究事物组成和变化细节，更无法对他们的猜想加以具体验证。因此，古代自然观往往带有猜测、抽象思辨的特点，有时甚至带有神秘主义色彩。

直观性。大部分的古代自然观都带有感性直观的特点。这是由于古代社会生产规模狭小，科学技术水平低下，人们不可能深入把握现象背后的客观原因。因此，许多古代自然哲学家的自然观只是在感性直观基础上对自然现象进行总体描述。

但是，由于自然环境的不同，生存方式的差异以及社会形态的特殊，世界上不同民族、不同文明中心的自然哲学，又各有自己的侧重、层次以及视角。特别是东方和西方的古代自然哲学更是差异显著、特点鲜明。下面，我们将分别介绍古代东西方哲学的两个典型代表——古希腊自然哲学和古代中国自然哲学。

二、古希腊自然哲学

公元前 6 世纪左右，古希腊人开始逐步摆脱神话和宗教自然观，以思辨和直观的方式探寻世界的成分、组成，探究自然的运行法则，形成了对自然的独特看法，从而产生了早期的古希腊哲学。

让古希腊哲学家产生浓厚兴趣，激发他们进行探讨的第一个哲学问题是关于世界万物的“始基”或“本原”问题。

公元前 6 世纪，初米利都城邦的泰勒斯(约公元前 624—前 547)在对世界万物的来源进行反复追问和思考后，提出了人类历史上有记载的第一个真正意义上的哲学命题——“万物的始基是水”。他认为：水是万物统一的基础和原因；万物从水产生，又还原为水，世界万物形形色色、千变万化，唯有水是不生不灭的。泰勒斯关于水是世界本原的论断，排除了那种借助于拟人化、幻想的方式去说明自然现象的传统的神话形式，力图以理性思维对宇宙万物的根源做理论上的概括。自此以后，古希腊的哲学家沿着泰勒斯的道路提出了各式各样的本原论，一步步加深了人们对世界本原的认识。

米利都学派的最后一位代表人物阿那克西米尼(约公元前 585—前 525 年)把“气”当做万物的本原，并且提出了两个重要概念，即稀薄和凝聚。他认为，稀薄和凝聚是冷、热两种势力对立和交互变化的结果，由于冷热两种势力的变化，“气”发生了稀薄和凝聚，于是出现了水、火、土、气四种元素，这四种元素是构成世界万物的物质单元。他的这个思想为恩培多克勒的“四根说”提供了理论准备。

恩培多克勒(公元前 495—前 435 年)认为，世界既没有生存也没有衰亡，只有混合和分离，任何东西都不能产生于不以任何方式而存在的东西，存在的东西是不可能消灭的。

土、气、火、水四种元素是万物之根，每种元素有其特殊的性质，是非衍生的、不变不灭的、充满宇宙的。

赫拉克利特(公元前535—前475年)把"火"看做是万物的始基；万物从火变化而来，又复归为火；整个世界是一团永不熄灭的火焰，按照"逻各斯"升沉消长、周而复始地变化着。

德谟克利特(公元前460—前370年)认为，世界是由原子和虚空两个部分构成，原子颗粒是世界的最小单位，它们在数量上是无限的，原子构成了万事万物。德谟克利特试图克服古希腊哲学家们在自然认识上的直观成分，他所推导出世界是由原子构成的这一观点，对以后的自然观的发展产生了深刻的影响。

当然，在古希腊，也存在着一些和上述哲学家全然不同的观点。

集数学家和哲学家于一身的毕达哥拉斯主张，万物由数产生，并且按照特定的比例构成和谐的秩序。他认为，变动不居的具体事物都是虚妄不实的，只有不变不动的抽象数字才是真实的，而具体事物组成的感性世界正是从数字世界派生出来的。

苏格拉底的学生柏拉图对毕达哥拉斯的观点做了进一步的引伸。柏拉图将世界二重化，或说二元化，把世界分为可以被感知的实在世界和独立于实在世界的超感知的理念世界。他认为，自然哲学的目的就是从复杂多样的自然现象出发，去探寻复杂的实在世界背后的根据，也即探寻事物"是之所是"、"存在之为存在"的根据。而在柏拉图看来，与永恒完善的"理念世界"相比，现实世界是变动不居并且有缺陷的。因此，柏拉图认为，"理念世界"是现实世界的"原本"，现实世界只是"理念世界"的摹本。

图 1-1　柏拉图①

让古希腊哲学家倍感兴趣，引发他们热烈讨论的另一个哲学问题是："世界万物是怎样生成及运动变化的?"古希腊哲学家大多都有自己独特的猜测。

泰勒斯提出了最早的宇宙生成论。他认为，世界开始为一片汪洋，后来从水中产生了陆地，进而形成了世界上的一切，世界以水为本，地浮在水上。

公元前6世纪中叶，米利都学派代表人物阿那克西曼德(公元前611—前546年)被认为是"宇宙演化学的始祖"。他提出存在物的本原是没有任何规定性的"无限者"，并力图用"无限者"的变化来描述宇宙的生成。他指出，从"无限者"中分离出热和冷，热包围着冷，热使冷变成湿气和空气。空气遇热，冲出热的包围，在天空中旋转，形成太阳、月亮等天体。湿气干燥而成地球，过多的湿气，就形成了海。这就是阿那克西曼德所论证的早期的宇宙生成论、进化论，其中渗透着自发的辩证法精神。

恩培多克勒在"四根说"的基础上提出"爱恨"说。他把"爱"和"恨"这两种对立的力量看做是四根结合与分离的动力，以此来说明万物运动变化和宇宙的生成。

赫拉克利特特别强调火的动力性质。他认为，火是唯一的、能动的、最富有变易性的。他还描述了以火为基础的宇宙的变化过程，火浓缩而变成气，气浓缩而变成水，水浓缩而变成土；土融解产生水，水蒸发产生气，气又回到水。火变换为四种元素，从变化的四元素产生出万物。赫拉克利特在这里不仅说明了世界的物质统一性，而且说明了世界是以火为基础

① 图片来源：http://www.baidu.com.

的物质的变化过程。这使他的原始唯物主义的世界观和朴素的辩证发展观自发地结合在一起了。

专栏 1-1

亚里士多德:百科全书式的学者[1]

柏拉图之后,他的学生亚里士多德成为希腊世界最伟大的思想家、哲学家和科学家。他创立与柏拉图非常不同的哲学体系,他的名言“吾爱吾师,吾更爱真理”,成为后人不懈追求真理的精神力量。他在雅典建立了吕克昂学园,与学生们边散步边讨论学术问题,创建了著名的“逍遥学派”。亚里士多德留下的著作领域广泛,《形而上学》、《物理学》、《动物志》、《分析篇》、《大伦理学》、《政治学》等著作几乎遍及每一个学术领域,被后人称为百科全书式的学者。

三、古代中国自然哲学

与古希腊人一样,古代中国人也对自然界充满了好奇,并且也进行了逐层深入的追问和思考,从而形成了博大精深的中国古代自然哲学。阴阳八卦、天道理论、天人合一思想等是中国古代自然观的核心内容。

1.《易经》的思想

《易经》据说是根据伏羲的言论加以总结概括而来的,被誉为“群经之首,大道之源”。从本质来说,这是一部卜筮书,但它的阴阳学说和象数推理反映了当时人们的自然观和宇宙观。《易经》的书名曾被解释为“日月为易,象阴阳也”。“阴”、“阳”两字虽不见于《易经》,在《易传》中才大量出现,但阴阳的观念是《易经》中的一个基本思想。《易经》使用“—”“－－”两个基本符号,经过不同的排列组合来构成各种卦象。近代学者对“—”“－－”这两个符号的原始含义有不同解释,但都认为代表的是“阴”、“阳”两个概念。战国时代的《易·系辞》解释八卦的制作时说:伏羲氏曾“仰则观象于天,俯则观法于地”,“近取诸身,远取诸物”,并研究“鸟兽之文与地之宜”,经过广泛考察,然后形成八卦。这虽是一种传说,但可以说明八卦的制作原是对自然界物质现象的概括和象征。《易经》中的八卦分别代表自然界中的天、地、雷、火、风、泽、水、山,并且认为这些是世界的本原,世界万物由此而演变。《易经》以《易》命名,本义就是讲变易,

图 1-2 八卦[2]

八卦是自然哲学的重要组成部分,它认为无极生有极,有极生太极,太极生两仪(即阴阳),两仪生四象(即少阳,太阳,少阴,太阴),四象演八卦。

---

① 资料来源:吴国盛.科学的历程.北京:北京大学出版社,2002:79—80.

② 图片来源:http://www.baidu.com.

即承认自然界是变化发展的。成语"否极泰来"就是出典于《易经》。"泰"不是有得无失，而是失小得大，所以是好的卦象；"否"不是有失无得，而是失大得小，所以是不好的卦象。但事物的得与失，正如自然界中地势的"平"与"陂"，是往复转化的。做得好，由难转易，由危转安；做得不好，顺利也可以转化为困难。《易经》中提出了许多诸如否与泰、往与复、损与益等相互转化的观念，显示了原始辩证法的思想。

2.道家的学说

春秋末年，各个学派的思想家围绕着天道观问题，展开了激烈的争论。《老子》第一次提出了关于"道"的学说，把"道"作为最高的实体范畴，用以说明世界万物产生的根源及其运动变化的规律性问题。

分析《老子》提出的宇宙万物的生成模式及"道"在这一过程中所起的作用，其典型命题是："道生一，一生二，二生三，三生万物。万物负阴而抱阳，冲气以为和。"[①]对此处这个"道"字的含义，学术界有不同的理解。一种观点认为，"道"是混沌未分的总体，从中"自我分化"或生长出"一"(统一的气)和"二"(对立的阴阳二气)和"三"(阴阳二气参和)，从而形成"万物"。另一种观点认为，从"无"与"有"的关系来看，这个"道"就是"无"，而"一"是"有"。万物生成的过程，可以表示为从"无"产生"有"、再产生"万物"的过程。

虽然《老子》中的"道"没有明确的界定，但它概括出一个最高实体的"道"作为世界万物的本原，并从总体上来说明宇宙的构成问题，克服了中国早期的五行说、阴阳八卦说用某些特殊实物来说明万物起源的理论局限性。

"道"的运行规则又如何呢？《老子》中有这样的命题："人法地，地法天，天法道，道法自然。"[②]这表明，在老子看来，"道"所遵循的是一种自然而然，无为而又无不为的法则。

虽然不少研究者认为老子"道生自然"和"道法自然"这两种论述互有冲突、存在矛盾，但从人类理论思维的发展水平来看，老子的这一思想是人类认识的深化。

庄子继承了老子关于"道"的思想，并有所发挥，他认为："夫道，有性有信，无为无形……自本自根，未有天地，自古以固存。"[③]这段话说明"道"虽然无形无象，却最具有实在性，是比天地更为古老的原始存在，是生化万物的本原。

庄子以物为有限，以"道"为无限，认为两者的存在形式也是根本不同的。有形的万物在空间和时间上是相对存在的，而"道"则是超越空间和时间的绝对存在。"道"无所依存，"自本自根"，它存在于天地剖判、时间出现之先；它存在于上下四方的空间之外。

为了说明"道"是派生万物的精神实体，在"道"与"物"的关系上，庄子认为"道"衍生万物，而物不过是变易的形影，是"道"的表现。在庄子的思想中，"物"就是"形"，所谓物者只不过是众形相禅的现象。"形"是变幻的，万物之间发生着从一个形影到另一个形影的转变。"万物以形相生"。人们所感知的事物的变化，只不过是"始卒若环"的形形相易。

庄子还继承了老子的天道自然无为思想，他认为，"有天道，有人道。无为而尊者，天道也；有为而累者，人道也。"[④]

① 《老子·第四十二章》。

② 《老子·第二十五章》。

③ 《庄子·大宗师》。

④ 《庄子·外篇·在宥》。

庄子的宇宙观虽然总体上是唯心主义的，但也有其合理的因素。

3.墨家的思想

墨家没有完整阐述过他们的世界观，但他们对时间、空间和运动的理解具有明显的唯物辩证倾向。比如墨家认为："久，弥异时也。""宇，弥异所也。""动，或(域)徙也。"这里的"久"是时间范畴，"宇"是空间范畴。由"异时"组成"久"(宙)，由"异所"组成"宇"，说明无限是由有限所组成的。墨家还认为，具体时间如早上、晚上是有始有终的，而整个时间却是无始无终的；具体空间场所是有限的，而整个空间是无限的。这种对于时空既"有穷"、又"无穷"的辩证统一观点是非常可贵的。

在墨家的学说中，"动"是指物体所处场所的迁徙，"止"是表明物体由于受到阻挡而停止位移。这表明，墨家认为运动必然经过先后、远近的变化，即只能在一定的时间和空间中进行。这里他们虽然没有明确提出时间、空间是物质的存在形式，但却接触到了运动与时间、空间的统一关系，这也是非常有价值的思想。

墨家的思想家们虽然不能明确理解世界的统一性在于它的物质性，但他们"有之而后无"的命题表达了他们"本来不存在的'无'不会生'有'，'有'是客观存在的观点。墨家还认为，如果没有石头，就不会知道石头的坚硬和颜色；没有日和火，就不会知道热。也就是说，属性不会离开物质客体而存在，人们对物质属性的感知是由于有物质客体的客观存在。这是对道家"有生于无"思想的批判。

四、古希腊自然哲学与古代中国自然哲学的差异

从总体上看，古希腊自然哲学与古代中国自然哲学对于自然的认识都具有整体性、流变性、臆测思辨性和直观性等共同特点，但是，古希腊自然哲学与古代中国自然哲学还是有其鲜明差异的。

生存于土地贫瘠、地形险恶，周围被海洋所包围的巴尔干半岛上的古希腊先民，只能以手工业和海外贸易为自己的主要谋生方式。这种特定的谋生方式一方面要求古希腊人对自己加工的自然对象有准确把握，要求他们对日月星象、气流海潮等自然现象有精确知识，另一方面也使古希腊人对外界新事物敏感好奇，愿意标新立异，使他们形成某种"人类可以掌握万物运行内在规律"的信念，以及大胆探索这种万物运动规律的勇气。因此，和古代中国自然哲学相比，古希腊哲学自然哲学家更强调的是人的思维的"至上性"，他们坚信人类可以超越"人目"感知局限，把握实在世界背后的超感知的逻各斯或理念世界。这种"神目化"的自然哲学传统不仅使欧洲人对探索自然界的本质和规律始终充满激情，也为近现代自然科学的产生和发展提供了重要的哲学支持。

中国位于资源优越却与世隔绝的东亚地理环境中。绵延千里的华北大平原四季分明，热量充沛，大河送来灌溉，季风带来降雨，从而使中国人成为典型的农耕民族。但相对封闭、一统的自然环境和农耕生存活动的实践不仅使中国人的自然知识主要局限于关于自然万物外在现象的模糊经验，缺乏严密的逻辑分析和把握，而且使中国人对精准把握万物背后的本质规律缺乏兴趣和勇气。因此，和古希腊自然哲学相比，中国古代哲学家们虽然更重视自然界的浑然一体性和连续过程性，但是也更强调人的思维的"不至上性"，更强调"人目"对人类认识自然本质和规律的限制。这种囿于"人目"的自然哲学传统，是此后中国哲学"重人事、

轻自然”、“重玄思，轻逻辑”的重要原因，也是以实验观察和逻辑分析相结合为特征的近现代自然科学未能在中国独立产生的重要原因。

第二节　近代机械自然观

产生于17—18世纪、并长期影响欧洲思想界的自然观主要是机械自然观。近代机械自然观虽然有其种种不足，但它是科学战胜神学的产物和标志。

一、神创自然观向机械自然观的转变

公元4世纪末，基督教被尊为罗马帝国的国教，罗马教廷成为整个欧洲思想界的绝对控制者，自然哲学成了为神学和宗教服务的的婢女，从而形成了奇特的神学自然观。这种自然哲学的观点主要有：

创世说。上帝是一个有意志、有智慧、有感情的人格化的神。上帝从虚无中创造出自然界和人类等一切事物，人不仅赋有上帝的形象，还有上帝赐予的灵魂。世界万物不是此有而彼有，此灭则彼灭，而是上帝统治人类，人类统治万物，一切源于上帝，归于上帝。

原罪说。人类的祖先在天堂的花园里偷吃了禁果，他们的罪恶就此遗传下来，所以他们的子子孙孙从出生时就是有罪的。“原罪”后来被认为是人们思想和行为上犯罪的根源，是各种罪恶滋生的根。

救赎说。人类有原罪，但又无法自救，救世主耶稣降世人间为人类的罪代受死亡，流出鲜血，以赎人类的原罪。但救世主并不拯救世人脱离现实的苦难，而是教导人们忍受苦难，信奉上帝，这样来世便可以得救。

来世赏罚说。基督教认为信仰行善者死后灵魂升入天堂，作恶者灵魂入地狱，永远受到惩罚。人们要使灵魂升入天堂，就必须摒弃一切物质欲望。

天启说。认为人们的认识和理性要服从信仰，跟信仰抵触的一切知识都是无用的，而信仰完全来自于上帝的天启。

在长达近千年的时间内，由于罗马教廷的绝对控制，任何背离罗马教廷的思想和言论都会被贴上“异端邪说”的标签而受到严惩，任何背离罗马教廷意愿的行为都被严格禁止，整个欧洲处于一个既不能自由思想，更不能改革创新的“黑暗时期”。

进入16世纪以后，借着文艺复兴的春风，古希腊人的各种观点相异、内容繁多的自然哲学体系开始进入欧洲知识分子的视野。古希腊人关于实在世界背后存在超感知的逻各斯或理念世界的坚定信念，古希腊人大胆探索万物运动规律的勇气和激情，极大地感染了欧洲的知识分子，从而为近代科学的产生提供了重要的精神支持。16世纪中叶以后发生的宗教改革则以“信仰得救”取代罗马教廷所主张的“教会施救”，从而为近代科学的产生打破了思想的牢笼，为探索自然奥秘拓宽了思想空间。

在近代科学产生的时期，欧洲激进的思想家们如伽利略、笛卡尔、霍布斯、拉美特里等，都试图用科学观点去解释自然现象，描绘自然图景，以建立在近代自然科学认识基础上的自

然观取代长期统治欧洲思想界的“神学自然观”。但是，由于在这一时期，自然科学中只有力学、天文学和数学这几个学科达到了一定程度的完备，其他学科如化学、生物学等“还在襁褓之中”。即使是力学，也只是刚体力学比较完备，流体力学才刚刚发展起来。在天文学领域，只有天体力学比较完备，天体物理学和天体演化学还没有产生。总之，这一时期自然科学的最高成果就是古典力学，人们已经获得的关于自然界的认识主要是对机械运动的认识。这就使得当时那些希望以自然科学知识为基础建立自然观，以对抗神学自然观的人们，只能以力学的机械运动规律去解释一切自然现象，从而形成了近代的机械自然观。

二、机械自然观的主要观点

顾名思义，机械自然观的第一要义，就是强调自然界类似于机械体系。

机械自然观认为，自然界就是一部机器，由某种确定的机械装置构成的；自然界的各种运动形式都可以归结为机械运动形式，甚至可以仅仅归结为永远绕一个圆圈旋转的运动；事物的变化具有严格的秩序，不存在任何偶然性；事物变化的原因仅在于事物的外部即外力的推动，可以用“力”来联结一切自然现象，并且用力学理论论证整个自然的过程。这样，在近代机械自然观哲学家的眼中，自然界不再是一个有机体，而是由各部分排列组合而成的一架机器；一个按（上帝或自然）早已设计好的明确方向变化的，没有任何不确定性的既成过程。例如，在牛顿之前，笛卡尔就认为物质世界的运动是按照力学规律进行的。他把机械运动的力学原理外推到生物界，提出可以把动物“看成一架机器”。英国哲学家霍布斯宣称，所谓生命，不外是肢体的一种运动，由其中的某些主要部分发动，犹如钟表中发条和齿轮一样；心脏就是发条，神经就是游丝，关节是齿轮，它把动作传递给整个躯体。牛顿力学的巨大成功，将机械自然观推向了极致，其典型就是法国启蒙思想家拉・美特利于1748年出版《人是机器》一书。在该书中，拉・美特利断言，“人也不过是一架机器”，人与动物的区别仅在于“多几个齿轮”，“多几个弹簧”，只是位置的不同和力量程度的不同，绝没有性质上的不同。在他和其他机械论者看来，世界上的一切事物都服从简单的机械运动规律，就连思想也是从脑子中分泌出来的。

专栏 1-2

笛卡尔关于机械自然观的基本思想①

笛卡尔对机械自然观基本思想的系统表述是：第一，自然与人是完全不同的两类东西，人是自然的旁观者；第二，自然界中只有物质和运动，一切感性事物均由物质的运动造成；第三，所有的运动本质上都是机械位移运动；第四，宏观的感性事物由微观的物质微粒构成；第五，自然界一切物体包括人体都是某种机械；第六，自然这部大机器是上帝制造的，而且一旦造好并给予第一推动就不再干预。

① 资料来源：吴国盛．科学的历程．北京：北京大学出版社，2002：240．

与上述机械自然图景相匹配的是机械论哲学家的质点物质观。牛顿认为，自然界的万物都是由一些“结实、沉重、坚硬、不可入而易于运动的粒子”组成，他用这些粒子的机械运动来解释自然界中的化学变化和物理变化过程。18 世纪法国唯物论的代表人物霍尔巴赫和狄德罗进而试图把“物质—自然界”和“物质—机械性质的总和”的概念联系起来。他们认为自然界的统一性在于它的物质性，而这种物质性在个别事物中就具体表现为它们的广延性、可分性、惯性力等机械性质。

基于这种机械质点的物质观，近代机械自然观主张用还原论去说明一切自然现象。机械自然观把物质的高级运动形式(如生命运动)归结为低级运动形式(如机械运动)，认为各种现象都可被还原为一组基本的要素，各基本要素彼此独立，只要通过对这些基本要素的研究，就可推知整体现象的性质。这种思维方法的基本原则是分析的、还原的、经验的，它描绘的自然图景带有明显的机械认识论的烙印。

与机械自然图景及质点物质观相对应的还有其机械决定论观点。机械决定论是由法国数学家和天文学家拉普拉斯首先明确提出的。拉普拉斯在其《关于概率的哲学》一书中指出：我们应当把宇宙的现状看作它先前的结果以及它后继状态的原因。既然事物的运动规律是确定的，我们就可以假定，在某一时刻，如果有一种智慧的小妖能够把握自然界所有的力以及组成自然界的一切事物的特定状况，那么，它就能够将宇宙间最庞大的物体到最微小的原子运动全部囊括在于同样的公式之中，对于它来说，没有什么是不确定的，未来，一如过去，都呈现在它的眼前。霍尔巴赫也断言，在自然界中起作用的只有必然性，没有偶然性，甚至由一阵风卷起的尘土，其中每颗尘土微粒都不是偶然落到某个地方的。

图 1-3　想象中的拉普拉斯妖[①]

三、机械自然观评价

相对于古代朴素自然观的直观性、思辨性和猜测性，机械论自然观显然有其进步性。其一，它不再用自然以外的力量和存在，而是用自然本身的结构和状态来解释自然。其二，它反对抽象思辨，强调经验和实证的方法，主张用分析还原的方法去研究对象，从而使人们对自然的细节认识更加清晰，对事物的内部了解更加准确。其三，和一个复杂的多变的自然相比，一个机械的自然显然更容易理解、更容易预测，也更容易改造和控制，因此，机械自然观能极大提升人们认识自然和改造自然的信心和勇气。可以说，正是机械自然观的形成和影响，使得自然科学和近代工业在 17—19 世纪获得了较快发展。正如恩格斯所指出的：“把自然界分解为各个部分，把各种自然过程和自然对象分成一定的门类，对有机体的内部按其多种多样的解剖形态进行研究，这是最近 400 年来在认识自然界方面获得巨大进展的基本条件。”[②]

① 图片来源：http://www.baidu.com.

② 马克思恩格斯选集(第 3 卷). 北京：人民出版社，1995：359，360.

但是我们必须看到，近代机械自然观是有重大缺陷的。

首先，它具有简单化倾向。机械自然观用纯粹力学的观点来考察和解释自然界的一切现象，认为自然界是一部机器，把自然界的各种运动形式都归结为机械运动形式。从认识角度看，这种观点否认了有机界与无机界、人类社会与自然界之间性质上的差别；抹杀了物质运动形式的多样性和各种运动形式之间性质上的差别，从而使人对自然的认识陷于简单化。恩格斯指出："18 世纪上半叶的自然科学在知识上，甚至在材料的整理上大大超过了希腊古代，但是在观念地掌握这些材料上，在一般的自然观上却大大低于希腊古代。"[①]从实践角度看，机械自然观把自然界的各种运动形式都归结为机械运动形式，虽然能有效提升人们改造自然的勇气，但也容易使人们陷入盲目自信与乐观。

其次，它有单线进化倾向。机械自然观认为任何事物的运动变化都是确定的，任何事物的变化可能和趋势都是唯一的，世界未来的变化，都可以被科学精准地加以预测。这种观点只看到事物发展变化中的统一性、确定性，忽视甚至否定了事物发展变化中的多样性和不确定性，显然是片面的。在社会发展趋势的认识方面，由于任何历史活动都是人们按照自身需要、目的和价值追求进行的自觉能动的活动，因此，我们必须承认，社会发展既有必然性也有偶然性，既有统一性也有多样性，而这种必然性和统一性只能通过偶然性表现出来。显然，机械自然观的单一进化倾向不仅否定了社会发展的多样性和不确定性，也否定了人在历史活动中的自觉能动作用。

最后，它有形而上学局限。近代自然科学对自然界的事物进行分门别类的研究，对事物加以解剖和分析，研究各个局部和细节。"这种做法也给我们留下了一种习惯：把自然界的事物和过程孤立起来，撇开广泛的总的联系去进行考察，因此就不是把它们看做运动的东西，而是看做静止的东西；不是看做本质上变化着的东西，而是看做永恒不变的东西；不是看做活的东西，而是看做死的东西。这种考察事物的方法被培根和洛克从自然科学中移到哲学中以后，就造成了最近几个世纪所特有的局限性，即形而上学的思维方式。"[②]

第三节　现代辩证自然观

一、辩证自然观是近代科学与哲学发展的必然产物

18 世纪中叶到 19 世纪中叶，被称为"科学的世纪"。近代自然科学从不同的领域打开了机械唯物主义自然观的一个又一个缺口，为辩证唯物主义自然观的产生奠定了自然科学的前提。

康德于 1755 年发表了《自然通史和天体论》，提出了关于太阳系起源的星云假说，认为太阳系是从原始星云物质微粒的斥力和引力的相互作用演化而来的。将近半个世纪以后，1796 年法国数学家拉普拉斯出版《宇宙体系说》，用牛顿力学详细地论证了太阳系的演化过

① 马克思恩格斯选集(第 4 卷). 北京：人民出版社，1995：265.
② 马克思恩格斯选集(第 3 卷). 北京：人民出版社，1995：360.

程，星云假说逐渐受到重视。星云假说最主要的意义在于它把发展的观念还给了自然界。按照康德—拉普拉斯假说，整个太阳系就是物质内部运动的产物，这样，不仅打破了形而上学关于自然界的绝对不变性的见解，而且也把超自然的“上帝”再一次赶出了科学领域。

既然太阳系包括地球在内，都是长期演化的产物，那么地球表面的地质状况就不可能是一成不变的。1830—1833年，赖尔出版了《地质学原理》1～3卷。这是一部划时代的著作，为近代地质学奠定了基础。赖尔科学方法的核心可以概括为他的一句名言：现在是认识过去的钥匙。他指出，地球是一个屡经变化的舞台，而且至今还是一个缓慢的但是永不停息的变动的物体；地质学就是研究自然界中有机物和无机物所发生的连续变化的科学，它与圣经的创世说毫不相干。这样，“赖尔才第一次把理性带进地质学中，因为他以地球的缓慢的变化这样一种渐进作用，代替了由于造物主的一时兴发所引起的突然革命”。[①]

19世纪自然科学在自然观上的突破，不仅表现在它为自然界描绘出一幅历史演进的图画，还表现在逐渐揭示了自然界的普遍联系，自然界的各种事物和现象再也不能被看做彼此孤立、互不相干的东西了。

1808年，英国化学家道尔顿的《化学哲学的新体系》出版，标志着科学的原子论学说最终完成。原子论的建立揭示了一切化学过程在本质上的统一。1828年德国化学家维勒用普通化学方法，成功地从无机物氰酸氨中合成了有机物——尿素，填补了康德所认为的无机界和有机界之间永远不可逾越的鸿沟。门捷列夫于1869年提出的化学元素周期律，进一步把原来认为是彼此孤立的、互不相关的各种元素看成是有内在联系的统一体。

19世纪30—50年代，英国科学家焦耳和格罗夫、德国科学家赫尔姆霍兹、丹麦科学家柯尔丁等在对蒸汽机效率、人体新陈代谢等不同问题的研究中发现、确立和完善了能量守恒和转化定律。这个定律揭示了一切物质运动，如热、机械力、电、化学等各种运动形式在一定条件下都可以相互转化，从而揭示了自然界中各种自然力的统一性和它们相互转化的定量关系。

德国植物学家施莱登和动物学家施旺于1838年和1839年先后创立了细胞学说，揭示了植物和动物这两类形态上差异甚大的生物在组织结构上的统一性。英国科学家达尔文于1859年出版了《物种起源》，系统地提出了生物物种进化的理论，科学论证了现今存在的一切生物物种都是在地球演化进程中长期进化的产物，揭示了自然界千差万别的生物之间的历史联系。

总之，18—19世纪中叶，自然科学的各个领域都得到了迅速发展，自然界各种事物之间的联系、事物的形成与变化都渐次进入科学的视野，过去那种机械地、单一决定地、孤立和静止地看问题的机械自然观受到了科学新成果的极大冲击，唯物的辩证自然观的形成具备了越来越丰厚的科学基础。

除了科学进展外，哲学自身的发展也对机械自然观产生了严重冲击，为唯物主义辩证自然观创生提供了哲学基础。其中贡献最大的当数德国古典哲学，特别是黑格尔哲学。

首先，黑格尔丰富和发展了辩证法的含义。黑格尔不只是把辩证法看做是一种思维方法，同时认为它也是适用于一切现象的普遍原则，是一种宇宙观。他继承了哲学史上关于辩

① 马克思恩格斯选集(第4卷). 北京：人民出版社，1995：268.

证法是揭露对象自身矛盾的思想,同时在概念矛盾运动的辩证分析中进一步阐明了所谓辩证法就是研究对象本质自身的矛盾,并把这种矛盾视为支配一切事物和整个宇宙发展的普遍法则。他在哲学家史上第一个明确地在宇宙观意义上使用"辩证法"的概念。在黑格尔看来,辩证法所揭示的对象本质自身的矛盾和作为发展动力的原则,不仅是普遍适用的,而且是获得其他科学知识的灵魂,是"真正的哲学方法"。他还试图用辩证法揭示运动和发展的内在联系,从现象的内在联系上揭示运动和发展的源泉和真实内容,这就把辩证法的研究推向了一个新阶段。恩格斯对此给予高度评价:"近代德国哲学在黑格尔的体系中达到了顶峰,在这个体系中,黑格尔第一次——这是他的巨大功绩——把整个自然的、历史的和精神的世界描写为处于不断运动、变化、转化和发展中,并企图揭示这种运动和发展的内在联系。"①

其次,黑格尔的辩证自然观是辩证唯物主义自然观的直接先驱。黑格尔从其辩证法原则出发,以近代自然科学为材料,对自然界作了整体的描绘。它把世界描绘成一个过程的集合体,而不是单纯事物的集合体,并且清晰地提出了矛盾是运动发展源泉的思想。当然,黑格尔的辩证法仅仅只是概念的辩证法,但正如马克思所说:"辩证法在黑格尔手中神秘化了,但这决不妨碍他第一个全面地有意识地叙述了辩证法的一般运动形式。在他那里,辩证法是倒立着的。必须把它倒过来,以便发现神秘外壳中的合理内核。"②

马克思恩格斯科学地总结和概括了当时自然科学技术发展的最新成就,批判地继承了哲学史上的宝贵遗产和文明史中的有价值成果,特别是批判继承了黑格尔哲学所包含的辩证法的合理因素。恩格斯于1858—1883年期间所撰写的《自然辩证法》等著作,标志着唯物主义辩证自然观的形成。

二、辩证自然观的主要观点

辩证自然观是一个完整的理论体系。其主要观点有:

首先,自然界是物质的,物质是第一性的。马克思和恩格斯在自己的各种论述中直接或间接地论述了唯物自然观的基本观点。他们强调,物质是指独立于人的意识之外,又可以为人的意识所反映的客观实在。自然界除了运动着的物质及其表现形式之外,什么也没有。人类特有的意识是一种结构最为复杂的物质形态——人脑的机能,是人脑关于客观物质世界的主观印象。自然界的物质统一性是一种多样性统一,自然界的万事万物其存在方式是多样的,其具体形态是千变万化的。马克思恩格斯对唯物主义自然观的最大贡献是,他们揭示了人类社会与自然界统一的基础——物质性。恩格斯指出,"人们的意识决定于人们的存在而不是相反,这个原理看来很简单,但仔细考察一下也会立即发现,这个原理的最初结论就给一切唯心主义,甚至给最隐蔽的唯心主义当头一棒。关于一切历史的东西的全部传统的和习惯的观点都被这个原理否定了。"③

其次,运动是物质的存在方式。所谓"运动,就它被理解为存在方式,被理解为物质的固

---

① 马克思恩格斯选集(第3卷).北京:人民出版社,1995:362.

② 马克思恩格斯全集(第23卷).北京:人民出版社,1971:24.

③ 恩格斯.卡尔·马克思《政治经济学批判·第一分册》(1859年8月3—15日).载:马克思恩格斯选集(第2版第2卷),北京:人民出版社,1995:39.

有属性这一最一般的意义来说，囊括宇宙中所发生的一切变化和过程，从单纯的位置变动起直到思维”。[①] 恩格斯利用当时自然科学的新成果，阐述了自然界从混沌到有序、从低级到高级、从简单到复杂的发展，包括天体、地球的形成和演化、生命的起源、直至产生出人类和人类社会。自然界的一切事物都是矛盾的统一体，都处于普遍联系和相互作用之中，它们既是对立的，又是统一的，并且在一定条件下相互转化，由此推动着自然界的运动和发展。

再次，人改造自然的对象性关系。在自然的发展过程中，在自然的特定领域发展的特定阶段上，产生了人类和人类社会，从此，自然界就出现了一种前所未有的新关系——人和自然的关系。马克思恩格斯都认为，人和自然的关系是一种“对象性关系”。这种对象性关系以人的目的性指向作为基础，由人类和自然界之间的相互影响、相互作用和相互依存构成的。而且这种对象性关系还以人的实践作为纽带，既影响着人类自身世代更迭的不断进化，也影响着自然界的持续演化，人类生存的现实环境因此而成为人类文化或文明的自然界。

三、辩证自然观的历史意义和现实意义

马克思和恩格斯创建的唯物主义辩证自然观，无论对哲学的发展还是对科学的发展，都具有极为重要的指导意义。

首先，唯物主义辩证自然观的形成是人类自然观的重大革命。辩证自然观的创立，克服了古代自然观直观思辨的局限性，吸取了古代自然哲学关于自然界运动、发展和整体联系的辩证法思想，以近代自然科学最新成就为依据，批判了形而上学和机械论，提出了以运动形式相互转化为中心的无限流动和循环的自然观。辩证自然观的产生，是一个从古代朴素辩证思维到近代形而上思维再复归到辩证思维的过程，是人类自然观的历史性进步。

其次，唯物主义辩证自然观为人类认识自然提供了科学的方法论。辩证自然观不仅是19世纪自然科学发展的产物，也是自然科学继续发展所迫切需要的思想武器。这一时期的自然科学正经历着革命的转变：它一方面从孤立地、静止地研究自然界的科学转变为研究自然界中种种联系和运动、发展、变化过程的科学；另一方面从经验科学转变理论科学。自然科学的继续发展要求自然科学家们学会辩证地思维，辩证自然观为科学研究提供了唯物辩证的认识论与方法论，成为科学方法论发展史上的一个重要里程碑。

其三，唯物主义辩证自然观为人与自然关系的协调提供了指导。马克思和恩格斯对人和自然的关系作了比较全面的分析和论述。恩格斯警告说：“我们必须时时记住：我们统治自然界，决不象征服和统治异民族一样，决不象站在自然界以外的人一样”，[②]而是要“能够认识和正确运用自然规律”，“学会更加正确地理解自然规律，学会认识我们对自然界的惯常行程的干涉所引起的比较近或比较远的影响”，[③]“学会支配至少是我们最普遍的生产行为所引起的比较远的自然影响”。[④] 由于当时所论及的还是农业过度开发而引起的生态失调的局部问题，因此在相当长时期内并未引起人们应有的重视。今天，当我们面临“全球问题”，重新审视人和自然关系的时候，辩证自然观越来越体现出它所具有的重要的现实指导意义。

---

① 马克思恩格斯选集(第4卷).北京：人民出版社，1995：346.

②③④ 马克思恩格斯全集(第20卷).北京：人民出版社，1971：519.

本章框架

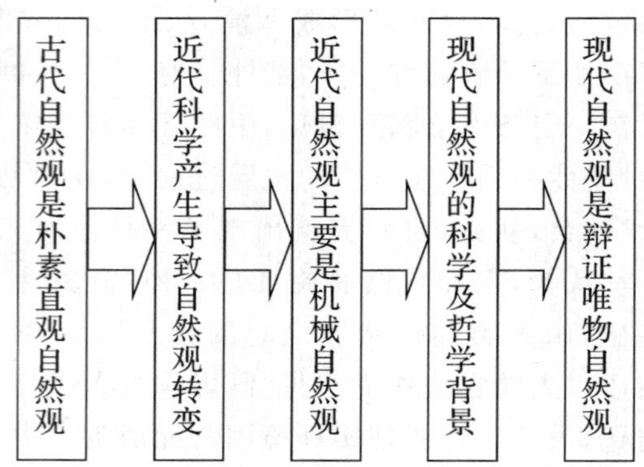

进一步阅读文献

1. 恩格斯. 自然辩证法(导言). 北京:人民出版社,1984.

2. 丹皮尔. 科学史(第 1、4、8 章). 北京:商务印书馆,1997.

3. 亚·沃尔夫. 十六、十七世纪科学、技术和哲学史(第 1、3、4 章). 北京:商务印书馆,1984.

复习思考题

1. 自然观与自然科学的发展有怎样的联系?

2. 试阐述辩证自然观创立的自然科学基础和自然哲学基础。

3. 试结合科学发展史实,说明辩证自然观创立的历史和现实意义。

第二章　自然存在观

重点提示

- 系统观是辩证存在观的现代形态。
- 整体性、开放性和层次性是物质系统的三个基本属性。
- 对于辩证的自然存在观的深入了解，涉及关于物质与时空、有限与无限、虚拟与现实等辩证自然观重要哲学问题的探讨。

当人们从哲学层面探讨自然界时，其关注的第一个问题往往是“自然界的存在方式”。那么，自然界到底是以什么样的方式存在呢？现代辩证自然观的回答是：自然界是以系统的方式存在的，自然界的一切事物，不是系统，便是系统的组成部分。为此，人们常将现代辩证存在观直接叫做系统观。

第一节　系统观是辩证存在观的现代形态

一、系统观的科学基础

近代机械自然观是一种分析的、经验的自然观。由于近代机械自然观能够较精确、细致地解释自然的细节，能有效激发人们改造自然的勇气和信心，因此，在机械自然观的指引下，人类进行了第一次工业革命，并拉开了近代科学突飞猛进的大幕。然而，近代机械自然观也有其局限性。这是因为近代机械自然观所赖以产生并竭力推崇的分析还原方法，其“有效性”要满足下列条件：①这种分析或分解不会破坏所要研究的现象；②从整体上分离出来的、单独存在的元素或部分，与在整体中作为整体一部分的元素或部分基本上没有什么差别；③整体中的部分，在数量上不会太多，而它们之间关系又不太复杂，以至于由部分上升到整体、由简单上升到复杂的整合法则是明确的并且是可行的。[①] 显然，对于较为简单的物理世界来说，这些条件是容易满足的；然而，对于生命领域等复杂事物来说，这些条件就难以得到

---

① 张华夏. 物质系统论. 杭州：浙江人民出版社，1987：7.

满足。但是,20 世纪以来,随着科学的深入发展,人们越来越发现自然不是一个简单的对象,而是一个复杂的对象;自然界中各事物之间的关系是非线性的,并且事物内部组织具有系统性和层次性。这意味着,机械自然观越来越不能满足人类认识与改造复杂事物的需要,社会发展亟须形成一种新的自然观。系统观,作为辩证自然观的重要组成部分,由此具备了产生的客观动力。

系统观不仅具备产生的必要性,更重要的是,它还得到了现代自然科学的支持。20 世纪初,包括控制论、信息论、系统论(这三个理论常被人们叫做"老三论")等在内的系统科学的发展为系统观的形成提供了直接的科学基础。

控制论的奠基人是维纳,他于 1943 年在《行为、目的和目的论》中,首先提出了"控制论"这个概念,第一次把属于生物的有目的行为赋予给了机器,并把机器看做是一个系统。控制论的核心概念是反馈。在"二战"初,维纳和计算机专家布什一起设计一个自动防空火炮系统以提高命中率。在他们设计的系统中,反馈起到关键作用。在这项工作的基础上,维纳提出:反馈使人工系统拥有生命和目标。1945 年,在一次由神经科学家参与的聚会后,维纳更是明确提出,反馈是所有具有自稳定、自适应、自学习能力系统的关键。维纳在控制论中还提出了另一个对复杂事物的认识和改造,也对辩证自然观影响深远的概念,即突破了传统的物质或能量范畴的"信息"。

信息论的创建者是香农。他认为,信息的本质在于它能消除某种不确定性,因此,信息的量度应该按其消除的不确定性的多少来计量,它的最小单位应当是在两个同等可能性中选择一个所包含的信息量,即比特。香农的研究为研制能够进行真假(二中择一)逻辑运算的电子机器奠定了基础,为人工计算系统的产生和发展奠定了基石;从存在哲学的角度看,他的研究深化了人们对信息以及信息传播特点的认识。

系统论的思想最早可追溯至古希腊和中国古代,但现代系统论的创造人是贝塔朗菲。他的系统论思想一开始是一种生物学理论,后来逐渐演变为一种跨学科的科学范式,即一般系统论。一般系统论的核心思想是整体论。近代科学的存在论范式是还原论,即任何事物都可以分解为彼此孤立的要素,而对这些要素进行解释的总和,即为对该事物的解释。在这种范式中,要素之间的联系被忽视了。贝塔朗菲首先在生物领域中发现这种范式的不合理性,因为任何生物都不能被还原为构成它的基本元素。贝塔朗菲深入探讨了系统的定义、系统的基本特性,以及系统的各种类型。

系统科学不仅是一个多学科集合体,本身还包括多个层次[①]:第一层次是系统哲学。目前影响比较大的有拉兹洛的系统哲学(包括一般进化论)和邦格的系统哲学。第二层次是一般系统论,目前已有贝塔朗菲的一般系统论、乌约莫夫的参量型一般系统论、克勒的一般系统论、拉波波特新近完成的一般系统论等。第三层次是系统科学的基础理论,或系统理论分论,它包括信息论、控制论、等级控制理论、系统动力学、自组织理论(耗散结构理论、协同学、超循环论、突变理论)、混沌理论和大系统理论。第四层次是系统方法论和系统技术,包括系统分析、系统工程、运用电子计算机的系统技术(系统模拟、系统实验、系统设计)。尽管这些学科存在诸多差异,但系统科学针对的是它们的同型性,即一切系统(简单系统和复杂系统)

① 闵家胤.系统科学的对象、方法及其哲学意义,哲学研究.1992(6):28.

的共同规律。

包括上述控制论、信息论和系统论在内的系统科学都具有“横断”的特点，这些理论都不能归属到物理学、生物学等某一具体学科，而是横贯所有学科的横断理论；这些理论的研究对象不局限于某一类具体的物理现象或生命现象，而是包括自然和社会在内的所有事物；这些理论成果不仅适用于某一具体领域，也适用于所有其他的领域。因此，和其他科学研究成果相比，系统科学的研究成果对哲学、对辩证自然观有着更为直接、具体的影响。它们为辩证存在观的现代形态——系统观的产生提供了坚实的科学基础，系统观就是对系统科学众多研究成果的哲学提炼和升华。

二、系统的界定及其构成

对于系统的定义，贝特朗菲认为：“系统是处于一定相互联系中的与环境发生关系的各组成部分的总体。”[①]我国著名科学家钱学森认为，系统是“由相互作用和相互依赖的若干组成部分结合成具有特定功能的有机整体，而且这个系统本身又是它们从属的更大系统的组成部分”。[②] 这里，涉及系统的成分、结构、环境和功能四个基本概念。其中，各种要素是构成系统的成分，要素之间的相对稳定的相互作用关系就是系统的结构，功能是系统内在结构在外部环境中的表现。要理解系统存在方式，有必要先分别理解系统的成分、结构、环境和功能。

1. 系统的成分

系统的成分，就是在某个层次上构成系统的基本单位和要素。例如，原子的组成成分是原子核与核外电子。人类社会的组成成分是单个的人。系统的成分总是在一定层次上的相对组成成分。原子核是构成原子的基本成分之一，然而再往下一个层次，原子核又由质子和中子组成。人类社会的基本单位是单个的人，而单个的人又由各种组织和器官组成。因此，系统的成分，必然是系统在某一层次上的组成成分。

2. 系统的结构

系统的各个成分不是毫无联系地偶然堆积在一起的，而是具有特定联系的统一整体。这些联系的总和就是系统的结构。系统的结构具有多侧面性，如有时空结构、数量关系结构、相互作用结构等。但一般说来，系统观中所谓的“结构”，主要是指系统各种组成成分之间相对稳定的相互作用关系。系统观认为，要素组成系统结构主要是通过约束、选择、协同和平衡等方式实现的。以现代物理学为例，物质系统的形成就是源于对光子、中子、夸克的约束，来自对辐射能的约束；如果没有约束，一切元素都将处于混沌游离状态，不能形成整体，也无法有序化并遵循特定规律。但是，约束没有限制一切元素，约束只是对特定联系的选择；当两个氢原子与一个氧原子被约束在一起时，自然就选择形成水。处在特定结构中的元素，会出现非线性的协调一致，并表现为各自都没有的特性。当元素之间的相互作用达到某种稳定状态时，系统的结构就形成了。

3. 系统的环境

在系统观中，所谓环境就是指与系统有着物质、能量和信息的交流和相互影响，但又不

---

① 贝特朗菲. 一般系统论，自然科学哲学问题丛刊，1979(1—2).

② 钱学森. 社会主义现代化建设的科学和系统工程. 北京：中共中央党校出版社，1987：221.

属于系统构成成分的所有因素的总和。就系统与环境的关系而言，一方面，任何一个系统对于环境和周围事物都有其独立性，是一个相对独立存在的整体，它既不"溶解"在环境之中，也不合并于其他事物之内。系统的这种独立性表现为：其一，系统具有特定的质和量的规定性，从而能区别于环境和周围事物。其二，系统具有排他性。对于生物系统，凡是异己的东西，不是同化就是排斥；对于非生物系统，凡是与本系统不相容的东西，也会被排除。其三，系统具有稳定性。在一定时期内或一定条件下，系统的基本结构、功能不变，以保持内在的特有的稳定状态。另一方面，任何一个系统都存在于环境和周围事物之中，并受环境的影响。系统与其环境存在某种特定的种类和数量的物质、能量、信息交流，这种交流或多或少会影响系统的构成成分，进而影响系统内部的组织结构，因此，任何系统的存在状态都受到环境影响。世界上根本不存在绝对独立于环境和周围事物的东西，不存在完全独立的孤立系统。

4. 系统的功能

物质系统的功能，是系统对环境变化做出反应的能力。那么为什么系统会具有这种功能，而不是那种功能呢？不可否认的是，系统的组织成分是系统功能的根源和物质基础，然而系统结构对系统功能有更重要的决定作用。

这是因为：其一，具有某种功能的系统，总是由具有一定结构的组成成分构成的。同样的元素，采取不同的结构时，就会表现出不同的功能。例如：金刚石和石墨，同是碳原子构成，但金刚石的分子结构是四面体相连结构，而石墨是六角形的层次叠加。其二，系统的功能是系统整体所具有的性能，而不是系统成分本身所具有的。例如：思维是人整体的功能，而不是某个脑细胞或某个躯体部分的功能。水的功能，是组成它的氧原子和氢原子都不具有的。原因就在于系统成分采取了一定的结构。不过，在系统结构决定系统功能的同时，系统功能对系统结构也有反作用。劳动是人的一项特殊功能，而它在人从猿进化到人的过程当中起到了决定性的作用。"首先是劳动，然后是语言和劳动一起——它们是两个最主要的推动力，在它们的影响下，猿脑就逐渐地过渡到人脑；人脑和猿脑虽然十分相似，但要大得多和完善。"[①]猿脑与人脑结构的差异，就源于人更多地使用了语言与劳动的功能。

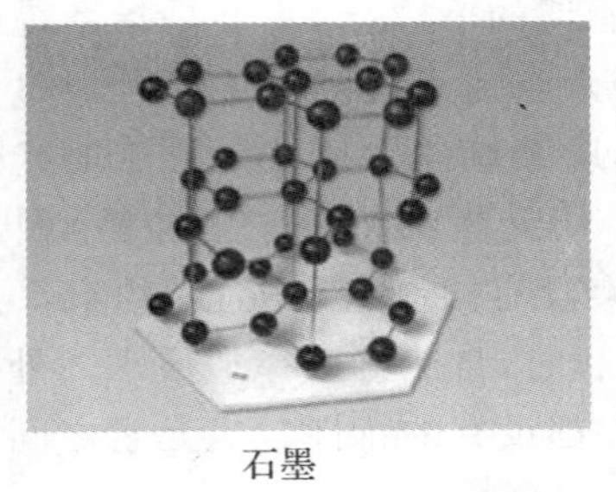

石墨

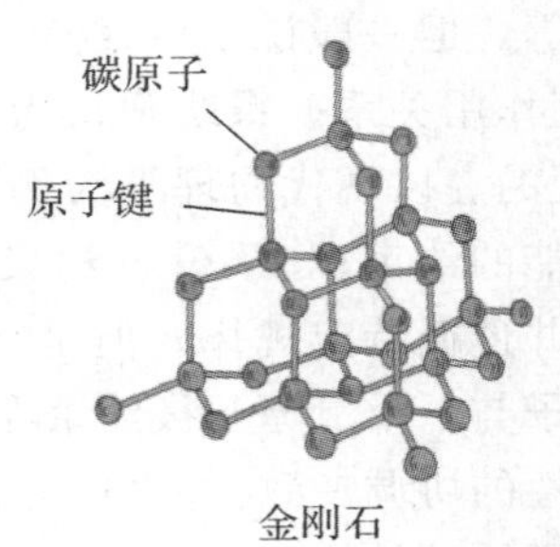

金刚石

图 2-1　石墨和金刚石的结构比较[②]

① 恩格斯. 自然辩证法. 北京：人民出版社，1984：289.

② 图片来源：http://wenwen.soso.com/z/q143228953.htm.

第二节　物质系统的基本属性

系统观认为，自然界的一切事物都是以系统的方式存在的，而且它们都具有整体性、开放性和层次性这三个基本特征。

一、整体性

所谓整体性，是指一个由部分通过相互作用所构成的系统整体，其功能一定不会完全等同于其部分功能的简单加和。

系统观告诉我们，部分与整体之间的关系可以概括为三点[①]：首先，整体一定是由部分构成，没有部分就没有整体。没有零件就不可能组装成一辆汽车；没有个人也就不可能形成社会。在此意义上，整体对部分有依赖性。其二，整体的某些量变属性等于部分属性的总和，也就是说整体与部分存在着加和性。例如，一辆汽车的整备质量是其各个组成零件质量之和；一支足球队的总人数是其队员人数之和等。其三，就总体而言，系统整体属性会或多或少不同于部分属性的加和，这就是整体与部分之间所谓的非加和性。系统整体与部分之间的非加和性是缘于组成系统整体的各部分之间存在相互作用。

专栏 2-1

系统非加和性的来源

系统要素之间存在相互联系和相互作用的相干性，当相干性形成了要素之间的非加和性关系时，整体就出现了“新质”，成为系统。我们可以用鞋匠的合作做一简单比喻：如果一个鞋匠一天能制作一双鞋，两个鞋匠分别工作，每天能制作两双鞋。但是如果两个鞋匠形成合作关系（系统），进行相互联系的分工协调，一天就可能制作三双鞋。这多生产的一双鞋就是非加和性所带来的系统新属性（新质）。

这些相互作用一方面会使构成系统的各要素的功能或属性发生改变，与其处在孤立状态时截然不同。黑格尔说过，“割下来的手就失去了它的独立的存在，就不像原来长在身体上时那样，它的灵活性、运动、形状、颜色等等都改变了，而且它就腐烂起来了，丧失它的整个存在了。只有作为有机体的一部分，手才获得它的地位。”[②]另一方面还会使整体产生出原各部分都没有的功能或作用，或使整体丧失原来各部分具有的某些功能或作用。这就是突现原理，又称贝塔朗菲原理。例如，水由氢元素和氧元素构成。当它们结合而为水时，水具有二者原来都没有的功能，即满足生物在干渴时的生理需要，但又丧失了二者原来有的功能，即氢的可燃性和氧的助燃性。

---

① 张华夏. 物质系统论. 杭州：浙江人民出版社，1987：196—202.

② 黑格尔. 美学（第一卷）. 北京：商务印书馆，1979：156.

系统整体性还强调系统的整体优化而不是局部优化，电路系统可靠性与单个元件可靠性的关系，中国人“三个臭皮匠，赛过诸葛亮”的俗语，都体现了系统整体优化思想。

专栏 2-2

开关电路系统可靠性与单个元件可靠性

开关电路系统可靠性和单个元件可靠性的数学关系式是：$K=1-(1-r)^n$

（其中：K 为系统可靠性，r 为元件可靠性，n 为元件数）

设单个电子元件的可靠性为 0.9，4 个元件并联的开关电路系统可靠性则为：

$K=1-(1-0.9)^4=1-(0.1)^4=1-0.0001=0.9999$

根据系统整体性的特征，把可靠性为 0.9 的单个要素进行相干联系（并联），从而实现系统 0.9999 的可靠性。这说明系统优化不取决于单个要素的优化，而取决于要素耦合关系（结构）的优化即整体优化，其结果对于提高效益、降低成本无疑有重要意义。

需要说明的是，承认整体对部分具有依赖性，承认整体与部分之间具有加和性，这并不是系统观的专利，机械观也持这样的观点。问题在于，机械观只承认整体对部分的依赖性，只承认整体与部分之间的加和性，而系统观在承认整体对部分有依赖性，承认整体与部分之间有加和性的同时，特别强调了由于部分之间相互作用的必然存在，整体功能与部分功能之间会发生变化，整体功能一定不会完全等同于部分功能的简单加和。换言之，机械观只是看到了整体与部分的加和关系，看到了二者之间的连续性；而系统观不仅看到了这些，同时还看到整体和部分之间的非加和关系，看到了二者之间的非连续性。因此，系统观在肯定世界统一性的基础上，更好地解释了自然的丰富多样性；在揭示世界物质由简单到复杂的连续性进化的同时，更好地解释了自然简单的组成要素，在不同的结构组合后会展现出无限多样的功能或作用。

二、开放性

作为自然事物普遍存在方式的系统，除了具有整体性外，还具有开放性。任何系统在任何阶段都与环境进行着物质、能量和信息的交换，而且必然会受到这种交换的影响。开放性是自然存在的普遍属性。不论是如基本粒子这样的微观系统，还是如星体这样的宏观系统，都具有开放性。“各种粒子开放性表现在它们输入与输出物质与能量，从而相互转化和衰变。中子与质子相互开放，交换介子，形成原子核；原子核与核外电子相互开放，交换光子，形成原子；原子与原子相互开放，交换电子，形成分子；分子与分子相互开放，交换物质与能量，才能形成各种宏观物体。”① 所谓的孤立系统，就是指与环境没有任何物质、能量和信息交换的系统；而所谓的封闭系统，就是指与环境仅有物质、能量交换，没有任何信息交换的系统。但是到目前为止，无论是生命科学还是物理学，都只发现过相对封闭系统，即不与环境

---

① 曾广容．系统开放性原理．系统辩证学学报．2005(3)：43．

进行物质交换，但与环境进行能量和信息交流的系统，而没有发现过绝对的孤立系统。

系统的开放性要通过输入、输出、反馈等系统行为来实现。量子力学证明，一切物质系统都具有吸收（输入）与辐射（输出）粒子与波的属性。如具有质量的物体要吸收与辐射引力子；带电的物体要吸收与辐射电磁波。在复杂系统中，系统与环境之间还会形成反馈这种复杂的相互作用方式。在系统与环境关系方面，所谓反馈，就是指系统所接受的环境输入，经过系统自身的一系列转化，反过来会对系统此后接受环境输入的行为产生影响。反馈可分为正反馈和负反馈。前者是指由某种原因引起的结果，反过来会对原因起强化作用；后者则是指由某种原因引起的结果，反过来会对原因起抑制作用。“反馈是将系统与外界环境的相互作用同系统内部的相互作用协同统一的一种作用。系统由于开放，使自己处于复杂的内外关系之中。为了生存、发展，必须将内外关系同步协调统一，达到系统的结构、功能与外界条件相适应。这就是反馈产生的内在原因。”[①]

系统的开放性既对系统发生作用，也对环境发生作用。这个作用可概括为四种情况：“①系统与环境均为正效用。系统与环境相互协调、适用，可以长期共存。②系统与环境均为负效用。系统与环境不能共存，甚至共灭。如果世界发生核大战，既毁灭人类，也毁灭人类的环境。③系统为正效用，环境为负效用。系统与环境不能长期共存。因为环境破坏，最终要报复系统。④系统为负效用，环境为正效用。系统与环境不能长期共存。系统或被环境淘汰，或另择环境。”[②]

三、层次性

现代自然观还告诉我们，自然系统是以层次化的方式存在的。

专栏 2-3

系统分层结构优于无分层结构事例[③]

西蒙曾以钟表组装为例说明物质系统分层结构的优越性。有两个钟表匠Hora和Tempus，都是技艺高超的工匠，终日顾客盈门。然而，后来渐渐地，Hora的店铺越来越兴旺，而Tempus的店铺越来越糟糕，并最终倒闭。原因在哪里？西蒙分析原因在于他们的组装方式不同。他们组装的钟表都有1000个零件。Hora分三层进行组装，每个部件由10个零件组装而成，而Tempus不用分层的办法，直接将1000个零件组装成钟表。他们工作中间必须接听顾客的订购电话，因而可能会出错。当两人都因干扰出错时，由于组装方式不同，Hora所用的修正时间只是Tempus的一小部分。概率计算的结果是：Tempus组装一只钟表要用的时间平均为Hora的4000倍。西蒙由此得出的结论是：分层结构优于无分层结构。

---

① 曾广容. 论系统相互作用的基本形式与过程. 系统辩证学学报，2004(1)：44.

② 曾广容. 系统开放性原理. 系统辩证学学报. 2005(3)：46.

③ 资料来源：Herbert A. Simon. The Architecture of Complexity. *Proceedings of the American Philosophical Society*. 1962，106(6)：467-482.

在自然演化过程，具有分层结构系统的自组织失败，不会破坏整个系统，而只会分解为低一层次的子系统；而无分层结构系统的自组织失败，就得从头再来了。例如：用氧、碳、氢、氮等元素的原子直接合成胰岛素非常困难，而分层合成就要容易得多。1965 年我国首次人工合成牛胰岛素，就使用了分层合成的办法。[①] 因此，在自然界中，具有多层次结构系统的存活概率，要比无层次结构系统的存活概率大得多。于是，自然淘汰就决定了现实世界是朝着增加等级层次的方向而演化，从而形成了一个分层化的自然界。

尽管自然界中存在不同的物质层次，但这些物质层次仍然遵守三条基本规律。[②]

(1)不同的物质层次之间，既存在连续性，又存在间断性。连续性表现为：新层次或高层次，包含着旧层次或低层次的要素；间断性表现为：新层次或高层次，出现了旧层次或低层次所不具有的新结构和新性质。例如，生命在微观层次上由细胞构成，但生命又具有细胞所不具有的性质。

(2)物质层次的尺度越小，所需要的结合能越大，而结合的键力就越强。坂田昌一认为从大的物质系统往小的物质系统走时，就像剥洋葱一样一层层往里剥。越往里剥，就越困难，因为破坏低一级的系统需要比高一级系统更大的能量。把一个苹果切开非常容易，但要切开一个原子是极端困难的；枪毙一头牛是容易的，但要枪毙一个病菌是很困难的。

(3)层次越高的物质系统，在宇宙中的存在数量就越少。高层的物质系统，由低层的物质系统组成，而宇宙中最大的物质系统是总星系，仅有一个。相比较其低的物质系统——星系，明显少了许多；而星系相比较其低的物质系统——星体，又明显少了许多。因此，低层物质系统与高层物质系统的比例，呈现塔形分布；前者在底层，而后者在顶层。

另外，在两个层次的系统之间往往还存在着“关节点”，在“关节点”处，系统的属性会出现质的飞跃。正如恩格斯所说，各个非连续的部分(层次)“是各种不同的关节点，这些关节点制约一般物质的各种不同的质的存在形式”。[③] 中断的关节点，是相邻层次的分界线，也是不同层次系统质和量的规定性的分界线，它们是把握系统整体与部分、间断与连续关系的重要关节点。

图 2-2　生态系统的整体性、开放性和层次性[④]

① 武杰，李润珍. 对称破缺的系统学诠释. 科学技术哲学研究，2009(6)：35.

② 张华夏. 物质系统论. 杭州：浙江人民出版社，1987：290—301.

③ 恩格斯. 自然辩证法. 北京：人民出版社，1984：275.

④ 图片来源：http://www.baidu.com.

第三节 物质系统的若干哲学问题

当代自然科学发展速度之快、涉及领域之广、研究探索之深均是前所未有的，然而在科学发展的前沿，总会产生这样或那样的，必须以哲学方法去思考和探究的问题。这些问题的思索虽然是哲学层面的，但它们对科学探索往往有一种前导作用。当然，也正因为这些探讨只是哲学层面的，这就决定了这种探讨的结论必须是开放的而不是封闭的，这种探讨必须是持续的而不是一劳永逸的。

一、物质与时空

古代朴素唯物主义将物质等同于具体的物质形态，如水、火、土、气、木、原子等。近代机械唯物主义认为物质的基本属性有：广延、重量、不可入性、形状等，那么凡是具有这些物性的东西就是物质。这个概念概括提炼出了不同物质形态所具有的共性。辩证唯物主义的物质概念，则是对具体物质形态的抽象。例如：恩格斯指出，实物、物质无非是各种实物的总和，而这个概念是从这一总和中抽象出来的。列宁指出，物质是标志客观实在的哲学范畴，这种客观存在是人通过感觉感知的，它依赖于我们的感觉而存在，为我们的感觉所复写、投影、反映。①

在原子论者留基波和德谟克利特那里，空间是和原子一样的实体，而且它的作用是容纳原子的存在，因此二者是不能相分离的。“留基波及其信徒德谟克利特主张充实和虚空是本原。他们分别称它们为存在和不存在。充实而坚固的是存在，空虚而稀薄的是不存在。虚空并不比物体缺少什么，因此他们说存在与不存在同样存在。这二者一起构成万物的质料因。”②

亚里士多德也持类似的观点。他认为空间是一种实存的事物；它既不是形式，也不是质料。“因为事物的形式和质料是不能脱离事物的，而空间是能脱离事物的。……因此每一事物的空间既不是事物的部分，也不是事物的状况，而是可以和事物分离的。”③另外，他明确主张：空间与物质是不可分离的。“如有些人主张的那种同物体相分离的虚空是不存在的。”④关于时间，他虽然没有直接说时间与物质不可分离，但他认为“时间既不是运动，也不能脱离运动”。⑤如果说运动总是物质的运动，那么时间就是不能脱离物质。时间是物质运动的尺度，而物质运动也是时间的尺度。

牛顿从他的力学体系出发，提出了绝对时空观，这种思想成了近代科学的范式。“绝对的、真实的和数学的时间，由其特性决定，自身均匀地流逝，与一切外在事物无关，又名延续。……绝对空间：其自身特性与一切外在事物无关，处处均匀，永不移动。”⑥相对时间是不真实的，而且如果每个人都携带一个时钟，那么这些时钟的指向应该是一致的。相对空间只

① 肖前等. 马克思主义哲学原理(上册). 北京：中国人民大学出版社，1994：88.

② 苗力田. 古希腊哲学. 北京：中国人民大学出版社，1992：161.

③④⑤ 亚里士多德. 物理学. 北京：商务印书馆，2006：96，112，124.

⑥ 牛顿. 自然哲学之数学原理. 西安：陕西人民出版社，2001：10—11.

是绝对空间的一部分，尽管二者的形状和大小是一样的。牛顿的绝对时空观，是服务于他的力学体系的。如果时空不是绝对的，那么他就必须面对时间的起点在哪里、空间的边缘在哪里的问题。然而，人是有限的，无法认识绝对的时空，因此，牛顿把这个责任推给了上帝。

康德也赞同牛顿将时空与物质相分离的主张，但他没有将时空的原因归于上帝，而是归于先天。他认为，时空是纯形式，是人先天具有的感性直观形式。“空间不是什么从外部经验中抽引出来的经验性的概念。因为要使某些感觉与外在于我的某物发生关系（也就是与在空间中不同于我所在的另一地点中的某物发生关系），并且要使我能够把它们表象为相互外在、相互并列，因而不只是各不相同，而且是在不同的地点，这就必须已经有空间表象作基础了。因此空间表象不能从外部现象的关系中由经验借来，相反，这种外部经验本身只有通过上述表象不是可能的。”[①]“时间不是什么从经验中抽引出来的经验性的概念。因为，如果不是有时间表象先天地作为基础，同时和相继甚至都不会进入到知觉中来。只有在时间的前提之下我们才能想象一些东西存在于同一个时间中（同时），或处于不同的时间内（相继）。”[②] 在他这里，时空的客观性被否定了。

辩证唯物主义认为，时空是物质存在的基本形式，而且时空与物质不能分离。爱因斯坦创立的相对论有力地证明了辩证唯物主义的时空观。在狭义相对论中，牛顿的绝对运动学被相对运动学所取代。“说两个事件是同时，除非指明这是对某一坐标系而说的，否则就毫无意义；量度工具的形状和时钟运动的快慢，都同它们对于坐标系的运动状态有关。”[③]在广义相对论中，物质与时空有了更紧密的联系。“在广义相对论中，空间和时间的学说，即运动学，已不再表现为同物理学的其余部分根本无关的了。物体的几何性状和时钟的运动都是同引力场有关的，而引力场本身却又是由物质所产生的。”[④] 霍金根据爱因斯坦的广义相对论理论，推导出：极大质量的恒星会坍塌成为黑洞——一个只允许外部物质和光进入而不允许它们从中逃离的时空区域。他认为，黑洞是不可观察的，因为空间会在引力场作用下发生弯曲。由于黑洞的质量极大，黑洞附近的空间变形也极大。经过黑洞的光，一部分会落入黑洞中消失，另一部分会通过弯曲的空间中绕过黑洞而到达地球。人们可以观察到黑洞背面的宇宙，于是黑洞就像不存在一样。

二、有限与无限

宇宙到底是有限的，还是无限的？这是一个从远古以来就为人所关注的问题。尽管现代科学和哲学还无法完满地解答这个问题，但这是一个值得深思的问题。

近代以来，经布鲁诺与牛顿等人的努力，宇宙无限论渐渐地占据了主导地位。尤其是牛顿力学体系，能成功地解释当时知道的所有天文现象，而牛顿理论所采取的空间模型，正是欧几里得的平直无限的空间。牛顿认为，宇宙是一个由无穷多的星球均匀地分布在无限的绝对空间当中的体系，星球由于万有引力而在各自的轨道上进行机械运动。康德在他早期的天文学研究中，虽然将宇宙的状况看作一个历史性过程，但他所描述的宇宙仍旧是“恶的无限”，即“重重世界、层层星系”的重复。

---

①② 康德．纯粹理性批判．北京：人民出版社，2004：28，36．

③④ 爱因斯坦文集（第1卷）．北京：商务印书馆，1976：111，112．

宇宙无限论在经典科学时代，的确是有充分理由的，这种宇宙观使我们得以回避宇宙的边缘、起始、终结等难题，然而宇宙无限论并非无懈可击。1823年，德国天文学家奥伯斯对均匀而无限的宇宙模型提出了有力的质疑：如果，星球是无限多且均匀分布，那么全部天空看上去就永远光辉夺目，人在任何时刻、任何方向上都可以看到无限亮的天空。但实际上，地球非但未因表面照度无限大而化为灰烬，而且还有明显的昼夜之分，这与理论预言是完全矛盾的，这便是著名的“光度佯谬”。1894年，另一位德国天文学家西利格尔又指出，当宇宙中存在无限多恒星时，宇宙中任一点（包括地表）必定有无限大的引力势，这便是“引力佯谬”。为了消除上述两个佯谬，人们做过许多努力。1908年，瑞典科学家沙利叶在前人思想的基础上提出：假定宇宙中的系统是球形的，那么宇宙的层次越高，物质密度便越小，两个佯谬就越可以消除了。但是如果宇宙高层次密度趋于零，而宇宙是无限的，必定导致宇宙物质密度为零的结论，这显然是不可能的。

1917年，爱因斯坦走出了关键的一步。他根据广义相对论原理修正了欧氏几何学与牛顿力学关于空间平直无限的观念，认为宇宙是一个弯曲的封闭体（三维超球面），体积有限但没有边界；宇宙中的每个天体虽然在局部区域中运动，实际上整个宇宙都是静态的和稳定的。爱因斯坦的静态宇宙模型是有限的模型，所以有关无限论的佯谬都被克服了。该模型又是一个弯曲、封闭的模型，所以它在强调宇宙有限性的同时，却不存在平直空间体积有限时必定有边界的难题。1929年，美国天文学家哈勃根据天文观测结果指出：河外星系普遍存在红移现象，而且红移量与星系距我们的尺度成正比。按照多普勒效应，哈勃的发现意味着河外星系在远离我们而去，距离我们越远的星系，其“退行”速度也越大，宇宙在膨胀着。现代天文观测资料进一步表明，所有已发现的河外星系、射电源、类星体的谱线都存在红移现象，因此宇宙的确是膨胀的。哈勃等人的发现虽然否定了宇宙总体上呈现静态的看法，但却证明了爱因斯坦空间模型的合理性。因为如果采用欧氏空间模式，天体的普遍退行只能意味着地球是宇宙的中心。为了解释宇宙的起源及膨胀现象，比利时的勒梅特和美国的伽莫夫相继提出了大爆炸模型，认为宇宙是由“原始原子”或“原始火球”爆炸而来的。这一理论经发展后与许多科学事实吻合较好，因而被认为是关于宇宙起源的“标准模型”。由大爆炸模型可知，宇宙时间上有起源，而空间尺度也是有限的。

如果大爆炸理论是正确的，那么，毫无疑问它是对传统宇宙无限论的一个打击。我们是否应当彻底放弃宇宙无限论呢？应该指出：自然观念的确会受到相关科学理论的挑战，这种挑战常常会使自然观有关内容彻底转换，但不一定意味着某个观念的终结。究其原因在于：

其一，自然观相对具体科学理论而言，更具有普遍性，所以是相对独立的。现代宇宙学指出：宇宙是有限的，物质和时空均是有限的。然而我们注意到，宇宙无限的观念仍然存在着，且有其意义。当代宇宙论是一个假说林立的学科领域，除了大爆炸“标准模型”外，还有许多其他模型。大爆炸模型虽然受到较多的科学事实的支持，但也存在若干疑问。一般认为，“标准模型”仍是一个假说。退一步说，即使大爆炸模型已是公认的独一无二的宇宙起源理论，它也不一定等同于“自然本相”，正如彭加勒所说的那样，一切理论都是广义的假说。具体的科学结论固然是自然观所必须考虑的，但以尚不成熟的假说上升为哲学结论，摒弃宇宙无限性观念，恐怕是武断的；即使是成熟的科学理论，在将它纳入自然观时，也要注意理论的条件性。

其次，人类认识宇宙范围和尺度的历史，也使我们意识到，不可轻易抛弃宇宙的无限性观念。古代学者们心目中的宇宙，实际上不过是肉眼所能看到的那部分大地和天空而已，哥白尼日心说中的宇宙就是太阳系，赫歇尔所说的宇宙是银河系。20 世纪 30 年代以后，尤其是第二次世界大战后，由于大直径望远镜的制造，人们观测到的宇宙尺度渐达 50 亿～100 亿光年；50 代后由于射电天文学的发展，人类的视野又扩大到 150 亿光年以上。可见，一个宇宙尺度的极限都只是一个阶段的极限，如果将 150 亿～200 亿光年的视野作为宇宙的不可突破的最终边界，很可能是给人类认识能力画地为牢。况且，人类视野的不断扩大及目前宇宙仍在膨胀的事实，使人们联想起数学上的无限是对任意大数的"超越"，而宇宙及人对宇宙的认识能力也在不断突破原有的界限，这两者何其相似！如果宇宙的扩大没有最终的边界，而人类对宇宙的认识能力也会进一步扩大，宇宙就存在不断"超越"趋于无限的可能。

最后，我们还应看到，当代宇宙学虽认为宇宙有限，但严格地讲，只是"我们生存的这个宇宙"才是有限的。爱因斯坦等人认为，我们的宇宙空间在宇观尺度上是一个弯曲的黎曼空间形状，三维弯曲空间与一维时间构成了一个四维连续统，就空间而言，我们的宇宙是封闭的，这个封闭的"超球面"大小肯定有限。而且这个空间外面没有任何东西可以进入，里面则没有任何东西可以逸出。正因为如此，虽然我们的宇宙是有限的，却没有理由断定我们的宇宙之外就什么都没有，也许还有其他宇宙(另一个总星系)存在着，然而我们却无法觉察它。

从宇宙无限论与有限论的冲突中，我们看到，哲学自然观所关注的是宇宙最终可能的样子，而自然科学具体理论所关注的是我们目前所观测到的所有天体现象及其理论解释，两者之间有冲突并不奇怪。在具体的关于宇宙的科学研究中，科学家们只能根据理论推论与观测事实说话，故而理所当然地认为宇宙是有限的。而在对宇宙的自然观思索中，只要还存在除有限论之外的其他可能，就不能放弃无限论；相反，我们还要尽力为无限论辩护。否则，自然观就失去了全面性和对具体理论的批判性，失去了在科学发展中的超前预见功能。总之，自然观如果苟同具体的科学结论，就没有严肃的批判功能；自然观如果不顾具体的科学结论，就只是思维游戏，对人类知识的进步不但无用，反而有害。

三、虚拟与现实

在美国科幻作家威廉·吉布森的小说《神经漫游者》(1984 年)中，主人公凯斯，被派往全球电脑网络构成的空间里执行任务。进入这个空间，不需要实体的交通工具，他通过在大脑神经传入插座来感知电脑网络，当他的思想意识与网络合为一体后，便可进入赛伯空间(Cyberspace)。1999 年上映的《黑客帝国Ⅰ》对赛伯空间进行了视觉呈现。人们生活在计算机网络空间中，而他们认为是真实的世界其实是虚拟的世界。虚拟技术的飞速发展，使人们无法怀疑：黑客帝国中所描述的情景，也许就是人类的明天。那么，到底什么是虚拟？什么是现实？虚拟与现实的界限在哪里呢？

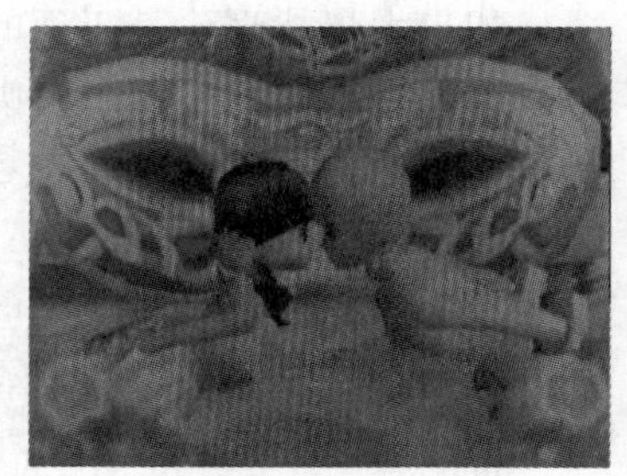

图 2-3　计算机绘制的虚拟图像①

① 图片来源：http://www.baidu.com.

虚拟技术的起源可追溯至美国空军在“二战”期间和之后所建造的航空飞行模拟器。“实习飞行员利用这种飞行模拟器，通过操作特别设置的类似于飞机驾驶舱内的控制器，学习如何驾驶飞机。这些驾驶舱是从真实的飞机中分离出来的，它被安装在装有控制器的活动平台上，供学员在地面上学习飞行驾驶技术。”[①]自 20 世纪 80 年代以来，随着计算机、图像生成与显示、立体影像(液晶光阀、全息照相)、立体音响、传感器、测控、通信、多媒体、科学视算、人工智能技术和软件工程等技术的飞速发展，虚拟技术日臻成熟，在军事、航空以及其他民用领域得到了广泛应用。

在军事上，虽然真实训练仍居于主要地位，但是它有很多缺点。美军就采用了军事指挥决策模拟、虚拟战场环境、新装备虚拟制造、单兵模拟训练等虚拟技术。虚拟技术在军事训练中的地位还将会越来越重要。[②] 在航空领域，虚拟技术在航天员的训练中占据着不可替代的地位。例如：俄罗斯加加林航天员训练中心的国际空间站乘员试验台，能为航天员提供俄罗斯舱的虚拟世界。这个虚拟世界以现实物体图像为基础，非常逼真。航天员在这个虚拟世界中，执行训练人员的指令；另外，航天员借助虚拟现实程序，能够以 6 个自由度在虚拟世界移动，也可以与俄罗斯舱外部、内部和舱内系统模型进行交互作用。[③]

美国学者海姆对虚拟实在的著名定义是：“虚拟实在是实际上而不是事实上为真实的事件或实体。”[④]另外，他认为虚拟实在有三个特征：第一，身临其境的沉浸感。一种独立于主体感觉的特殊装置，可以让人感觉他进入了一个不同的地方。第二，人机界面的交互性。由于虚拟实在系统要能够像现实环境一样，及时对人的实践活动做出反馈，或者说电子表征能够与其表征对象一样，与人进行交互作用。正是这种交互性，使得虚拟实在具有现实性。第三，实现远程显现的信息强度。虚拟实在系统要能够通过信息处理，创造一种虚拟环境来实况再现各种远程现象，获得远程数据，并控制它们。[⑤]

显然，虚拟不是虚幻，更不是虚假。虚拟实在与现实的区别在于：前者是借助高科技手段向人呈现的事件或实体，而后者是通过身体感官向人呈现的事件或实体。虚拟实在是具有现实性的，因为它的内容以及结构来自于现实。事实上，将虚拟实在与现实进行划分的潜在假设是：存在着主观事实与客观事实的严格区分。现实是客观的，而虚拟实在的虚拟性就在于它不完全是客观存在。问题在于：真的存在完全客观的东西吗？

经验主义者和实证主义者假设所有的事实都是客观事实，因此科学的目的就是通过客观的方法和手段，获取客观的知识。新现象学家施密茨则认为：“所有的事实本身是主观的。[⑥] 如果施密茨是对的，那么虚拟实在与现实之间的界限就不存在。任何现实，在根本上都是一种主观事实，而虚拟实在更是一种彻底的主观事实，因为它是技术手段与主体经验的融合。

---

① 成素梅，漆捷.“虚拟实在”的哲学解读.科学技术与辩证法，2003(5)：15.

② 王吉奎，范茵，李骞.虚拟现实技术及其在军事中的应用.第五届全国仿真器学术会论文集，2004：341—342.

③ 聚焦加加林航天员训练中心.航天员，2008(9)，http://news.sina.com.cn/w/2008-09-27/184216371716.shtml.2011-03-01.

④ 迈克尔·海姆.从界面到网络空间——虚拟实在的形而上学.上海：科技教育出版社，2000：111.

⑤ Michael Heim. *Virtual Realism*. NewYouk：Oxford Unversity Press，1998.

⑥ Hermann Schmitz. *Leib und Gefühl：Materialien zu einer philsophischen Therpeutik*. Paderborn：Junfermann-Verlag，1992：35.

本章框架

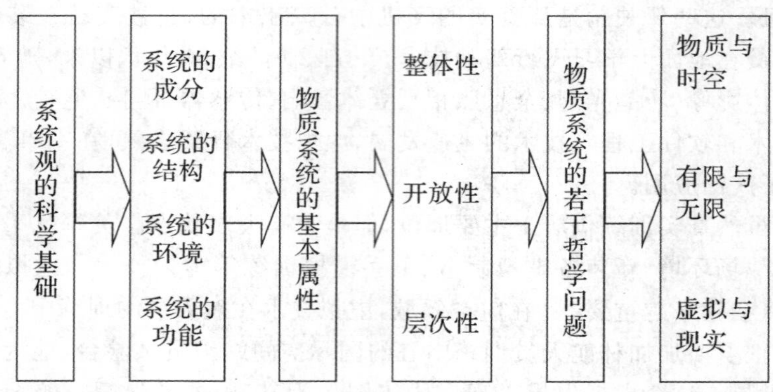

进一步阅读文献

1. 张华夏. 物质系统论(第 3、4、5 章). 杭州:浙江人民出版社,1987.
2. 普里高津. 确实性的终结(导言). 上海:世纪出版集团,2009.
3. 维纳. 控制论(第 1 章). 北京:科学出版社,2009.
4. 苗东升. 系统科学精要(第 1、2、3 章). 北京:中国人民大学出版社,2010.

复习思考题

1. 系统自然观与唯物主义辩证自然观的关系是什么?
2. 系统科学是如何突破近代科学的分析还原方法的?
3. 如何理解系统科学的基本属性? 它们在科学研究和日常生活中有何应用?
4. 你认为应该如何把握物质与时空、有限与无限、虚拟与现实的辩证关系?

第三章　自然演化观

重点提示

- 自然界不仅是存在的系统，更是演化的过程。
- 进化和退化是自然界方向相反却又相互依存的两类不同演化。
- 宏观系统的自组织进化是微观涨落、非线性正反馈、足够的环境负熵共同作用的结果。
- 宏观系统的自组织进化是随机性与多样性的统一。

自然界不是一成不变的事物的集合体，而是过程的集合体。因此，我们对自然界的追问和探究，不能仅仅满足于了解其系统存在方式，还必须进一步了解其演化过程。唯有这样，我们才可能在变动中把握自然万物当下的性质及状态，才可能在过程中真正理解自然界的存在。

第一节　自然界的演化及其方向

一、从研究存在的自然到研究演化的自然

自然演化现象进入科学研究视野的时间并不很长。虽然近代是科学形成并快速发展的时期，但是直到 19 世纪中叶之前，物理学、化学、生物学和地质学等学科的研究重心仍然是事物的构成成分、结构形态，即使对事物的相互作用及相应变化的研究，也仅仅局限于以“牛顿力学定律”为代表的那些镜向对称的相互作用类型。这类镜向对称的相互作用有两个重要特征：一是它们都具有可逆性。比如，牛顿第二定律（$F=m\mathrm{d}v/\mathrm{d}t$）关于 $t\rightarrow -t$ 的时间反演是不改变形式的，它所适用的变化既可以面向未来也可以面向过去。这意味着，对于这类相互作用而言，过去和未来是等权的，“时间”仅仅只是一段被折去了箭头的箭杆。二是它们的相关参量具有守恒性。比如与力学相互作用有关的参量——动量在相互作用中就是守恒的。相互作用的守恒性意味着，由它们所引起的事物变化只能是局部的，就整体而言，自然界是“一成不变”的，是“there is nothing new under the sun”（所罗门语）。总之，由近代科学的研究内容所决定，近代自然科学只能被称作是“关于存在的科学”，近代自然科学家的最大

理想就是能建立关于自然界的符合理性理想的普遍图式。正如罗杰·豪歇尔在艾赛亚·伯林的《反潮流》一书的导言中所表述的那样："他们寻求包罗万象的图式，普适的统一框架，在这些框架中，所有存在的事物都可以被表明是系统地，即逻辑地或因果地相互连接着的。他们寻求广泛的结构，这种结构中不应为'自然发生'或'自动发展'留下空隙，在那里所发生的一切，都应至少在原则上完全可以用不变的普遍定律来解释。"

然而，早在经典科学尚统治欧洲的时候，对这种"存在自然观"的威胁就已经隐约可见。热学的两个后代即能量转换学说和热机学说，产生了第一个"非经典"的科学——热力学。傅里叶的热传播定律是对经典力学所无视的不可逆过程的第一次定量描述，著名的热力学第二定律更是在物理学中明确引入了时间之矢。热力学理论告诉我们，事物所能经历的各种状态不是等权的，自然偏爱某些态，时间不仅有方向，而且在时间推移中，事物总是在趋向某种新状态。热力学的建立以及熵的概念的提出是科学的一次重大飞跃。英国著名天文学家爱丁顿曾说："从科学的哲学观点看，我认为，与熵相连的概念一定会作为 19 世纪的伟大贡献列入科学的思想之中。"①继热力学之后，自然万物的演化现象逐步进入生物学、地质学、天文学和社会学等各个学科的研究视野，以致在今天，无论从哪个学科看，我们所发现的都是演进的、多样化和不稳定的事物。在所有层次上，无论在基本粒子领域中，还是在生物学中，抑或在宇宙物理学中，情形都是如此。现代自然科学已经不仅仅是"关于存在的科学"，更成了"关于演化的科学"。

二、自然界的演化及其基本特征

对现代自然科学所揭示的形形色色的演化现象进行分析，我们可以发现，事物的演化都具有以下几个基本特征：

其一，演化是事物结构功能的改变。在辩证法中，"运动"是一个极为广义的概念，它既可以指事物与其他事物的位置等外部关系的改变，也可以指称事物自身的改变；即使是事物自身的改变，它也既可以指事物大小、轻重等属性的改变，也可以指事物内在结构及相关功能的改变。而从各学科所揭示的自然演化现象来看，无论是天体演替、地质构造更迭、生物进化乃至社会革命，它们都是事物结构和功能的改变，是事物内在成分、构成方式及由此决定的功能属性的重大改变，也就是辩证法所谓的"质变"。因此，结构功能改变是演化这类变化形式区别于其他运动形式的重要特征。

其二，演化是事物由己而生的自发性改变。任何事物的组织功能变化都需要有相应的外部条件，这是毫无疑问的。但即便如此，我们仍然可以将事物的组织功能改变分成两类：一类是由外部因素主导的，按照外部输入的某种模式，甚至是由外部力量设计并直接实施的改变，我们将这种组织功能改变叫做他组织过程。另一种改变则是事物由己而生的变化，是事物的自我运动、自我改变。这类变化虽然也需要外部条件，但它们不是依据外界指令而进行的活动，不是外力建构的过程，而是在一定外部条件下依靠自身内在机制，按照自身某种潜在模式而发生的改变。我们将这类改变叫做自组织或自瓦解。一堆零件组成一只精美钟表，这一过程是由人设计并实施的，因此是一个他组织过程。而生态系统的演化则是各种生

① 湛垦华，沈小峰. 普利高津与耗散结构理论. 西安：陕西科学技术出版社，1982：204.

物物种通过生存竞争、优胜劣汰，物种之间逐步磨合，与无机环境逐步融合的过程，这是生态系统由已而生的改变。因此，自发性是事物演化的又一重要特征。

其三，演化还是事物趋向稳定态的不可逆变化。普朗克曾说："自然界偏爱某些状态，事物的变化总是趋向于一个'吸引'它的态，该事物偏爱这个态，它自身的'自由意志'不会使它偏离这个态。"[①]分析表明，这些事物演化所偏爱的，对其有强烈"吸引力"的状态实际上就是其组织结构的稳定状态。科学家将事物演化总是趋向其稳定态的这一特点称作演化的不可逆性。普里高津说："自然界不允许有这样的过程，它发现它们的终态比初态具有较小的吸引力。可逆过程是极限情况，在可逆过程中，自然对其初态和终态的偏爱是相同的，这就是它们之间的过渡可以在两个方向上任意进行的原因。"[②]而从自然界的演化来看，无论是天体演替、地质构造更迭、生物进化乃至社会革命，都是这些事物寻找并趋向自身结构和功能的稳定状态的不可逆变化，这是演化现象的另一重要特征。

基于对自然界演化特征的上述分析，我们最终可以对事物的演化作出如下界定：所谓演化，就是指在一定的外部条件下，事物自发发生的，趋向其结构功能的某种新稳定态的不可逆变化。

三、自然界演化的两个相反方向

事物演化是趋向其结构功能某种新稳定态的不可逆过程。如果通过一个演化过程，事物内部的构成要素更加丰富多样了、结构更复杂、层次更多了、自我调节和控制机制也完备了；事物抵御外部环境干扰的能力增强了，对外部资源的利用能力也提高了，那么，我们就将其称作"进化"；反之，我们则称其为"退化"。

到 19 世纪中叶，虽然自然界的演化现象相继进入各学科的研究视野并获得肯定，但是与事物演化相关的一个新问题却又凸显在人们的面前：世界万物的演化，究竟是走向日益完善的进化过程，还是日趋溃败的退化过程？

遗憾的是，在相当长的时期里，科学界对于这一新问题未能形成统一声音，曾对演化问题研究立下汗马功劳的热力学和生物学甚至还给出了完全相反的回答。根据开尔文和克劳修斯所揭示的热力学第二定律，整个热力学领域的演化方向是朝下的，是从有序趋向于无序的退化过程。克劳修斯甚至将热力学第二定律推广到宇宙演化，他认为整个宇宙都遵循熵增原理，因此，随着熵的不断增大，宇宙中一切机械的、物理的、化学的、生命的等运动形式最终都将转化为热运动形式，而热又总是自发地由高温流向低温，直到温度处处相等，因此，宇宙演化必定趋向于一个死一样寂静的永恒的热平衡状态（此时宇宙的熵趋于极大值）。这就是著名的宇宙"热寂说"。但是，比热力学稍晚，在生物学领域，人们对演化现象的研究却得出了完全相反的结论。达尔文的生物进化论认为，至少在生物领域，事物的演化方向是朝上的，是从结构和功能方面的无序或低序趋向于组织性更高层次的进化过程，时间之箭指向的是进步和完善。

这种同为科学认识却又结论相悖的状况给人们带来了很大的困惑，人们尝试从不同角度去解决开尔文与达尔文、热力学和生物学的矛盾。恩格斯曾经从哲学层面进行了分析。恩格斯首先指出，按照"热寂说"，"宇宙钟必须上紧发条，然后才能走动起来，一直达到平衡

---

①② 尼可里斯，普里高津．探索复杂性．成都：四川教育出版社，1986：38，70—72.

状态，而要使它从平衡状态再走动起来，那只有奇迹才行。上紧发条时耗费的能消失了，至少是在质上消失了，而且只有靠外来的推动才能恢复。因此外来的推动在一开始就必需的。"①因此，他指出"热寂论"必定导致神秘的"第一推动"，具有反科学性。其次，恩格斯指出，他相信，宇宙的运动在质上与量上都具有无限转化的能力，"放射到太空中去的热一定有可能通过某种途径"，"重新集结和活动起来"，并预言往后的自然科学将"指明这一途径"。②数学家玻尔兹曼则从统计学角度探索了化解上述矛盾的途径。玻尔兹曼将系统的每一个宏观状态与系统要素间的一组微观组合态对应起来，并且将宏观态的演化趋势与微观态的实现几率结合起来。根据其研究，熵值越小的宏观状态所对应的是越不均匀的微观分布，实现这种不均匀微观分布的几率也越小；相反，熵值较大的宏观态所对应的是较均匀的微观态，实现这种较均匀微观态的几率就较大；而熵值最大的热平衡状态对应的是完全均匀的微观态，实现这种均匀微观态的可能性最大，也即是系统的最可几状态。很显然，在玻尔兹曼的统计解释中，热力学主张的退化方向与生物学主张的进化方向并不是水火不相容的，事物既可能实现进化，也可能发生退化，只不过其发生退化是大概率事件，而实现进化的可能微乎其微而已。但是，统一热力学与生物学、进化论与退化论两种对立观点最有价值的思路是德国物理学家薛定谔提出的。1944 年，薛定谔在《生命是什么》一书中写道："要摆脱死亡，就是说要活着，唯一的办法就是从环境中不断地汲取负熵"，并提出"有机体就是以负熵为生的"的著名论断。

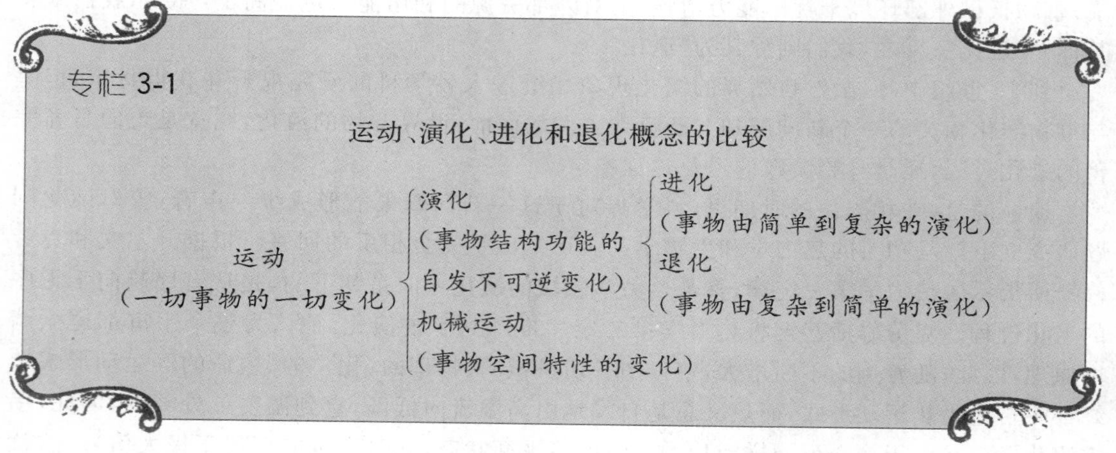
专栏 3-1

运动、演化、进化和退化概念的比较

运动（一切事物的一切变化）
- 演化（事物结构功能的自发不可逆变化）
  - 进化（事物由简单到复杂的演化）
  - 退化（事物由复杂到简单的演化）
- 机械运动（事物空间特性的变化）

回顾科学家对事物演化方向问题的探索历程，环视我们周围形形色色的演化现象，我们认识到，自然界的演化方向不是唯一的，既有进化，也有退化，而且这两种方向的演化还往往是互相交错的。

首先，进化和退化同时并存于我们这个世界。事物的属性以及事物之间的相互作用是多种多样的，而不同的属性和相互作用对于事物的演化方向有着不同的作用。如果我们单纯着眼于能量传递和转移的热力学过程，由于热力学过程具有耗散性，事物的演化方向似乎确实是走向退化。但是我们必须看到，事物之间不仅有耗散性的能量交流，还有非耗散性的

①② 恩格斯著，于光远译．自然辩证法．北京：人民出版社，1984：267，23.

信息交流；事物之间不仅有促使事物瓦解退化的热力学相互作用，还有促使事物集聚、结合的万有引力相互作用、电磁相互作用、强相互作用和弱相互作用。因此，只要我们承认事物的属性及相互作用是多种多样的，我们就必须要承认事物的演化方向也是多样的，一些事物在退化，另外一些事物却在进化。事物演化的方向永远不是唯一的。

其二，进化与退化常常是互相包含的。事物进化是事物在其多种发展可能中实现其中之一的过程，因此，事物进化也是事物的特化过程。而任何特化都意味着事物的某些特质增强，而另一些特质被抑制和削弱，因此，事物的进化和退化是互相包含的，只是主次不同罢了。以进化为主的过程往往包含着局部的退化；同样，以退化为主的过程也可能包含局部的进化。例如，生物进化之中也有退化，一些结构和功能的进化，同时也就意味着另一些结构和功能的退化，返祖现象就是生物进化中的退化的典型。

其三，进化与退化的判断是复杂的、具有相对性。由于世界上的任一事物都有着复杂的结构以及多种多样的功能，更由于作为研究者和评价者的人总是自觉或不自觉地从自己的价值取向去判断事物，因此，虽然我们可以明确地界定“进化”和“退化”，但要实际地判断它们却是相当困难的，具有一定的相对性。比如，一种事物通过演化，其结构更复杂、更有序了，从结构角度看，该演化过程显然是进化。但是，由于该事物的结构复杂化使其对外部环境更敏感，缩小了其环境适应的范畴，从功能角度看，这一演化过程又可以说是退化。又比如，对于一种病菌而言，抗药性的增强对其自身来说显然是一种进步，但对于人而言，由于抗药性增强意味着对人的危害增大，因此人们往往将其当做一种负方向的演化。

最后，进化与退化还互为前提和条件。一方面，任何退化过程都必须以进化过程为前提。这是因为，任何退化都是从有序到无序的转变，它的发生必须以结构和组织的存在为前提。因此，只有当系统通过进化形成了一定的组织和结构，作为从有到无的退化过程才可能发生。另一方面，宏观系统的进化必须以退化为条件。这是因为，宏观系统无法借助自身内部的自然力抵制热力学熵增，而只能通过耗散环境负熵来保持甚至提高自身的有序程度，这意味着，宏观系统是将自身的熵增转移到环境，以环境的某些退化为代价来实现自身进化的。

总之，我们不仅要肯定自然界的演化既有进化，也有退化，还要在进化与退化这两种对立方向的统一中理解事物的演化。

第二节　自然系统的自组织奥秘

一、自组织理论概述

由于人类自身生存方式的原因，在自然界各种方向的演化中，人类对于进化这一特定方向的演化有着一种天生的兴趣。因此，当 20 世纪 70 年代人们研究进化现象的基本条件成熟时，科学界对于事物进化现象的研究便如火如荼开展起来，并因此形成了一个由耗散结构理论（dissipative structure）、协同学（synergetics）、突变论（catastrophe theory）、超循环理论（super circle）和混沌理论等所构成的，被叫做“自组织理论”的学科群。

耗散结构理论由普里高津教授于 1969 年在“理论物理学和生物学”国际会议上正式提出。普里高津指出，一个远离平衡态的非线性的开放系统（无论是力学的、物理的、化学的，还是生物的），通过不断地与外界交换物质和能量，在系统内部某个参量的变化达到一定阈值时，系统有可能发生突变即非平衡相变，由原来的混沌无序状态转变为一种在时间上、空间上或功能上的有序状态。由于这种有序结构需要不断耗散环境负熵才能维持，因此称之为“耗散结构”。普里高津因其耗散结构理论获得 1977 年诺贝尔化学奖。

1977 年，德国激光学家哈肯出版了《协同作用学导论》一书，创立了协同学。协同论专门研究子系统构成的系统是如何通过协作从无序到有序演化的规律。协同学强调系统的进化都是系统“自组织”的过程，并且强调“协同导致有序”。

突变论作为现代数学的一个新兴分支学科，是 20 世纪 70 年代由法国数学家勒内·托姆提出的。突变论认为突变过程是由一种稳定态经过不稳定态向新的稳定态跃迁的过程。突变论着重研究的是事物突变过程的各种途径，以及每种突变途径得以实现的特定条件。

20 世纪 70 年代，德国化学家艾根提出了“超循环”概念。并于 1977 年出版了《超循环：自然的自组织原理》一书。艾根观察到生命现象都包含许多由酶的催化作用所推动的各种循环，而若干个基层的自循环单元又可以联结成一个较高层次的循环，进而还可以组成更高层次的循环，这就是所谓的“超循环”。但后来人们发现，超循环结构实际上是复杂系统非常普遍的一种自组织结合形式。

研究系统自组织过程的非线性动力学发现，由于事物内外部相互作用及事物变化过程的复杂性，即使在一个确定性系统中，其演化也会出现“无序性”、“无规性”和“不可预测性”，人们借用中国古代哲学中“混沌初开无所不包”的意思，将这种现象叫做“混沌”，并由此形成了一门以专门描述复杂系统演化过程为己任的学科——“混沌学”。

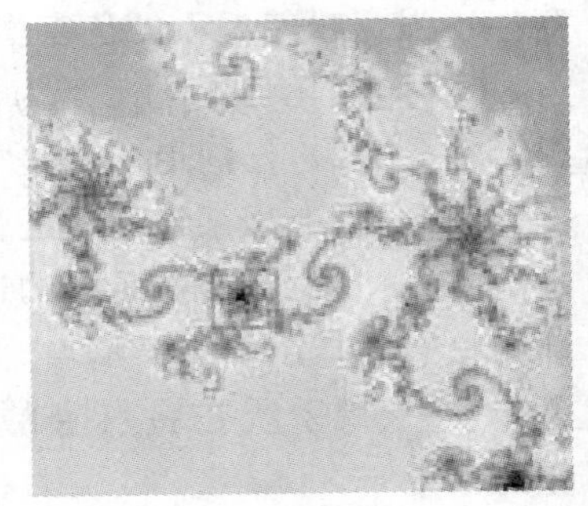

图 3-1　混沌①

上述科学理论虽然内容各异，方法迥然，但它们都是从不同层面、不同侧面和不同角度对自然界千姿百态的自组织进化现象的揭示和研究，正因为如此，人们将它们统称为“自组织理论”。与系统论、信息论和控制论被叫做“老三论”相对应，自组织理论中的耗散结构理论、协同学和突变论被叫做“新三论”。

立足于自组织理论的研究成果，我们在下面分别讨论事物自组织进化的基本机理。

二、涨落是自组织的微观基础

如果事物的进化完全是按外部指令进行的，那么这种进化充其量只是一个“他组织”，而不是事物“自我组织”的进化过程。因此，要揭示事物进化的机理，首要任务就是探讨事物进化在其自身内部的微观基础。

作为自组织理论研究领军人物的比利时科学家普里高津在论及系统进化的微观基础时曾说：“某种不稳定的存在可以被当做某个涨落的结果，这个涨落最初局限在系统的一小部

---

① 图片来源：http://www.baidu.com.

分内，随后扩展开来，并引出一个新宏观稳定态。”①“耗散结构可以被认为是由于物质和能量交换而稳定化了的巨涨落”，“这种新型的有序可以叫做‘通过涨落的有序’。”②

被自组织理论如此看重的“涨落”究竟是什么呢？“涨落”原本是统计物理学中的一个概念，它指的是表征事物某种性质的物理量在其平均值附近的微小随机偏离。对于一个由大量要素构成的宏观系统而言，其每一个宏观状态量都只能是一个统计平均值，而事物的实际状态常常与这一统计平均值有着或大或小的偏离。这些偏离就被叫做“涨落”。如果我们从事物结构和功能的角度看，“涨落”这一词则可以被理解为事物在某一局域内的要素特性及相互关系模式，相对于该事物大多数要素的一般状态及整体范围的关系模式所发生的瞬间的微小偏离。

从研究存在的角度看，作为偏离的涨落是对系统既成状态的干扰，是需要人们加以排除的非稳定因素。但在研究进化的自组织理论看来，事物进化所产生的新结构、新状态是其自身内部某种微观模式放大的结果，而涨落恰恰就是事物进化所需要的，不同于现有结构状态的新组织结构的微型状态。涨落与其相应的新宏观有序结构之间本质上是同构的，区别仅在于：一是规模不同(涨落存在于某个局域，宏观结构则扩展到事物的整体)；二是稳定性不同(涨落随生随灭，而宏观结构是稳定化的)。简言之，涨落就是事物进化所产生的新结构的“胚胎”或“基核”，而事物的新结构状态则是“由于物质和能量交换而稳定化了的巨涨落”。正是在此意义上，我们可以认为，涨落是事物进化自身内部的微观基础。

三、非线性正反馈是自组织的作用机制

涨落虽然为事物进化提供了内在的微观基础，但涨落毕竟只是存在于事物局域范围的，微小的、随生随灭的偏离，对于一个由大量要素组成的宏观系统而言，这种微小偏离只有得到放大并加以稳定，才可能变成事物的新结构、新状态。因此，要揭示宏观系统进化机理，还必须深入探讨放大涨落的相互作用机制。

普里高津指出，只有“在系统的不同元素之间存在非线性机制的条件下，耗散结构才能出现”；③他还将“非线性是有序之源”当做其整个理论的基本原理之一。协同学创始人哈肯也认为：“控制自组织的方程本质上是非线性的”，“这些非线性项起着决定性的作用。”④

“非线性”概念来自数学。在数学方程中，自变量和应变量的最高次数为1的方程都可叫做一次方程或线性方程，而所有变量次数高于1的，则都可称为高次方程或非线性方程。如果我们从事物因果联系角度看方程的函数关系，那么，由于线性方程中的每一个自变量一定对应唯一的应变量，因此，线性方程表达的实际上是事物间的一种单值的因果联系。而非线性方程则很不同，其自变量和应变量之间有非常复杂的耦合关系：在某些特定的条件下，不同的自变量可能对应唯一的应变量，而同一个自变量则有可能对应不同的应变量。这意味着，非线性方程是对物质世界复杂因果联系的数学描述。

① 普里高津等. 从混沌到有序. 上海：上海译文出版社，1987：225.

②③ 湛垦华，沈小峰. 普利高津与耗散结构理论. 西安：陕西科学技术出版社，1982：174—175，156.

④ 哈肯. 协同学. 北京：原子能出版社，1984：18，287.

专栏 3-2

"线性"与"非线性"[①]

线性与非线性常用于区别函数 $y=f(x)$ 对自变量 x 的依赖关系。线性函数即一次函数，其图像为一条直线。在空间和时间上代表规则和光滑的运动。其他函数则为非线性函数，其图像不是直线，代表不规则的运动和突变。

线性关系是互不相干的独立关系，而非线性则是相互作用的关系，正是这种相互作用，使得整体不再简单地等于部分之和，而可能出现不同于"线性叠加"的增益或亏损。激光生成就是非线性的：当外加电压较小时，激光器犹如普通电灯，光向四面八方散射；而当外加电压达到某一定值时，会突然出现一种全新现象：受激原子好像听到"向右看齐"的命令，发射出相位和方向都一致的单色光即激光。

在各种各样的非线性关联中，自组织理论特别重视的是那些带有自乘形式的非线性关联。普里高津等人告诉我们，能够放大涨落的，必须是像自催化、自复制、受激发射等这类非线性相互关系。在布鲁塞尔学派所研究的"三分子模型"$2X+Y=3X$ 中，催化剂 X 与反应物 Y 相互作用，催化剂 X 的性质支配着反应物 Y 的变化，其结果是使其转变为与催化剂同样性质的生成物 X。在哈肯学派所研究的导致激光发生的受激发射中，入射光子作用于处于高能级的激活原子，其特性支配着激活原子的行为，其结果是产生两倍于原光子数且与原光子特性完全相同的光子……上述这些非线性关联的共同特点是它们都具有自乘形式：作用者能够同化被作用者，从而产生作用结果反过来强化作用原因的正反馈效应。

具有自乘形式的这些相互作用由于能使事物内部原先行为方式不同的各组成部分丧失自己的独立性，而以作用者所提供的行为模式为统一模式，使各要素间产生相干效应与协调动作，从而使作用者所特有的行为模式在相互作用中得以迅速扩大，使一种原先只是局域范围的微小涨落放大为"巨涨落"，取代事物原先的旧结构，成为事物新的稳定结构和状态。正因为如此，我们将这类带有自乘形式的正反馈性质的非线性关系看做是宏观系统进化的相互作用机制。

四、开放远离平衡是自组织的外部条件

在热力学中，熵是标志系统混乱无序程度的参量。热力学第二定律指出，对于孤立系统，随着时间的推移，其内部热运动过程必然引起熵增加并趋向于熵的极大值。这意味着，孤立系统的演化只可能是从有序向无序退化。当然，我们今天已经清楚地意识到，由于事物之间不仅有能量交流，还有信息交流；事物之间不仅有耗散性的热力学相互作用，还有促使事物集聚、结合的引力相互作用等，热力学第二定律对于解释宇观世界和微观世界的演化是有很大局限的。但是，对我们人类所生存的这个宏观世界来说，由于宏观事物自身内部的集聚作用力远远不足以抵制其扩散性的热力学熵增，因此，探讨宏观系统抵制熵增的外部条件

---

① 资料来源：http://baike.baidu.com/view/392135.htm.

是我们揭示事物进化机理的又一重要任务。

普里高津发现，一个宏观系统的熵变(dS)包括两个部分：一个是系统与环境相互作用中交换的熵(dS_e)，称外熵流；另一个是系统内部自发产生的熵(dS_i)，称熵产生。因此宏观系统的熵变就是：

$$dS=dS_e+dS_i$$

对于孤立系统，由于系统和环境之间没有物质和能量交换，也就不可能产生熵的交换，(dS_e)=0，所以，$dS=dS_i>0$，这就是克劳修斯提出的热力学第二定律。

对于开放系统，由于系统和环境之间存在物质和能量的交换，这就会同时产生熵的交换，使得 $dS_e\neq0$，而当 $dS_e<0$，且 $|dS_e|>dS_i$ 时，$dS<0$，系统就可能沿着熵减方向走向有序化。

普里高津的研究表明，一个宏观系统借助于外部环境输入的负熵，是有可能克服、抵消系统内部的增熵，从而实现进化的。

那么，事物与环境的物质、能量、信息交流是如何推动事物实现进化的呢？

我们知道，由于热力学第二定律的作用，一个孤立的宏观系统必然走向热平衡状态。在这种平衡系统中，由于系统内部的相互作用是完全对称、可逆的，因此，系统内不可能存在物质、能量和信息的任何宏观迁移。比如在布鲁塞尔学派所研究的“三分子模型”中，当系统处于平衡态时，系统内既发生着 $2X+Y\rightarrow3X$ 的正反馈反应，也同时发生着相反方向的 $3X\rightarrow2X+Y$ 的反应。这意味着正反馈相互作用无法持续扩大，当然也就无法承担起放大涨落这一使命。

但是，如果系统与环境进行着某种特定性质的高强度交流，情况就会大不相同。这是因为，环境输入某种特定的物质流、能量流以及伴随而来的信息流，会将系统驱使到远离平衡状态，进而使该事物内部发生某种特定方向的反应或作用，从而使系统内部的正反馈相互作用能够得以增强。如在上述“三分子模型”中，如果环境持续输入 Y，使该系统中 Y 物质的浓度始终明显高于 X，那么，这种非平衡状态就会大大增强 $X+Y\rightarrow3X$ 的正反馈相互作用，抑制相反方向的 $3X\rightarrow2X+Y$ 相互作用。由于正反馈相互作用的增强能够放大系统内部的涨落，迫使系统向着某个新的结构演化，在此意义上，我们将事物与环境开放交流达到远离平衡状态，当做事物进化所必需的外部条件。

图 3-2 B-Z 反应中出现的时空有序现象①

五、自组织进化的随机性与多样性

如前所述，线性关系只是单一因果关联的数学表达。然而遗憾的是，受认识发展阶段限制，近代科学特别是近代物理学所研究的，仅仅就是这样一些具有严格确定性和可预言性的线性因果关联。而经典物理的辉煌成就，更使人们将这种线性因果关联当成了自然界因果关联的一般原型。在上述线性因果观念的支配下，许多人都以为，事物运动、变化的趋势不仅是唯一的，而且是确定不移的，不可移易的，因此也是可精确预言的；事物变化中出现的差

① 图片来源：http://www.baidu.com.

别只是一些无伤大雅的微小的暂时偏离，人们之所以会认为“世事无常”，完全只是因为人的认识受“人目”的限制。

但是对事物自组织进化机理的揭示颠覆了上述机械观的观念。自组织理论告诉我们，事物的进化是趋向多样化的过程。如前所述，事物进化是其内部涨落放大的结果。而我们知道，由于事物内部的构成要素是大量的，它们之间可能的耦合模式和微观组态往往是天文数字，这意味着，就自身内部来说，事物自组织具有多种可能的结果。宏观事物的进化还必须有外部条件的支持。只有当环境输入的物质流、能量流以及伴随而来的信息流能将系统驱使到远离平衡状态，足以使要素间的正反馈非线性相互作用持续进行时，事物的进化才有实现的可能。而我们知道，在大千世界中，环境因素也具有多样性，不同的环境影响会驱使事物内部发生不同性质的作用，放大不同类型的涨落，从而实现不同的进化结果。综合上述分析，很显然，由于事物内部微观基础与外部环境都具有多样性，事物自组织进化的结果一定是多姿多彩的，是一个趋向多样化的过程。

自组织理论还告诉我们，事物的进化是一个充满偶然性的过程。由于事物自组织进化的内部微观基础与外部环境都具有多样性，任何一个扰动都有可能会使事物内部产生不同的微观组态，会使事物的环境产生不同的影响。这意味着，一个事物某时某刻在内部能够形成何种类型的涨落，能够为进化提供何种新结构“胚胎”，在外部能否得到某种环境力量的支持，以及能够得到何种环境力量的支持，都具有强烈的随机性，也即是偶然的。因此，在归根到底的意义上，事物能否实现进化以及实现什么样的进化都是偶然的，而且这种偶然性是无条件的，绝对的。

当然，事物的进化也有某些确定性和统一性。我们知道，作为事物进化未来新结构“胚胎”的涨落，一定限于事物构成要素所允许的耦合模式和微观组态之内；作为事物进化条件的环境输入，一定符合而不会超越当下直接的环境状况。由事物进化的内部基础和外部条件的这种确定性和统一性决定，事物的进化也具有某种确定性和统一性。只不过这种确定性和统一性仅仅是指事物的进化一定受到某种可能性空间的约束，一定不会超出这种可能性范围，因此，只是一种近似的，相对的确定性和统一性。

第三节　自然界的重要演化现象

自然界的演化主要包括宇宙起源、地球起源、生命起源和人类起源，人们将它们合称为“四大起源”。下面，我们根据宇宙物理学、天文学、地质学、生物学和人类学的相关研究成果，对四大起源进行概要介绍。

一、宇宙的创生与演化

从遥远的神话时代一直到今天，宇宙的起源始终是哲学家和神学家思辨，诗人遐想，科学家探究的主题之一。中国古代传说盘古开天地始于“混沌”。《淮南子・天文训》中还具体勾画了宇宙从无形的物质状态到混沌状态再到天地万物生成演变的过程。希腊诗人赫西奥德是用“混沌”来解释宇宙诞生的第一个西方思辨思想家。后来的自然哲学家，从毕达哥拉斯到阿基米德，也都认为宇宙是从“混沌”状态产生出“秩序”的。而形形色色的宗教则都将宇宙的创生归功于某一造物主。《圣经·创世纪》宣称，宇宙是由上帝在6天之内创造的。1648年，爱尔兰大主教厄谢尔曾根据圣经所记亚当后裔家谱的考证，推断宇宙是在公元前4004年10月23日(星期天)被上帝创造出来的。直到20世纪，关于宇宙起源的学说才从神话和形而上学领域步入科学的殿堂。

按照现代宇宙学中最有影响的大爆炸宇宙论和暴胀宇宙论，宇宙起源于大约150亿年前的一次大爆炸。大爆炸之前的宇宙是一个高温、高密度的“奇点”。从大爆炸开始至10^{-43}秒(普朗克时间)之间有一个过渡的混沌状态，它包含有随机的量子涨落以及由初始状态的一种临界不稳定性造成的许多被称为“泡沫”的区域。随着宇宙的膨胀，温度的下降，宇宙进入到一个叫做“假真空”的状态，这种“假真空”不同于真的物理真空，它具有巨大的负压力，引起引力排斥效应，使宇宙从大约10^{-35}秒后发生按指数急剧的膨胀即所谓“暴胀”，以致宇宙在这一极短的时间(10^{-35}～10^{-32}秒)半径增加了约10^{50}倍。在暴胀结束后(10^{-32}～10^{-6}秒)，宇宙进入对称破缺阶段，由“假真空”态转变为“真真空”态，其多余的能量释放出来，在“真真空”中产生了诸如夸克、轻子之类的最基础的基本粒子，标志着宇宙的诞生。

随着宇宙温度和密度的逐步降低，宇宙经历了以下几个演化阶段：

(1)基本粒子形成阶段。这一阶段大约在宇宙年龄10^{-6}秒到1秒之间。在这一阶段，随着温度和密度的进一步降低，宇宙先后形成了强子、电子、介子、中微子以及光子等基本粒子。

(2)辐射阶段或核合成阶段。这个阶段从宇宙时为1秒开始持续到1万年。在这一阶段，随着温度的逐步降低，中子失去了自由存在的条件，与其他强子相互结合，依次形成氘核、氦核等。

(3)实物阶段。宇宙年龄1万年后，温度进一步下降，自由电子被原子核俘获，从而形成稳定的原子。在宇宙年龄70万年左右，宇宙中出现了原子星系。当宇宙时为50亿年时，开始形成第一代恒星。

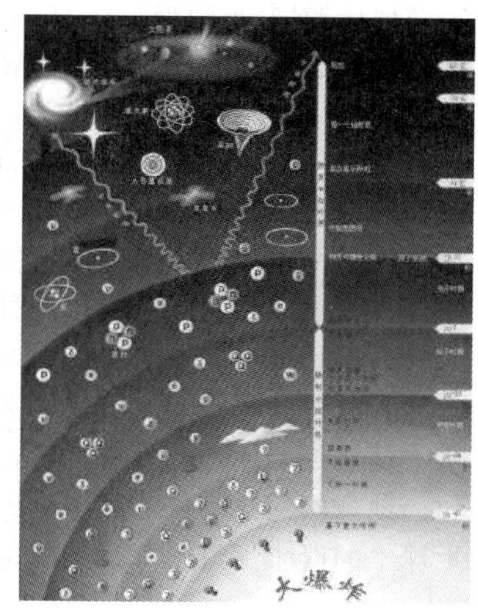

图3-3　宇宙大爆炸的时空示意图①

关于宇宙的未来，宇宙学家们至今尚未达成统一意见。根据有些宇宙模型，宇宙将一去不复返地永远膨胀下去，永远都不会再回到原初的无空间的奇点。但根据另一些宇宙模型，当宇宙膨胀到某一体积后，就会开始收缩过程，温度也将随之逐渐上升，最终又回到宇宙时间0时刻的情况，然后在一定条件下，宇宙会又一次发生大爆炸。这些宇宙模型都得到了一些事实支持，但也都存在一些问题。

二、太阳系与地球的演化与进化

关于太阳系起源的理论始自康德，后来又经过了莱布尼茨等人的多次修正。根据这一

① 图片来源：http://www.baidu.com.

理论，大约 50 亿年前，太阳还是一团缓慢旋转的气体云。由于其他天球的引力扰动或超新星爆发的冲击，气体云开始坍缩，密度较大的核心变成原始太阳，周围旋转的尘埃和气体形成薄盘状的原始太阳星云。原始太阳星云会因引力不稳定局部扰动而分裂成大量引力束缚的团块（星子）。一部分星子因为引力和碰撞而合并成为星胚，这些星胚进一步吸引周围物质，最终成为各大行星和卫星。这时，太阳系也就形成了。在靠近太阳的区域内，只有难熔的岩状物才可能保留下来，气体和易挥发物都会跑掉，所以水星、金星、地球和火星的质量都较小，密度都较高。在远离太阳中心的地方，温度较低，能保留较多的由轻元素组成的物质，所以木星、土星、天王星和海王星等主要由氢、氦、冰、氨和甲烷等组成，体积较大，密度也较低。

地球是太阳系中的一颗重要行星，地球迄今的历史约 46 亿年，在漫长的演化过程中，地球发生了一系列的变化。

首先是地球内部圈层的形成和演化。按照"冷"起源说，形成原始地球的那部分物质的温度开始时比较低，后来在各种因素作用下升温，再在吸引与排斥的相互作用下，重元素下沉形成地核，轻元素上浮形成地幔。

其次是地球外部圈层的形成和演化。由于地幔物质增温，被禁锢在地幔物质中的一氧化碳、二氧化碳、甲烷、氨、水汽、氢、氮和一些含硫的气体逸出地表。它们在重力作用下被固定在地球周围，形成原始大气圈。以后，由于太阳辐射对水汽的光解作用和植物的光合作用，原始大气中产生了氧，并在氧化作用下，原始大气的成分逐渐变成为以氧和氮为主要成分的现代大气。水圈是从大气中分化出来的。早期的大气中含有大量的水汽，以后由于地表温度下降，水汽便凝结成雨降到地面。地壳凹处的大量积水，经过漫长的地质年代形成了海洋，集聚在大陆上的水形成江、河、湖泊以及地下水和冰川。地表水、地下水和海洋息息相通，可以看做是连续的水圈。这样，就形成地球的内三圈（地核、地幔、地壳）和外三圈（岩石圈、水圈、大气圈）。生命形成发展后还有生物圈。

再次是地壳运动。根据板块学说，整个地壳被划分为若干个大的板块，板块不受海底地壳或大陆地壳的限制。板块驮在地幔软流圈之上，随着软流圈的热对流发生移动，由板块的水平运动控制的地壳垂直运动造就了丰富的地貌。

地球的演化不仅造就了今天的地球，更为地球上生命的演化提供了环境条件，而生命在地球上的诞生反过来又影响了地球的结构和地貌。

三、生命的起源与进化

生命有别于非生命的本质特征，就是生命能进行自我复制，实现这一本质特征的物质载体就是以蛋白质和核酸为主体的多分子体系。

在原始地球的环境下，地表受到很强的紫外辐射，加上闪电、陨星撞击等因素的作用，甲烷、氨、水和一氧化碳等原始大气物质开始合成有机物，如氨基酸、含氮碱基和糖类等。进而，大量有机小分子汇聚到海洋，形成了原始生命赖以诞生的"原始汤"，在这里，氨基酸、核苷酸等有机小分子逐渐缩合或聚合成原始的高分子有机物——蛋白质和核酸。继而，由于水分蒸发、黏土的吸附作用等原因，高分子有机物开始形成小滴状的多分子体系。最后，大约在距今 40 亿年前，漂浮在原始海洋中的小滴状的多分子体系其表面逐渐形成原始的界膜，使小滴相对独立于海洋环境并能与环境进行物质交换活动；其内部具有催化功能的原始蛋白质和能起模版作用的核酸相互结合，形成了原始的代谢和繁衍功能，于是，原始生命便诞生了。

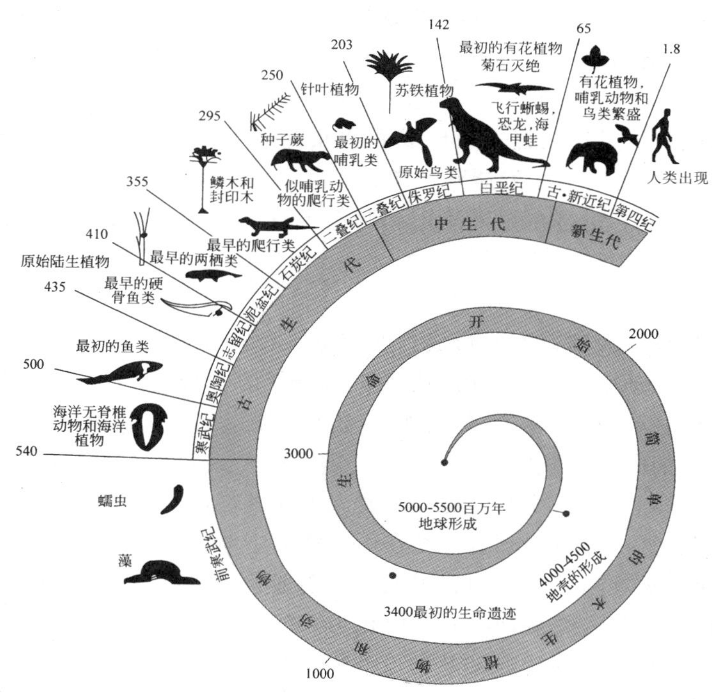

图 3-4　地质年代及生命演化示意图①

此后，生命开始了漫长的进化过程。从非细胞到细胞、从原核细胞到具有植物和动物双重性质，既能进行自养生活，又能进行异养生活的真核细胞，真核细胞在一定条件下又分化为单细胞植物和动物。植物沿着菌藻植物、苔藓植物、蕨类植物、裸子植物、被子植物的方向进化。而在动物的进化中，曳鳃动物、星虫动物、箭虫动物、尾索动物和海豆芽等恪守祖先的原本，将祖先的体态、行为和生活方式一代又一代忠地诚遗传下来。节肢动物一直在快速进化，脊椎动物先是慢走，后来急起直追，沿着鱼类、两栖类、爬行类和哺乳类的方向演化，最后由哺乳类动物分化出了人类，充分展现了生命的波澜壮阔和多彩多姿。

四、人类的起源与进化

人类的起源和进化是一个复杂而漫长的过程，不同学科从不同角度出发，对此有不同的阶段划分。在本章中，我们将人类起源和进化分成三个大的阶段：第一阶段是生物学意义上的人类形成和进化；第二阶段是心理学意义上的人类形成和进化；第三阶段则是社会文化意义上的人类形成和进化。

1. 生物学意义上的人类形成

这一阶段主要是指从古猿到直立人产生。在距今 4000 万年前后，非洲热带雨林中出现

① 图片来源：http://www.baidu.com.

了以树栖生活为主的森林古猿。此后由于造山运动引起气候变化，森林大面积退缩，给森林古猿造成了巨大的生存压力。在严酷的自然环境中，被迫下到地面求生的部分古猿开始频繁使用树枝、石块等天然工具以及以群居协作方式来增强自身的生存能力。经过漫长的物竞天择，其中部分古猿的形体结构和生活习性都发生了巨大变化。大约在距今 200 万～300 万年前，地球上开始出现了一种能两足直立行走，上肢非常适于抓握工具的新物种，生物学意义上的人类由此诞生了。在直立人形成后的几百万年间，人类从使用天然工具逐步发展到制造工具，从以采摘植物为主发展到经常合作狩猎大型动物，从使用天然火到学会保留火种，进而学会人工取火。正是在频繁使用和制造工具的活动中，人类变得越来越灵巧、越来越聪明、越来越适合使用和制造工具。

2. 心理学意义上的人类形成

这主要是指从直立人到智人的形成。在直立人使用工具和制造工具的活动中，特别是在群体的合作狩猎活动中，人类逐渐形成了符号。所谓符号，就是人为确立的，专门用以表征事物及其属性的各种声音、线条、体态等。动物只能记忆或传递经验表象，而符号的产生使人类能够将自己的感觉体验转换成符号，表述给他人或留存在自己的记忆中。动物思维只能局限于感觉和知觉体验，而符号的产生使人类能够借助于符号进行物质与精神、无限和有限等问题的抽象思维。不仅如此，人类在语言活动中对符号所进行的组合、融合、借用、分拆等操作，更是使人类在精神世界中有了无限的创造力，并进而将这种创造性推广到物质世界。因此，符号的形成使人类从动物心理转化为人的意识，从而使人类不仅在生物学意义上区别于其他动物，而且在心理学意义上也与动物界有了质的区别。

3. 人类的文化进化

古人类学研究告诉我们，从智人产生至今，人类在生理方面的进化已经非常缓慢，有些学者甚至认为，人类由采集阶段到工业化阶段，体质方面并未发生多大改变。但是与人类生理进化趋势渐趋平缓极不对称的是，人类认识世界和改造世界的能力却在加速度发展。那么，在人的生理机能基本上没有发生显著改变的情况下，人类靠什么因素的进化使自己对自然界的影响力发生质的飞跃呢？这就是人的文化进化。

在西语中，文化（culture）一词来源于拉丁语，其原意就是耕耘、耕作。自然界本无文化，文化是经人“耕耘”的产物。因此，在这里，所谓文化，就是指人类所创造的，非纯自然的，并且进入社会系统的，包括物质的与非物质的一切东西。

人类文化进化的内容之丰富是其他任何进化类型所不可比拟的。在今天，它不仅表现为人类体外无机器官的不断延伸、改造乃至创新，也表现为人类对世界的认识深度和广度，人类知识量的激增，表现为人类的世界观、价值观和人生观的日新月异，还表现为人类的社会组织模式、生育模式、家庭模式、思维模式和交往模式等行为模式的变迁和革新。

人类的文化进化与传统生物学意义上的进化相比，具有以下几个特点：

首先，人类文化进化不是表现为先天的基因改变，而是体现于后天知识技能的增长和突破，因此，人类文化进化不仅不是自然界自发形成的，而且是无法通过生理繁殖而传递的。人类只能通过自己的创造来参与文化进化，通过自己的学习和实践来分享文化进化成果。

其次，人类文化进化是加速度的。生物学意义上的进化是遗传变异和环境选择的结果，这一过程是相对被动的、随机的，其速度也是比较缓慢的。而人类的文化进化则不同。文化进化是人类在原有文化基础上的再创造，原有文化的积淀越深厚、越丰富，人类可能创造的新文化的种类就越多样，速度也就越快。因此，人类文化进化是一个加速度的过程。

最后，人类文化进化还具有典型的社会特征。虽然就具体过程而言，文化创造都是个体行为，但这种个体行为的产生都是以前人的经验、知识、技能和器物为基础的，是在与他人合作交往的社会活动中实现和完成的，并且还是通过语言、行为或器物传递或展现给他人的，也即是进入社会系统的。因此，人类的文化进化是一种社会因素的进化。

本章框架

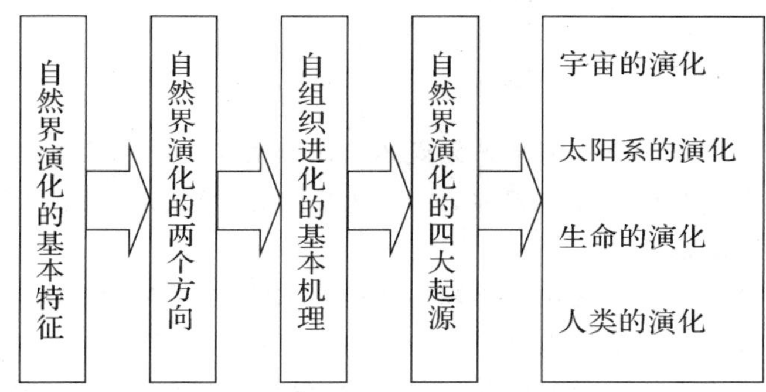

进一步阅读文献

1. 恩格斯. 自然辩证法(导言). 北京：人民出版社，1984.
2. 普利高津等. 从混沌到有序(序，导论). 上海：上海译文出版社，1987.
3. 史蒂芬·霍金. 时间简史(第 1 章). 长沙：湖南科学技术出版社，1995.

复习思考题

1. 涨落在系统进化中有何积极作用？
2. 试述近代科学关于自然界演化方向的不同认识，你认为应该如何化解？
3. 为什么宏观系统自组织进化的基本条件是开放远离平衡？

第四章　自然生态观

重点提示

- 人类社会的不同历史阶段因生产方式不同而形成了不同的生态观。
- 现代社会的生态危机正日趋严峻，人类中心主义、唯发展主义和科技至上观是生态危机的主要思想根源。
- 可持续发展模式是人类走向生态文明所必需的发展模式，而生态文明则是可持续发展模式的终极目标和最后成果。
- 中国生态文明建设具有强烈的紧迫性，需要通过法律制度、道德观念、组织机构和科学技术的综合发展才能实现。

在人类社会发展的不同时期有不同的生态观。当人类步入工业文明以后，特别是新世纪以来，全球性生态危机日趋严峻。面对日益严峻的生态形势，必须以马克思主义生态观为指导，树立现代生态观，建设中国特色社会主义生态文明。

第一节　生态观的历史演进

一、原始社会的生态观

原始文明时代，人类的生存十分艰辛，人类主要依靠采集和渔猎这两种物质生产活动。由于人口稀少，生产力水平极低或根本无生产力而言，且自我保护的能力弱小，因而原始人类都生活在气候适宜、水源丰富、天然食物充足的狭窄空间里，采集、狩猎和极其原始的刀耕火种是他们生活的全部。如此简单的生活方式对周围环境不可能产生明显影响，因而大自然也就按其固有的规律演替和发展，并能为当时的人类提供生存食物，使人类能得以持续生存和繁衍。人与自然的关系处于原始低水平的和谐状态。

由于生产力水平极低，人类的力量在大自然面前显得非常弱小，因此，原始社会只能形成以原始宗教为基本形态的生态观。这种包含着原始人生态观念的原始宗教，或者把某种动物尊奉为自己崇拜的对象，或者在自然界之外构想一个超自然世界，认为自然界的秩序来自超自然力量的支配和安排，对它们顶礼膜拜。这些宗教活动有着强烈的实用目的，那就是期盼采集、渔猎和农业的成功，希望有生活保证。因此，原始宗教的出现非但不能证明文明程度的提高，正好说明人类生存能力的低下，对自然充满畏惧。自然界几乎还没有被历史进程所改变。正如恩格斯所说："自然界起初是作为一种完全异己的、有无限威力的和不可制服的力量与人们对立的，人们同自然界的关系完全像动物同自然界的关系一样，人们就像牲畜一样慑服于自然界，因而，这是对自然界的一种纯粹动物式的意识（自然宗教）。"[②]

图 4-1　原始图腾[①]

二、农业社会的生态观

在农业社会，农耕和畜牧是人类最主要的物质生产活动。在这类生产活动中，人类开始初步认识自然、影响自然，利用自身的力量去影响和改变局部的自然生态系统。但从总体上看，人类活动对自然的冲击和破坏很小，物质生产活动基本上是利用和强化自然过程，缺乏对自然根本性的变革和改造，和自然基本上处于初级平衡状态。但是，一方面，由于人类认识自然和改造自然的能力都还较低，因此，人类还无力抗拒整个生态系统的动荡，如洪灾、旱灾、地震、森林火灾、病害等自然灾害，没有能力使失衡的生态系统恢复平衡。另一方面，由于人类的粗犷野蛮开发，给局部生态系统造成了一定的破坏。因此，在农业社会中，人与自然不和谐的关系已经初露端倪。

在农业社会，人类虽然不再依赖自然界提供的现成食物，但人类改造自然的能力依然十分有限，自然对人仍有强大的主宰作用。因此，农业社会的生态观仍然强调人对自然的依从和顺从。比如，在中国出现了朴素的"天人合一"思想，认为人类应当顺应、效法自然，不从事违反自然的活动，"人法地，地法天，天法道，道法自然"[③]。而在西方，中世纪神学自然观把人格化的"上帝"凌驾于自然之上，成为人和自然的共同的创造者和主宰者。

三、工业社会的生态观

工业社会是人类运用科学技术的武器以控制和改造自然并取得空前胜利的时代。随着科学技术和商品经济的快速发展，人类用自己的聪明才智和辛勤汗水，使社会生产力得到了极大提高，创造了比人类有史以来所创造的社会财富之和还要大得多的巨大财富。机器延伸了人的器官，化石能源取代了人力和畜力，社会化大生产代替了一家一户的手工操作。人类活动的范围扩张到地球的各个角落，不再局限于地球的表层，已深入到地球的内部以及拓展到外层空间，人类不仅征服了陆地、海洋、天空，而且还指向了外太空。

由于工业产品是在自然状态下不可能出现的、人工制成的产品；由于人类在地质地貌改变中的作用力越来越大，人类已经成为今天地球生物圈变化的主导力量；还由于科学技术为

① 图片来源：http://www.baidu.com.

② 马克思恩格斯文集（第1卷）.北京：人民出版社，2009：533.

③ 《道德经·第二十五章》。

人类提供了日益精确的知识、日益完善的技术，因此，在工业社会中，人们逐渐形成了这样的生态观：人和自然只是利用和被利用的关系；人类是自然的征服者；人类对自然的征服无需借助上帝的权威，只需凭借知识和理性的力量。

随着工业社会的发展，也随着这种征服性质、对抗性质的生态观的强化和作用，今天，人与自然的关系正日趋尖锐对立。

四、马克思主义的生态观

马克思和恩格斯以唯物辩证的观点和方法看待整个世界，科学地分析了人与自然的关系，在《1844年经济学哲学手稿》、《关于费尔巴哈的提纲》、《德意志意识形态》、《自然辩证法》等著作中阐述了自己的自然生态观，提出了一系列关于人与自然和谐相处的重要论断。

1. 人与自然的对象性关系

人的产生、人的能动性力量的加强与人类社会的发展，使得人与自然的关系发生变化，最终造就人与自然相互依存相互制约的关系，即人与自然的对象性关系。一方面，人由于自身行为的主动性、目的性、创造性，占据着对象性关系中的主动地位。实践是人与自然对象性关系的纽带。人类自觉或不自觉的活动，使作为人的改造对象的自然界不仅按自身的趋势演化，也按人类活动的指向演化。但另一方面，人与自然的对象性关系也意味着人类的受动性，即人仍然是自然界的组成部分，人仍受自然规律的制约。“因此我们必须时时记住：我们统治自然界，决不象征服者统治异民族一样，决不象站在自然界以外的人一样，——相反地，我们连同我们的肉、血和头脑都是属于自然界，存在于自然界的；我们对自然界的整个统治，是在于我们比其他一切动物强，能够认识和正确运用自然规律。”①

2. 自然生产力是社会生产力的基础

在社会生产中“人和自然是同时起作用的”，人类的社会生产力必须维持在资源和环境的承受能力范围之内。所谓自然生产力是指不需要代价的，未经人类加工就已经存在的资源生产能力；而所谓社会生产力则是在自然生产力基础上人通过劳动制造出来的，即制造出来的生产力。马克思主义认为，自然生产力是社会生产力的基础，它制约着社会生产力。自然生产力对社会生产力的影响，既包括作为“生活资料的自然富源”对社会生产力的影响，也包括作为“劳动资料的自然富源”对社会生产力的影响。

3. 人类必须和自然和谐相处

在阅读了《各个时代的气候和植物界，二者的历史》后，马克思十分赞赏该书的生态思想，认为农民的“耕作如果自发地进行，而不是有意识地加以控制(他作为资产者当然想不到这一点)，接踵而来的就是土地荒芜，象波斯、美索不达米亚等地以及希腊那样”。② 恩格斯在总结了人向自然界索取的教训后指出：“我们不要过分陶醉于我们对自然界的胜利。对于每一次这样的胜利，自然界都报复了我们。每一次胜利，在第一步都确实取得了我们预期的结果，但是在第二步和第三步却有了完全不同的、出乎预料的影响，常常把第一个结果又取消了。”③ 人类社会要认识到自身和自然界的一体性，要与自然和谐相处。

---

①③ 马克思恩格斯全集(第20卷)．北京：人民出版社，1971：519.

② 马克思恩格斯全集(第32卷)．北京：人民出版社，1974：53.

第二节　现代社会的生态危机及其思想根源

一、新世纪生态危机的加剧

人类社会是典型的耗散结构，其存在和发展都要耗散环境的负熵。因此，人类社会和自然环境是天然有矛盾的。特别是随着现代科学技术的发展，人类对自然的改造和利用能力日益增长，不断打破人与自然之间的生态平衡，以至于在20世纪出现了全球性的、"足以危及人类生存和发展"的危机。当人类历史进入新世纪的时候，这种全球性生态危机并没有得到有效遏止，却有愈演愈烈之势。

1.人口危机、水危机与土地问题

人口危机。目前，世界人口总数为69.09亿，到2050年世界人口将增至91.5亿。其中中国人口最多，达13.54亿。据联合国人口基金会统计，现在全世界总人口以每年8000万的速度增加。而在人类开始的漫长岁月里，人口增长非常缓慢。公元初年，世界总人口只有2.7亿，1830年为10亿，1930年为20亿，1960年为30亿，1975年为40亿，1987年为50亿，1999年为60亿。现在，世界人口又增长了9亿。

水危机。水是最重要的自然资源之一。1990年，全球有28个国家共计3.35亿人口面临水资源紧张，预计到2025年，约增加到50个国家的30亿人口。除水缺乏外，水源安全和卫生问题也变得十分严峻。据世界卫生组织估算，每年将有500万人口因饮用不安全用水和缺乏卫生保障的用水而死亡。

土地问题。随着人口的激增和消费水平的提高，人类对土地资源的需要量也愈来愈大。以我国为例，水土流失和土地沙化威胁着国家生态安全，水土流失面积356万平方千米，全国已有1/3的国土面积受到水土流失的侵蚀，沙化土地面积174万平方千米，90%以上的天然草原退化，有限的耕地资源受到环境污染和地力下降的双重威胁。

2.自然资源消耗、短缺与能源危机

现阶段的"资源危机"主要表现在非再生性资源的枯竭、短缺、污染，可再生性资源的锐减、退化、濒危，尤其是能源面临巨大的危机。

500年前，地球的陆地面积有2/3为森林覆盖，总面积达76亿公顷，到2007年减少到不足40亿公顷，约占地球土地面积的30%。从2000年至2005年，世界森林面积以每年730万公顷的速度在减少，相当于两个巴黎的面积。如果目前的森林递减率(每年约1%)在未来30年得不到控制，到时剩余森林所能支持的物种将减少5%～10%。世界上许多生物种类面临绝迹的危险。

随着经济的快速增长和人口的不断增加，我国能源、土地、矿产和水资源不足的矛盾日益尖锐，资源利用、环境保护面临的压力日益明显，能源危机近在眼前。中国地质科学院2003年发布的报告指出，除了煤之外，中国所有的矿产资源目前都处于紧张之中，将在两三年内面临包括石油和天然气在内的各种资源短缺。目前，我国每年石油消耗3亿多吨，煤炭消耗20多亿吨，矿石总消耗量超过70亿吨，化学需氧量1400多万吨。

3. 环境污染和“温室效应”

随着地球上人口数量的不断膨胀和人类活动能力的不断增强，当人类向环境索取的物质和能量超过了环境所能提供的能力，排放到环境中的废物超越了环境所能承载的范围时，环境质量就会下降，人类和其他生物的正常生存和发展就会受到损害。

目前，酸雨蔓延、臭氧层耗损和温室效应是最具全球规模的环境污染。我国 1/3 的国土面积受到酸雨影响。在加拿大，酸雨毁灭了 1.4 万多个湖泊，另有 4000 多个湖泊也濒临“死亡”；科学探测发现，在北美、欧洲、新西兰上空，臭氧层正在变薄，南极上空的臭氧层已出现了“空洞”。工业化以来，大气中的二氧化碳浓度已上升了 30%以上，其中的 10%是近 30 年人类的大规模排放造成的，由于森林被大量砍伐，二氧化碳逐渐增加，“温室效应”也不断增强，造成全球气候反常。在过去 100 年间，北半球气候变暖，气温升高了 0.76 摄氏度。[②]

图 4-2　日本水俣病患者[①]

二、造成当前生态危机的思想根源

当前，人类社会面临着深刻的生态危机，人类中心主义、唯发展主义和科技至上观是生态危机的主要思想根源。

人类中心主义。这是一种认为人是宇宙中心或是自然界中心的观点。它把人看成是宇宙的中心，主张一切以人为中心或以人为尺度，按照人类的价值观来考察宇宙中的所有事物。它后来又被分为强人类中心主义和弱人类中心主义。前者主张一切价值以个人感性意愿(需要、希望和感觉和体验等)的满足为标准；后者主张一切价值以理性意愿(希望和需要经过理性思考以后表达)为价值标准。人类中心主义强调人与自然界的分离与对立，强调人类是主体，自然界是客体；强调只有人有价值，生物和生态环境没有价值；强调只有人有权利或权力。很显然，这种自然观在指导人类的行为实践方面，就鼓励人类主宰和统治自然界，鼓励人类掠夺和破坏自然界，鼓励占有性功利主义、利己主义、经济主义、消费主义和个人主义。这种传统自然观是生态问题产生的思想根源之一。

唯发展主义。20 世纪后半叶以来的生态危机告诉我们，人对物质的无限需求与生态系统的有限承载力产生了不可调和的矛盾，人类如果再不限制发展，结果只能是加速奔向灭亡。早在 1925 年，利奥波德就批判了经济第一、物质至上的发展观。他把这种发展形象地比作在有限的空地上拼命盖房子，“盖一幢，两幢，三幢，四幢……直至所能占用土地的最后一幢，然而我们却忘记了盖房子是为了什么。……这不仅算不上发展，而且堪称短视的愚蠢。这样的‘发展’之结局，必将像莎士比亚所说的那样：‘死于过度’。”[③] 人类要在大地上安

---

① 图片来源：http://www.baidu.com.

② 周光迅，武群堂. 新世纪全球性“生态危机”的加剧与生态文明建设. 自然辩证法研究，2008(9).

③ Brown，Carmony. *Aldo Leopold's Sou thwest*. Albuquerque：University of New Mexico Press，1990：159. 转引自王诺. 生态危机的思想文化根源——当代西方生态思潮的核心问题. 南京大学学报(哲学. 人文科学. 社会科学版)，2006(4).

全、健康、诗意和长久地生存，就必须抛弃发展决定论。人类不可能脱离生态系统而存活，至少从目前来看，人类开发替代资源的速度远远赶不上不可再生资源迅速枯竭的速度，加剧环境污染的速度远远高于治理污染的速度，而且，科技的发展也还达不到在地球生态系统总崩溃之前建造出人工生态系统或迁移到另一个星球的水平。因此，人类目前就只有一个选择：以生态系统的承载力来限制物质需求和经济发展。

科技至上观。文艺复兴以降，特别是启蒙运动以来，科学技术获得了崇高的地位。反宗教和倡理性的革新进程，赋予科学以认识世界和改造世界的重大使命。"人们心甘情愿地称科学为现代的宗教，认为它远比被其取代的诸多宗教要神圣得多。""对很多人来说，从正面来讲，科学'永远正确'，从反面来讲，'科学永远不会犯错'，正是这一专断信条使科学容不得半点批评。""科学不仅凌驾于公民之上，也远离了公开的辩论"，在制造了大量不可根除的污染和无法挽救的环境灾难之后，它竟然还试图让人们相信科学家"能解决所有问题，科学和技术是万能的。"[①]在科技至上之风日益蔓延的时候，人文生态关怀被严重忽视了。

第三节　可持续发展与生态文明建设

一、可持续发展的基本思想

在人类发展的过程中，曾经取得了辉煌的胜利，也遭受过自然环境的打击和报复。20世纪60年代以来，在震惊世界的公害事件频发不断、生态资源遭到严重破坏、"环境危机"成为威胁人类生存、制约经济发展和影响社会稳定的直接因素时，人类开始认真思考人与环境的关系，对以高投入、高消耗为手段，以高速度、高发展为途径，以高消费、高享受为目的的传统发展方式带来的对环境的高污染和高破坏，以牺牲环境求取发展的种种弊端有了越来越清醒的认识。越来越多的人认识到，传统的发展方式已经走到了尽头，必须另辟蹊径。

1968年4月，罗马俱乐部发表《增长的极限》一书，提出"零增长"的理论，认为目前可以供人类自己使用的主要资产只有人类智慧和全球环境这两项了，但是它们或者未能被人类充分加以利用，或者被人类浪费和破坏，或者被人类长期遗忘——这种情况如果任其发展下去，人类面临的将是黑暗的深渊，日趋灭亡。只有合理地利用资源，改善全球环境，人类才能走出危机，从而有力地把握自己的未来。如果目前的人口和资本的快速增长模式继续下去，世界就会面临一场"灾难性的崩溃"。因此，罗马俱乐部提出，要避免这种恶果的最好办法就是限制增长，即走"零增长"道路。

"零增长"的观点由于违背了人类社会进步的根本利益，在现实中难以推行。因为只有发展经济，才能使人们得到更丰富的生活享受；经济不发展，社会即会陷入贫困之中，甚至造成更严重的生存危机。因此，以朱利安·L.西蒙和H.卡恩为代表的乐观派反对"零增长

---

① 王诺.生态危机的思想文化根源——当代西方生态思潮的核心问题.南京大学学报(哲学.人文科学.社会科学版)，2006(4).

观”。他们认为，生产的不断增长能为更多的生产进一步提供潜力。地球上有足够的土地和资源能够供经济不断发展之所需。只有新的技术和资本才能增加生产，保护并改善环境。虽然目前人口、资源和环境发展趋势给技术、工业化和经济增长带来一些问题，但人类能力的发展也是无限的，因而这些问题不是不能解决的，世界的发展趋势是在不断改善而不是在逐渐变坏。

1980 年 3 月 5 日，国际自然与自然资源保护联盟、联合国环境规划署和世界野生生物基金会联合发表《世界自然资源保护大纲》，首次提出了“可持续发展”这一概念。1981 年，美国世界观察所所长布朗发表《建设一个可持续发展的社会》一书，使“可持续发展”的概念引起了较为广泛的关注。1987 年，世界环境与发展委员会出版《我们共同的未来》，吸取了以《增长的极限》为代表的悲观主义观点和以西蒙、卡恩等为代表的乐观主义观点所包含的合理因素，正式提出可持续发展的模式，并系统阐述了可持续发展的思想。

按照《我们共同的未来》一书的界定，所谓可持续发展，是指既能满足当代人需要，又不对后代人满足其需要的能力造成危害的发展模式。这种希望人类社会可以世世代代得以持续的发展观虽然仍然是人本主义的，但与过去的发展观相比，突出了对后代人发展能力的关注，强调了当代人与后代人之间的代际公平。

可持续发展观的完整内涵包括人与自然之间、人与人之间的协同发展，突出了人与自然和谐相处、人类社会世代持续的强烈愿望，是人类梦寐以求的理想。这种理想的实现，关键在于能否有效协调社会、经济、资源、环境四种因素之间的关系，这种协调包括以下相继递进的几层内容：

首先，可持续发展要求社会、经济与资源、环境四种因素的全面发展。可持续发展模式既不同于单纯追求经济增长的传统发展模式，也不同于 20 世纪 60 年代前后发达国家的环境保护运动。它不仅要求经济增长，也要求资源和环境的优化；不仅要求社会结构、社会制度完善，还包括教育的发展、人的素质的提高。

其次，可持续发展要求社会、经济和资源、环境四种因素的同步发展。由于环境破坏具有不可逆性，一旦破坏就很难完全修复，即使治理也要付出极大的代价，因此可持续发展模式要求人们不再重蹈发达国家曾经经历的先发展后治理覆辙，而是要实现社会、经济、资源、环境的平衡同步发展。

最后，可持续发展还要求社会、经济和资源、环境四种因素的相容发展。在某些情况下，社会、经济和资源、环境虽然可以实现同步发展也即边发展边治理，但它们之间却可能存在互相抵触、互相损害的关系。很显然在这种情况下，人类社会是不可能实现持续发展的。因此，可持续发展要求人们充分发挥自觉能动性，“在不超出生态系统涵容能力的情况下，提高人类的生活质量”、“建立极少产生废料和污染物的工艺技术系统”，“建立一个减轻环境负荷的可持续发展的社会”，[①]从而实现社会、经济和资源、环境的相容发展。

1992 年，在里约热内卢召开的联合国环境与发展大会通过《21 世纪议程》，标志着可持续发展模式获得了国际社会的普遍认同。

---

① 甘师俊等. 可持续发展——跨世纪的抉择. 广州：广东科技出版社，北京：中共中央党校出版社，1997：567.

专栏 4-1

《二十一世纪议程》[①]

《二十一世纪议程》(Agenda 21)是一份没有法律约束力、800 页的旨在鼓励发展的同时保护环境的全球可持续发展计划的行动蓝图,它于 1992 年 6 月 14 日在里约热内卢的环发大会上通过。地球首脑会议的组织者说,这项计划若实施,每年将耗资 1250 亿美元。文件包括有关妇女、儿童、贫困和其他通常与环境无关联的发展不充分等方面问题的章节。

《二十一世纪议程》是将环境、经济和社会关注事项纳入一个单一政策框架的具有划时代意义的成就。《二十一世纪议程》载有 2500 余项各种各样的行动建议,包括如何减少浪费和消费型态、扶贫、保护大气、海洋和生活多样化以及促进可持续农业的详细提议。后来联合国关于人口、社会发展、妇女、城市和粮食安全的各次重要会议又予以扩充并加强。

二、生态文明的特征与理念

可持续发展作为一种新的发展模式,它追求的终极目标和理想境界就是一种新的文明形态——生态文明。因此,可持续发展模式与生态文明是相辅相成的,可持续发展模式是人类走向生态文明所必需的发展模式,而生态文明则是可持续发展模式的终极目标和最后成果。

对于"生态"一词可以从两个方面来理解。狭义"生态"指的是生物与生存环境之间的相互关系。广义"生态"不仅包括有机物和无机物,也包括人与社会的关系,即人类社会。所谓生态文明,则是指人类遵循人与自然、人与社会协调发展这一客观规律而取得的物质与精神成果的总和。

生态文明是对农业文明、工业文明的深刻变革,是人类文明质的提升和飞跃,是人类社会跨入一个新时代的标志和概括,将成为人类文明史的一个新的里程碑。就本质与含义而论,生态文明是当代知识经济、生态经济和人力资本经济相互融通构成的整体性文明。生态文明不仅是遵循自然规律、经济规律和社会发展规律的文明,还是一种遵循特殊规律的文明,即遵循科学技术由"单一到整合、一维到多维"综合应用的文明。在理论和实践的结合上,生态文明是"以人为本,全面协调可持续发展"的科学发展观要求的文明,即人与自然和谐、发展与环境双赢、经济社会发展成果人人共享、公众幸福指数提升的文明。生态文明是科学发展、可持续发展的灵魂。

1. 生态文明的主要特征

就人与自然、人与社会、人与人关系的认识与实践而论,生态文明的主要特征,可以概括

① 资料来源:http://baike.baidu.com/view/326684.htm.

为审视的整体性、调控的综合性、物质的循环性和发展的知识性。

审视的整体性。生态文明理念所强调的是，坚持以大自然生态圈整体运行规律的宏观视角，全面审视人类社会的发展问题。认为人类的一切活动都必须放在自然界的大格局中考量，按自然生态规律行事。经济社会发展，既要考虑人类生存与繁衍的需要，又必须顾及生态、资源、环境的承载力，以实现人与自然和谐，发展与环境同步、双赢。生态文明的实质，就是认定生态环境是人类发展的基础，一切经济社会发展都要依托这个基础。任何超出这个基础承载力的发展，都将带来不良以致得不偿失的后果。

调控的综合性。现代生态文明科学的显著特点，是集生态学、经济学、社会学和其他自然、人文学科之大成，成为一门多学科相互联结的大跨度、复合型、一体化的边缘学科。这种联结和组合，不是多个学科的简单相加，而是追求生态系统、经济系统和社会发展内在规律的有机统一，综合研究、分析、解决传统工业文明向现代生态文明转变中的重大问题。这种立足于大自然与人类发展全局的综合性研究，能够准确观察、判断整个人口、资源、环境、经济、社会、民生等的总体结构及其运行状况，找出诸多运行链条中究竟哪些是长的、强的，哪些是短的、弱的，从而提出恰当的调整优化对策，达到“全面、协调、可持续发展”的预设目标。

物质的循环性。能量转化、物质循环、信息传递，是全球所有生态系统最基本的功能和构成要素。实践证明，发展循环型生态经济和清洁生产，使经济活动变成为“资源——产品——废弃物——再生资源——无废弃物”的反馈或循环过程，是生态文明的重要体现，也是消除传统工业“资源——产品——废弃物”这种简单直线生产方式弊病的有效举措。实践证明，循环型生态经济既可以大幅度提高经济增长质量、效益，培育新的经济增长点，又能从根本上节能降耗减排，做到“资源消耗最小化、环境损害最低化、经济效益最大化”(见图 4-3)。

图 4-3　循环经济示意[①]

发展的知识性。生态文明时代的经济发展，主要依靠智力开发、科学知识应用和技术进步。人类已经进入知识经济时代，各种新知识、新技术、新工艺、新材料、新模式雨后春笋般地迸发，特别是信息技术、生物技术的突破，正在根本改变着人们的思维方式、生产方式和生活方式。科学技术真正成为“第一生产力”，人力资源成为人力资本和“第一资源”。这种大趋势把智力开发、技术进步推上了主导发展的“帅位”。随着时代的发展变化，人才、智力在生产力构成中的重要性不断升级：在农业经济时代是“加数效应”，在工业经济时代是“倍数效应”，在生态知识经济时代则是“指数效应”。

2. 生态文明建设新理念

一是生态基础论。必须承认，人类是大自然的一员，自诞生以来，无论远古时代、农耕文明时代还是工业文明时代，之所以能够繁衍、生存，经济社会之所以能够发展，都有赖于大自

① 图片来源：张立云编制，新华社发。

然的恩施和生态体系的支撑。良好自然生态是人类一切文明的基础，人类因自然生态兴而兴，也因自然生态衰而衰，这是人类历史演变的一条规律。

二是环境价值论。构成自然环境的一切因素，都是不可或缺的，不但有价值，而且有特殊的价值。自然生态与人类生存发展的关系，犹如皮与毛的关系，皮之不存，毛将焉附？各种社会的生产要素，总是流向生态环境好的地方，呈现出“洼地效应”。因此，破坏生态环境就是破坏生产力，保护和优化生态环境就是保护和发展生产力。

三是资源有限论。我国幅员辽阔、资源总量相当可观，但人口多的国情，决定了我国是典型的“人均资源匮乏国家”。我们所有的人，都应当特别珍惜资源，保护资源，高效利用、节约资源，任何高耗、浪费、毁坏自然资源的行为，都是对国家、民族和子孙后代不负责任，在某种程度上甚至是一种犯罪行为。

四是同步双赢论。经济发展与环境保护客观上是存在矛盾的，但并不是绝对的非此即彼的对立。两者既对立又统一，实现发展与环境统筹兼顾、同步双赢是可能的，关键在于转变传统发展方式，代之以较小的生态环境代价换取较大的经济社会效益，又以较高的投入保护和优化生态环境，从而步入发展与环境的良性循环。

五是欠债偿还论。全球和我国的生态环境恶化到了今天的状况，其深层次根源，是长期以来对自然资源的掠夺式开发，过度索取，补偿不足，欠下了巨额生态赤字。实践证明，偿还生态欠债势在必行，早偿还早主动，晚了则事倍功半，要付出更大的代价。

六是生命要素论。改革开放以来，我国经济持续快速增长，人们的物质生活水平大幅度提高，绝大多数人解决了温饱，一部分人富裕起来。目前人们普遍关注的是生态退化、环境污染，以及由此带来的生活质量、生命质量问题。在解决了温饱问题之后，生态环境就成为人们生活和生命质量的第一要素。

七是道德公正论。公平与和谐，是生态道德的本质和要义。人类生态道德的核心是：人、生物和自然界都是有价值和有生存权利的；破坏自然生态的行为，会损害他人和其他生物的权利；要关心人，尊重生命，呵护自然。这涉及人际公正、代际公正、国际公正，以及人与自然之间的公正。长期以来，生态环境出现问题，都与人们在生态道德上的不公正密切相关。治理生态环境，必须强化生态道德文化建设。

八是休养生息论。休养生息是自然界和经济社会领域的一种普适原理。由于我国自然生态总体上比较脆弱，非常需要给予必要的休养和康复的时间、空间和条件。实践证明，这是扭转生态环境恶化最便捷、最有效的途径。目前，我国自然生态的休养生息尚未全面普及。从落实可持续发展战略考虑，很有必要加大自然生态休养生息力度，加快推行步伐。

三、生态文明建设的价值维度分析

生态文明建设是人类追求理想生存环境和生存状态的自觉努力，这种努力的核心是人自身的幸福，因此，价值维度是生态文明建设中最重要的分析和思考维度。价值维度既有统一性更有多样性，既有稳定性更有变动性，下面我们来重点讨论生态文明建设的价值维度问题。

从价值观角度看，我国目前主流的生态文明理论主要是两种：一是借鉴西方自然价值论所形成的“生态”本位的生态文明理论；二是借鉴西方人类中心论所形成“人类”本位的生态文明理论。“生态”本位和“人类”本位的讨论共同点都是从价值观维度探讨生态危机产生的根源及其解决途径，不同点在于赞同“生态中心主义”还是赞同“人类中心主义”的价值观。

分析表明，无论是“生态”本位还是“人类”本位的生态文明理论，都存在分析维度的偏颇。首先，“生态”本位依赖于个人体验，无法借助科学的理论论证，更无法解决现实生活中人和人之间在生态利益关系上的矛盾冲突。其次，“人类”本位强调解决生态危机的关键在于人类实践活动是否能够以人类的“整体利益”为立足点，而人类“整体利益”是否存在又是值得怀疑的。以虚幻的“人类整体利益”为基础的理论可能沦为维护资本既得利益的工具。最后，不注重生态文明中制度维度的建设，脱离人和人的利益关系协调抽象谈论人和自然关系，不懂得人们在生态利益上的矛盾只有实行责任、权利和义务的统一，才能得到真正的化解。

从表面上看，生态危机是人与自然关系的矛盾和危机，但在其本质上却是人们在生态资源占有、分配和使用上利益关系的矛盾和危机。生态问题的出现和生态危机的产生，同资本主义工业文明和资本主义现代化有着历史过程的同一性。资产阶级不仅在其现代化的早期阶段通过海外殖民活动掠夺落后国家的自然资源，为资本开拓世界市场，而且在当前又通过资本所支配的国际政治经济秩序，进一步强化资本对发展中国家自然资源的剥削，并通过资本的国际分工向发展中国家转嫁生态问题，把解决生态危机寄托于人类生态价值观的转变，实际上模糊了西方发达资本主义国家同发展中国家在解决生态危机问题上不同的责任、义务和权利关系，客观上起到了为资本作辩护的作用，在价值立场上具有西方中心主义的倾向。

人类环境问题发展的历史和围绕当代环境治理争论的现实，说明环境问题绝非是单纯的人类价值观的问题，其本质是不同民族国家在生态资源问题上的利益矛盾问题，支配这种生态利益矛盾关系的正是由资本所支配的不公正的国际政治经济秩序。因此，只有破除当前不公正的国际政治经济秩序，合理调整人们在生态资源分配和使用上的利益关系，实现在不同民族国家生态资源分配和使用上的公正公平，明确发达国家和发展中国家在当代环境治理问题上的权利、责任和义务，才能真正解决人类面临的生态危机。而西方中心主义主张经济零增长的稳态经济发展模式，漠视发展中国家发展的权利，其目的不过是使发展中国家始终沦为资本主义世界体系的附庸，维护资本的既得利益。

必须把制度建设和生态价值观建设结合起来。从制度维度看，生态问题本质上是不同国家、地区和人群之间在生态资源上的利益关系矛盾的集中体现，它要求合理协调人们生态利益关系的法律、法规，作为一种底线规则起到规范人们实践活动和实践行为的作用。从价值观维度看，主要是引导人们树立正确的自然观、消费观和幸福观，提升人们在生态问题的价值境界，形成一种生态意识的自觉，并逐渐将这种生态意识内化为人们行为的信念。生态价值观维度具有倡导性和非强制性的特点，它在根本上取决于人们生态意识自觉和价值境界的提升。

第四节　中国特色的生态文明建设

一、中国生态文明建设的历史进程

在我国，党和政府对于生态环境、生态文明建设和可持续发展问题是有清醒认识的。

1992年，在里约热内卢召开的联合国环境与发展大会上，时任国务院总理李鹏代表中国政府向全世界作出了参与全球21世纪进程的庄严承诺，提出中国转变发展战略，走可持续发展道路的的十大对策。1994年，国务院常务会议通过了《中国21世纪议程》，这是世界上第一部国家级的《21世纪议程》，确定实施可持续发展战略，并把可持续发展原则贯穿到各个领域。

专栏 4-2

中国21世纪议程[①]

《中国21世纪议程》1994年3月25日经国务院第十六次常务会议审议通过。全文包括20章，78个方案领域，主要内容分为四大部分：

第一部分，可持续发展总体战略与政策。提出中国可持续发展战略的背景和必要性；提出了中国可持续发展的战略目标、战略重点和重大行动，可持续发展的立法和实施，制定促进可持续发展的经济政策，参与国际环境与发展领域合作的原则立场和主要行动领域。

第二部分，社会可持续发展。包括人口、居民消费与社会服务，消除贫困，卫生与健康、人类住区和防灾减灾等。其中最重要的是实行计划生育、控制人口数量和提高人口素质。

第三部分，经济可持续发展。《议程》把促进经济快速增长作为消除贫困、提高人民生活水平、增强综合国力的必要条件。

第四部分，资源的合理利用与环境保护。包括水、土等自然资源的保护与可持续利用。还包括生物多样性保护；防治土地荒漠化，防灾减灾等。

1995年，江泽民在中共十四届五中全会上提出在推进社会主义现代化建设过程中，必须处理好的十二个带有全局性的重大关系问题，其中之一是正确处理好经济建设和人口、资源、环境的关系，指出："在现代化建设中，必须把实现可持续发展作为一个重大战略。要把控制人口、节约资源、保护环境放到重要位置，使人口增长与社会生产力的发展相适应，使经济建设与资源、环境相协调，实现良性循环。"[②]全会建议将可持续发展战略纳入"九五"计划

---

① 资料来源：http://baike.baidu.com/view/267565.htm.

② 江泽民论有中国特色社会主义.北京：中央文献出版社，2002：279.

和2010年中长期国民经济和社会发展规划。

1996年，第八届全国人大四次会议审议通过了《关于国民经济和社会发展“九五”计划和2010年远景目标纲要》，明确提出，要实现经济体制和经济增长方式两个根本性的转变，把科教兴国和可持续发展作为两项基本战略。

1997年，江泽民在党的十五大政治报告中再次强调：“我国是人口众多、资源相对不足的国家，在现代化建设中必须实施可持续发展战略。”

2002年党的十六大报告把建设生态良好的文明社会列为全面建设小康社会的四大目标之一。党的十六届三中全会确立了科学发展观。党的十七大报告正式把“建设生态文明”写到了我们党的旗帜上，明确提出“建设生态文明，基本形成节约能源资源和保护生态环境的产业结构、增长方式、消费模式”，并以此作为全面建设小康社会的一项重要目标。

二、中国生态文明建设的特殊意义

建设生态文明是全球所有国家和地区共同的事业，在中国，则具有特别重要的意义。

推进生态文明建设对破解我国前进中的难题有决定性意义。中国是人口大国，幅员辽阔，改革开放以来，经济快速发展，取得了举世瞩目的成就。但发展付出的资源、环境代价过大；发展不平衡、不协调的矛盾突出；城乡差别、地区差别、收益分配差别扩大；生态退化、环境污染加重；民生问题凸显以及道德文化领域里的消极现象出现等，严重制约了现代化宏伟目标的顺利实现。如何破解这些难题，走出困境，实现良性循环，事关改革发展大局和国家民族前途命运。如果延续工业文明理念和思路应对这些矛盾，不但于事无补，还会使困境深化。唯有坚持生态文明理念和思路，对发展中的矛盾和问题，作统筹评估，理性调控，抓住要害，辨证施治，方能举一反三，化逆为顺，突破瓶颈制约，在新的起点上实现又好又快的可持续发展。

推进生态文明建设是全面建设小康社会的迫切需要。党的十七大对全面建设小康社会的目标任务，从五个方面提出了新的更高要求。“建设生态文明”既是目标任务之一，也是实现“更高要求”的保障。总的来看，我国物质文明建设成就卓著，城乡人民对经济发展、生活改善满意度比较高，但对生态退化、环境恶化则反映相当强烈。如果不能改善生态环境，已经取得的经济发展成果就会被销蚀，生活质量的提高不可能在根本上得到保障，最终会影响全面建设小康社会目标的实现。

推进生态文明建设将促进全民族生态道德文化素质的提高。建设生态文明，既需要法律制度的约束，也需要道德伦理的自觉。进入21世纪，人类对自己生存环境的关注与日俱增。生态环境问题的严重性使人们认识到，为了保护环境、改善生态，不仅要改善人类的生产方式和生活方式，而且要改变人们的道德观念，改变人类对自然界拥有的轻率态度，建立新型的生态伦理规范。要重新审视人对自然的价值标准，倡导以尊重自然的态度来取代对自然无限制的占有欲念。结合推进生态文明建设，在城乡居民中广泛深入开展生态道德文化教育，把提升人们的道德文化水平与解决实际问题结合起来，可收事半功倍之效。

专栏 4-3

包容性增长

"包容性增长"这一概念，最初是由亚洲开发银行和世界银行在 21 世纪初提出的。按照亚行的解释，所谓"包容性增长"，指的是社会和经济协调发展、可持续发展。与单纯追求经济增长相对立，它更倡导一种机会平等的增长，其最基本的含义是公平合理地分享经济增长成果。首先，包容性增长涉及公平问题。它包括可衡量的标准和更多的无形因素。前者包括作为指标的基尼系数、识字率、公共产品的一般供应和分配，后者包括教育、卫生、电力、水利、交通基础设施、住房、人身安全等。其次，包容性增长意味着公民资格。它意味着一个社会的所有成员不仅在形式上，而且在其生活的现实中所拥有的民事权利、政治权利以及相应的义务。它还意味着机会以及在公共空间中的参与。包容性包含了机会平等、公民积极参与、消除社会上下层之间的排斥、达到社会团结与公民自由等多重含义。

三、中国生态文明建设的路径

第一，切实转换发展理念。科学发展观是对人与自然、发展与环境资源关系认识的深化和飞跃，深刻揭示了经济社会发展与资源环境之间的客观规律，对发展的核心、要义、内涵及其相互关系作了科学界定和统筹联结。要真正破解生态、环境恶化痼疾，步入发展与环境双赢的良性循环，关键在于深入学习实践科学发展观，检查克服种种与"以人为本、全面协调可持续发展"要求相悖的思想、理念、观点，澄清模糊认识，把认识和行动真正统一到科学发展观和生态文明理念上来。

第二，加紧转变经济发展方式。长期以来实行的以"高投入、高消耗、高排放、低效益"为主要特征的粗放型经济增长方式，是导致生态退化、环境恶化、发展不可持续的根本原因。要真正全面贯彻落实科学发展观，转变发展方式，从粗放型的以过度消耗资源破坏生态环境为代价的增长模式，向以"低投入、低消耗、低排放、高效益"为主要特征的集约型发展模式转变，实现可持续发展。①

第三，完善政绩考评标准、办法。长期以来实行的以 GDP 为主要政绩考核的标准和办法，对促进经济快速增长起到了重要作用，但其不核算为经济增长付出的资源、环境代价所导致的不良后果，也是显而易见的。要积极探索实施"绿色 GDP"核算的考核标准和办法，寻找经济发展、生态保护、资源有效利用的最佳结合点，促使领导者致力于追求经济发展、环境优化、社会进步、人民幸福的政绩，致力于经济社会与生态环境协调发展，把科学发展观落到实处。

第四，强化法规法制。实施可持续发展战略、建设生态文明，实现人与自然和谐，必须完

① 周光迅，武群堂. 新世纪全球性"生态危机"的加剧与生态文明建设. 自然辩证法研究，2008(9).

善法律法规，严格依法办事，充分发挥法制的利器作用。一方面，应当修订、完善某些环保法律法规，切实解决法律法规“空白”、“失当”、“乏力”、“操作性差”等问题。另一方面，应当进一步强化执法工作，解决有法不依、执法不严、违法不究和“不作为”、“乱作为”的问题，使环保法制能够真正成为遏制和扭转生态环境恶化、确保经济社会与生态环境协调发展的“法宝”。①

本章框架

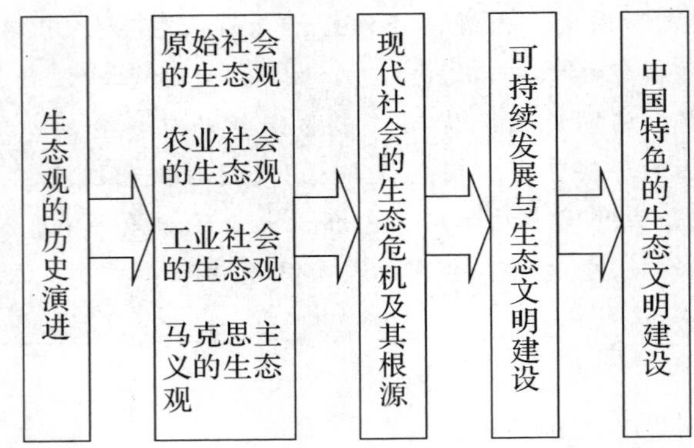

进一步阅读文献

1. 黄顺基主编. 自然辩证法概论(第三章). 北京：高等教育出版社，2004.
2. 世界环境与发展委员会. 我们共同的未来(第1、2、4、5、6、7、12章). 北京：世界知识出版社，1989.
3. 俞可平. 生态文明与马克思主义(第一、三部分). 北京：中央编译出版社，2008.

复习思考题

1. 当今生态危机的主要表现有哪些？根源何在？
2. 马克思主义经典作家在生态问题上有哪些重要思想？
3. 建设生态文明的重要意义何在？生态文明建设应依据哪些基本规范？
4. 结合实际，讨论我国应如何在科学发展观指导下建设生态文明？

---

① 姜春云. 党的生态文明理念和国家可持续发展战略探索. 中共中央党校学报，2010(8).

第二篇 科学观与科学方法

科学是人类认识自然的活动，人类通过科学活动获得对自然的认识成果，形成科学知识和科学理论。科学观就是人们关于科学活动及其成果的总体认识和基本观点。在现代社会，人们关于科学活动及其成果的认识存在两个既相互联系又相互区别的视角。一是从科学史和科学哲学出发的科学内在形象视角，注重考察科学理论发展和科学研究方法的内在逻辑，可以看做是狭义的科学观；二是从科学社会学和科学文化学出发的科学外在形象视角，注重考察科学与社会各个领域的外部关系，可以看做是广义的科学观。

本篇侧重于对科学理论发展和科学研究方法内在逻辑的考察，在对科学发展不同历史时期及其特点介绍和关于科学发展模式讨论的基础上，按照科学研究的基本认识过程，重点就科学问题与科学事实、科学抽象与科学思维、科学假说与科学理论等科学方法论的基本问题进行讨论。事实上，科学方法论与科学认识论密切相关，在我们的科学方法论讨论中，不可避免会涉及科学认识论的问题。提高科技工作者科学思维能力的基本要求，就是掌握正确的科学认识论和科学方法论。

第五章　科学发展与科学革命

重点提示

- 人类文明进程中的科学发展可以分为古代、近代和现代三个时期，每个时期都有其自身的本质特点和社会功能。
- 19、20世纪之交物理学革命带来的现代科学全面发展，具有科学整体化、加速化、社会化和社会科学化的显著特点。
- 逻辑经验主义、批判理性主义和历史主义关于科学发展模式的不同理论需要有机整合和把握。

掌握正确的科学观和科学方法，需要对科学发展的历史轮廓有基本的了解，了解科学史的前提是对科学进行合理的历史分期。划分科学史各个时期应坚持的根本原则，是从客观历史事实出发而不是从先验的准则出发。具体的，在进行科学史分期时应该考虑这样两个问题：首先考虑科学知识的性质和结构，根据科学知识在各个发展阶段所显示出的不同本质特点来划分时期，这是主要的依据；其次考虑科学的社会功能和社会地位，着眼于各个不同历史时期中科学与社会的相互关系，这是派生的、次要的依据。[①] 据此，人类文明进程中的科学发展可以分为三个时期：①古代科学时期（16世纪以前）；②近代科学时期（16—19世纪），具体又可分为创建、消化和鼎盛三个不同的阶段；③现代科学时期（20世纪以来）。不同历史时期科学知识的本质特点和社会功能各有不同。

第一节　现代以前的科学发展

一、古代科学及其特点

1. 古代科学的发展

在原始社会，人类对地理、天文、动植物、医学等方面有了一些认识，但对自然界的认识，

① 许良英. 关于科学史分期问题. 自然辩证法通讯，1982(4).

只能以经验的形态存在于技术之中，而不能上升为理性的认识，更没有形成独立的、系统的知识体系。随着人类文明的进步，在一些古老的民族和地区，经验知识得到了进一步发展。公元前 3000 年前后，在幼发拉底河和底格里斯河流域先后出现了高度发达的苏美尔文化、巴比伦文化，在尼罗河流域出现了古埃及文化，在印度河流域和黄河流域出现了古老的印度文化和中国文化，人类对自然的认识得到了深化，开始跨入理性知识的门槛。古巴比伦和古埃及在数学和天文学方面积累了相当多的科学知识，这些知识被古希腊人继承了下来，经过加工、过滤、发展，创造了更为发达的古希腊文明，成为奴隶制社会科学发展的高峰。古代中国在科学上也有一些成就，如道家和墨家关于自然的思想，但与古希腊文明相比，理性思维相对不足，影响力也比较小。

虽然古希腊人对世界的认知成果主要体现在他们的自然哲学中，但古希腊时期也开始出现了严密的公理化几何体系以及实验与逻辑演绎结合的研究方法。公元前 336—前 30 年的希腊化时期，产生了欧几里得的几何学，他把前人已有的几何学知识充分搜集起来并加以系统化，《几何原本》是这一时期数学的最高成就。力学的成就以阿基米德为代表，他建立了著名的杠杆定理，发现了浮体定律，为静力学奠定了基础。阿基米德第一次把实验的研究方法和几何学的演绎推理结合起来，从而使力学成为一门科学。在天文学方面，阿里斯塔克第一次提出“不是以地球为中心而是以太阳为中心”新的宇宙体系，这一学说的清晰和正确超越了那个时代。而托勒密则完整地提出了在细节上比阿里斯塔克更加完备的体系，为当时的观测事实提供了更易为人接受的解释，当然其“地心说”理论也成为后来中世纪神学的重要思想来源。

图 5-1　拉斐尔的《雅典学园》①

《雅典学园》是拉斐尔早期壁画中最优秀的作品之一。在画中，拉斐尔让希腊、罗马、斯巴达以及意大利的学者聚集一堂，展开热烈的学术辩论。图画以柏拉图(左)和亚里士多德(右)为中心，向两翼展开，表现了古代科学的繁荣景象。

古代科学在古希腊之后的罗马时代，没有实质性的进展。随着罗马帝国的灭亡，欧洲进

① 图片来源：http://www.baidu.com.

入了中世纪。就目前的科学史资料来看，中世纪是宗教神学、教会统治下的“黑暗时期”，人们对于自然界的认识几乎没有什么能够记载进展。

2. 古代科学的特点

古代科学没有形成自己独立的研究传统，而是分别存在于技术传统和哲学传统之中。古代科学的进展也就分别体现在古代技术的发展进程中和古代哲学等各类知识的积累过程里。技术传统将人类的实际经验与技能一代一代传下来，使之不断发展，它的主要传承者是从事各种生产活动的工匠；哲学传统把人类的理想和思想继承下来并发扬光大，它的主要传承者是从事各类知识活动的学者。从石器时代人类的工具发展的连贯性以及他们的葬仪和洞内壁画可以看出，技术传统和哲学传统在文明出现以前就已经存在了。在青铜时代的文明中，这两种传统各自独立地发展着，一种传统由工匠保持下去，另一种传统则由祭司、书吏集团保持下去；在此后的文明进程中，这两种传统也大都是分开的。一直到中古晚期和近代初期，技术传统和哲学传统的各个成分才开始靠拢并汇合起来，从而产生一种新的传统，即科学的传统。①

古代科学的特点，从内容上看主要是：①现象的描述，如亚里士多德的《动物志》和普林尼的《自然史》中所记载的大量的有关自然现象的描述性质的内容；②经验的总结，如阿基米德的浮体定律和杠杆定律、古代东方各国的天文立法，虽然已经总结出许多带有普遍性的自然规律，但一般都仍停留在经验定律阶段，没有上升为理论；③猜测性的思辨，在古代即使存在理论形态，也绝大部分从属于思辨性的自然哲学，如古希腊的原子论、中国的阴阳五行说等，都不过是一种猜测和臆想，不是严密的科学理论。从形式上看主要是：①直觉性，缺乏深入、缜密的分析和严密的逻辑推理，例如古希腊的原子论，不仅用原子来说明宇宙万物，也用原子来说明人的喜怒哀乐，其中有不少真知灼见，但也有不少穿凿比附；②零散化，主要是以一个个比较孤立的发现、发明、论断、定律的形式出现，彼此缺少必然的联系，未形成体系。②

二、近代科学及其特点

近代科学作为一个独立的科学传统，诞生于 16 世纪中叶。具体的，近代科学的发展又可以分为三个阶段，即创建阶段、消化阶段和鼎盛阶段。

1. 创建阶段(16 世纪中叶至 17 世纪)

欧洲中世纪后期的十字军东征、地理大发现、文艺复兴为近代科学的诞生创造了必要的外部条件，同时自然科学自身也在为争取自己的独立而斗争。这个阶段开始的标志是 1543 年哥白尼发表《天体运行》、维萨留斯发表《人体构造》，这两本书被称为自然科学宣布自己独立的宣言。

哥白尼的《天体运行》引起了一场巨大的、持久的、深刻的学术思想革命，使人类开始重新认识宇宙、地球、物体的运动乃至人类自身在宇宙中的位置。在书中，哥白尼创造了一个在数学形式上极其简单的天文学体系，第一次正确地描述了水星、金星、地球和月亮、火星、土星、木星轨道实际相对太阳的顺序位置，提出了日心说，把托勒密以地球为中心的数学上

---

① [英]斯蒂芬·F.梅森.自然科学史.上海：上海译文出版社，1980：1—2.

② 许良英.关于科学史分期问题.自然辩证法通讯，1982(4).

极其繁复的天文学体系推翻了，也摧毁了地球居于宇宙中心是上帝安排的神学宇宙观，开创了近代天文学的新纪元。哥白尼的学说通过意大利哲学家布鲁诺的热情宣传引起了世人的关注和教会的重视，布鲁诺因此在 1600 年被教会烧死在罗马的鲜花广场。哥白尼之后，德国天文学家开普勒为近代天文学的发展作出了重要贡献。他从老师第谷那里继承了大量精细的天文观测资料，据此建立了行星运动三定律，使新天文学得以确立。

图 5-2　耸立在意大利罗马鲜花广场中央的布鲁诺雕像

比利时解剖学家维萨留斯 1543 年出版的《人体结构》一书，纠正了盖仑学说中的 200 多处错误，打破了盖仑对欧洲医学长达 1000 多年的统治。维萨留斯由此触怒了教会，被教会判处死刑，只因他是西班牙国王的御医而幸免。以后教会又逼迫他去耶路撒冷朝圣以“忏悔罪过”，不幸死在归途中。10 年以后，西班牙医生塞尔维特在匿名出版的《基督教的复兴》一书中提出血液在心肺之间的小循环理论，也被教会视为异端处以火刑，临刑前还活活烤了两个小时。1628 年，英国医生哈维在《心血运动论》一书中论述了他的血液大循环理论，也曾遭到强烈的反对，只是由于哈维又是国王的御医，才幸免于难。

意大利物理学家伽利略是近代科学创建阶段从哥白尼到牛顿的关键人物。他用自己制造的望远镜观察天体，为哥白尼的地动说提供了有力的证据，而且他对天体的观测同时也标志着天文学研究从古代的肉眼观测进入了望远镜观测的新时代。伽利略对近代科学的最大贡献在运动学方面，他以一系列关于物体运动的实验，推翻了以亚里士多德为代表的传统运动观念，而且他还用严密的数学形式来表述物体的运动规律，开创了科学实验同数学相结合的科学方法。①

近代科学的创建阶段结束于 1687 年牛顿发表《自然哲学的数学原理》。这本书包括了牛顿在力学、数学和天文学方面最重要的成就。全书的核心是牛顿的力学三定律（惯性定律、加速度定律、作用与反作用定律）和万有引力定律。这些定律构建起一个完整的力学理论体系，把过去一向认为是截然无关的地球上的物体运动规律和天体运动规律概括在一个严密的统一理论中。这是人类认识自然的第一次理论大综合。牛顿力学是整个物理学和天文学的基础，也是现代一切机械、土木建筑、交通运输等工程技术的理论基础。②

除天文学和力学之外，这一阶段数学的发展主要是法国数学家笛卡尔和费尔马建立的解析几何，使常量数学进入到变量数学；牛顿和莱布尼兹建立的微积分则使数学的发展迈上一个新的台阶。

2. 消化阶段（18 世纪）

近代科学在创建阶段，无论科学知识、科学思想还是科学方法，都开创了一个新纪元，特别是在物理学和天文学方面，成就极其辉煌，而且由于微积分的创立、血液循环的发现、显微镜的发明、化学元素概念的确立，数学、生物学和化学也都取得了重大进展。相比之下，18 世纪的科学发展就略显缓慢了。18 世纪虽然也出现了像林耐的植物分类体系和拉瓦锡的“氧化说”理论那样的成就，但从整个科学领域来看，比 17 世纪却大为逊色。18 世纪可以说

①② 许良英. 关于科学史分期问题. 自然辩证法通讯，1982(4).

是近代科学的消化阶段，这包括两方面含义：一方面是17世纪的重大科学成果在不同学科体系之间以及不同国家的科学家之间得以转移、扩散，并被进一步深化和细化，这集中表现为牛顿力学体系中所蕴涵的思想、方法向力学以外的其他学科广泛移植，而同时牛顿理论本身也跨越国界向英国以外的国家迅速传播；另一方面，是科学知识和科学思想被社会消化，成为推动社会前进的动力。科学作为生产力，又作为解放思想的精神力量，在18世纪的英国工业革命和法国启蒙运动以及随之而来的美、法两国民主革命中，显示了巨大的社会影响，这两次伟大革命也为科学的进一步发展提供了强大的物质基础和有力的社会保证。①

牛顿的理论成果由莫佩屠斯等人的著作介绍到法国，并由达兰贝尔、克勒洛、欧勒、拉格朗日、拉普拉斯等加以发展。达兰贝尔和克勒洛是最早接受牛顿学说的法国科学家；欧勒在牛顿的微积分基础上创立了分析数学的新分支；拉格朗日不仅创立了变分学，而且提出了三体的相互吸引力的计算这一困难问题的处理方法，另外在他的巨著《分析力学》中，拉格朗日通过虚速度和最小作用原理把全部力学建立在能量不灭原理之上；拉普拉斯对牛顿体系的贡献比拉格朗日还要大，他在《宇宙体系论》中提出了星云假说，在《天体力学》中运用微分学诠释和补充了牛顿《自然哲学的数学原理》的内容，总结了当时有关概率论的研究成果。②

18世纪化学的发展也深受牛顿理论的影响。早期化学家的最大困难是了解火焰和燃烧现象。在拉瓦锡的"氧化说"建立之前，燃素说一直是该领域的主导性理论。拉瓦锡坚持以牛顿力学有关质量不变的假设为基础，排除燃素说所臆造的与其他物质在性质上根本不同的燃素概念，对燃烧现象进行了重新说明，从而有力地证明了燃烧与呼吸同属于氧化反应，它们的区别只在于急速和缓速，结果都是增加重量，这个重量等于化合的氧气的重量。具有负重量的燃素概念从此就从化学中消失了。通过拉瓦锡的工作，牛顿在力学中所确立的原则，便转移到化学中来了。③

3.鼎盛阶段(19世纪)

经过18世纪各个方面的准备，19世纪科学进入了全面发展的鼎盛阶段，历史上，19世纪也被称为"科学的文化世纪"。在这个阶段，继物理学、天文学和化学之后，许多科学部门(如地质学和生物学)也开始从经验的描述上升到理论的概括，逐渐形成了自己的统一整体。与此同时，许多新的学科分支相继建立起来，如热力学、电磁学、物理化学、生理学、胚胎学等，各门学科之间的空隙逐渐得到填补。在19世纪，科学发展的最为重要的成就是出现了两次生物学的理论综合，即细胞理论的建立和进化论的提出，以及两次物理学的理论综合，即能量转化与守恒原理的发现和电磁理论的建立。④

细胞理论的建立得益于显微镜的发明及其应用。显微镜是由荷兰人詹森在16世纪末发明的，伽利略和惠更斯对它进行了改进。1665年胡克在用显微镜观察软木切片时，发现了细胞。此后经过100多年的研究，一个完整的细胞理论终于在19世纪30年代形成。1838年施莱登发表了《论植物的发生》一文，提出细胞是一切植物体的基本单位，植物发育的过程就是新细胞形成的过程。1839年施旺发表了《动植物结构和生长相似性的显微研究》一文，把施莱登的学说扩大到了动物界。这样便形成了适用于整个生物界的细胞理论，

①④ 许良英.关于科学史分期问题.自然辩证法通讯，1982(4).

②③ [英]W.C.丹皮尔.科学史及其与哲学和宗教的关系.北京：商务印书馆，1995：256—260，261—264.

动植物的结构组织和发育过程，便在细胞的层次上得到了一种统一的解释。①

生物进化论的思想最初是由一些博物学家提出来的，如布丰、拉马克、居维叶、圣提雷尔等都分别提出了含有进化论思想的学说。法国生物学家拉马克在1809年出版《动物哲学》一书，批判了当时流行的独创论和物种不变论，用“用进废退”和“获得性遗传”论述了他的进化学说。英国生物学家达尔文从1831年开始观察和收集动植物和地质学方面的资料，1859年出版《物种起源》一书，标志着生物进化论的诞生。达尔文的著作用大量事实和严密论证说明生物物种不是被造物主分别创造出来的，而是由简单的物种发展演化而来的，给生命世界引入了发展变化的思想，使人们不再把动物和植物之间、动物和人之间的区别看做是神圣的和绝对的。这种思想在当时的欧洲乃至世界引起了巨大反响。②

19世纪下半叶生物学方面还有微生物和遗传学的重要进展。法国生物学家巴斯德把自己的研究工作和国民的生产生活结合起来，在解决葡萄酒存放变质问题时建立了“发酵理论”，并提出“巴氏消毒法”；在研究蚕病过程中提出“细菌致病说”；在关于牛羊炭疽病和狂犬病的研究中建立了免疫学理论，使微生物学作为一门科学建立起来。这一时期，奥地利神父孟德尔通过“豌豆实验”所建立的遗传定律虽然没有引起当时学界的重视，但却为20世纪系统的遗传理论的建立，特别是分子生物学的诞生奠定了重要基础。

能量转化与守恒定律即热力学第一定律的发现，揭示了热能、机械能、电能、化学能等各种运动形式和能量之间的统一性，使物理学达到空前的综合和统一，这是牛顿建立力学体系以来物理学的最大成就。能量转化与守恒定律是在19世纪30—40年代，先后在四个国家，由六七种不同职业的十几位科学家，从各自不同的侧面独立地发现的，这其中作出主要贡献的是德国的迈尔、赫尔姆霍茨，英国的焦耳、格罗夫，丹麦的柯尔丁等人。③

对于电磁学发展贡献最大的是法拉第，他于1831年发现电磁感应现象，并提出“力线”和“场”的概念进行解释，认为空间是布满磁力线的“场”。这是牛顿以后物理学基本概念最重要的发展。1864年，麦克斯韦发表了一篇在电磁学理论上具有划时代意义的论文，用一组偏微分方程来概括全部电磁现象，完成了物理学史上又一次伟大的理论综合。麦克斯韦理论预言了电磁波的存在，揭示出光、电、磁现象的本质统一性。1888年赫兹用实验证实了电磁波的存在，确立起麦克斯韦电磁理论的科学地位。④

19世纪除了生命科学和物理学的辉煌成就外，在化学上还有原子论、元素周期律，地质学上还有地质演变理论，等等。19世纪初，英国化学家道尔顿建立了科学的原子学说，对当时已有的化学领域的经验定律作了很好解释。其后，为了解决盖吕萨克定律的理论解释困难，意大利化学家阿佛加德罗建立了分子论，在1860年德国召开的首届世界化学家会议上，原子分子学说得到普遍承认。1869年，俄国化学家门捷列夫在同时代化学家对元素性质和原子量关系研究的基础上，确立了元素周期律，完成了化学领域中的一次新综合，使化学从经验性的研究进入到理论化阶段。1830年，英国地质学家赖尔《地质学原理》一书出版，提出了地壳发展均变论和“将古论今”现实主义方法，带来了近代地质学迅速发展。

4. 近代科学的特点

与古代科学相比，近代科学的最大特点是用实验方法和数学手段研究自然界，体现了源

---

①② 王鸿生. 世界科学技术史. 北京：中国人民大学出版社，1996：137—138，141—143.

③④ 中国科学院自然科学史研究所近现代科学史研究室编著. 20世纪科学技术简史. 北京：科学出版社，1985：5，6—7.

自古代的技术传统与哲学传统的有机结合。近代科学的发展也开始打破国家和地域的界限，天文学、力学、数学、物理学、化学、生物学等学科都得到了系统的发展。到18世纪末，在各个领域都已经分门别类地积累起了大量有待深入研究的事实材料。尤其是进入19世纪以后，科学研究的重点发生了重大变化，从以前主要是搜集经验事实转向对事实材料的综合整理，并将经验材料概括提高为系统的理论。自然科学由搜集材料阶段过渡到整理材料阶段，由经验阶段发展到理论阶段，各个学科走向全面繁荣。

近代科学最突出的特点表现在四个方面：①强调系统的、有目的的实验，而不是简单地对自然现象的观察；②以实验（包括观察）事实为根据进行缜密的分析和推理，而不是凭猜测和臆想；③从经验定律上升为系统的理论，在各个领域中逐步建立起严密的科学理论体系；④广泛应用数学方法，使科学知识日益精密化。[①]

第二节　科学革命与现代科学发展

一、世纪之交的物理学革命

19世纪末，物理学"三大发现"（X射线、放射性、电子）和"两朵乌云"（以太漂移零结果，黑体辐射紫外灾难）等一系列新的实验的结果，对以牛顿力学为基础的经典物理学提出了挑战，带来了现代物理学革命，直接导致了相对论和量子力学的诞生。

专栏5-1

同时性的相对性[②]

1905年爱因斯坦在德国《物理学年鉴》上发表了五篇论文，刊于第17卷第891—921页的《论动体的电动力学》一文中，提出了举世闻名的相对论。论文以同时性的相对性为突破口，建立了全新的时间和空间理论。

同时性的相对性表明，对于静止观察者是同时的两个事件，对于运动观察者就不是同时的。设AB两地各发生了一次闪光的事件，在AB中点C处的观察者，根据AB两地光信号同时到达，从而推测两个事件是同时发生的。但一个由A向B运动的观察者，也在中点C，却发现B点的光信号先于A点到达，从而推测B点闪光先于A点，两个事件不是同时发生的。

就是说，同时性不是绝对的，而是取决于观察者的运动状态。这一结论否定了牛顿力学绝对时间和绝对空间的基础框架，带来了物理学革命。

① 许良英.关于科学史分期问题.自然辩证法通讯，1982(4).

② 资料来源：吴国盛.科学的历程.北京：北京大学出版社，2002:430—431.

1905 年 6 月,爱因斯坦发表了《论动体的电动力学》一文,宣告狭义相对论的诞生。狭义相对论的基本观点是:空间和时间并不是互不相干的,而是存在着本质的联系;时间和空间都同物质的运动变化有关,并随物质运动的速度变化而变化;对于不同的惯性系,时间与空间的量度不可能是相同的。后来爱因斯坦又把相对性原理推广到非惯性系,在 1916 年发表了《广义相对论的基础》一文。爱因斯坦突破了牛顿的绝对时空观念的束缚,揭示了时间、空间、物质和运动之间本质上的统一性,并把牛顿理论作为新理论的特殊情况包括在其中。爱因斯坦相对论是继牛顿理论、能量转化与守恒定律、麦克斯韦电磁理论之后物理学的第四次理论大综合。

1900 年,德国物理学家普朗克提出能量子假设,指出能量不是连续的而是分立的、量子化的,标志着 20 世纪物理学又一崭新思想的诞生。循着这一思想,爱因斯坦成功地解释了光电效应,提出光量子论,结束了长期以来人们关于光的本质的争论。其后,丹麦物理学家玻尔将普朗克能量子假设成功地用于解释原子结构,建立了量子化的原子模型。经德国的海森堡、法国的德布罗意、奥地利的薛定谔、英国的狄拉克等著名物理学家的进一步工作,终于在 20 世纪 20 年代中叶建立起量子力学。量子力学解释了电子和一切实物粒子都像光一样,具有波粒二象性,完成了物理学第五次理论大综合,架起了物理学、数学与化学、生物学等学科沟通的桥梁。

专栏 5-2

量子力学的产生①

1900 年德国物理学家普朗克提出物体的辐射能是不连续的假设,把最小不可再分的能量单元称作"能量子"或"量子",宣告量子论的诞生。

1905 年爱因斯坦运用量子论建立了光量子论,解释了光电效应中出现的新现象。

1923 年法国物理学家德布罗意提出物质波理论,把量子论发展到一个新高度。

1925 年前后,海森堡、玻恩、狄拉克等人提出并完善了量子理论的矩阵力学。

1926 年奥地利物理学家薛定谔建立了量子理论的波动力学。

1927 年丹麦物理学家波尔以海森堡测不准关系为基础,提出了量子力学的"互补原理"。

量子概念的导入带来了基本概念的一系列改变:不连续的量子跃迁概念打破了连续轨迹概念,概率决定论打破了严格决定论,整体论概念打破了定域的概念。

相对论和量子力学的建立,把物理学对物理世界的认识,从宏观物体、低速运动推进到微观粒子、高速运动的领域,物理学关于物质、运动、时空、规律等观念都发生了根本性的变革。这次物理学革命不仅改变了物理学的观念,而且在整个自然科学领域引起了科学思想的深刻变革。

---

① 资料来源:吴国盛.科学的历程.北京:北京大学出版社,2002:441—445.

图 5-3　20 世纪物理学精英图①

这是 1927 年第五届索尔维会议上物理学家的合影。在这张照片上，几乎集中了 20 世纪初的所有物理学精英。前排居中者为爱因斯坦。

二、现代科学的全面发展

世纪之交的物理学革命新观念、新理论和新方法，带来了 20 世纪自然科学各个部门，包括生物学、数学、化学、天文学、地学等不同学科领域的飞速进展。同时还涌现出了大量综合性、交叉性的新学科，如信息论、控制论、系统论、耗散结构论、协同论、超循环论、突变论、混沌理论，等等，这些新兴学科代表着现代科学新的理论综合方向。

1. 探索物质结构之谜

电子和放射性的发现展示了一个亚原子世界，相对论和量子力学的建立又为把握原子中的运动提供了理论，这样，20 世纪的物理学便踏入了微观世界的大门，开始了对原子结构的探索过程。1903 年，汤姆逊在电子发现的基础上，建立了第一个原子的"葡萄干布丁"模型，1911 年，卢瑟福根据 α 粒子散射的实验事实，提出了他的有核原子模型。为解决卢瑟福模型不稳定的困难，1913 年，玻尔又把量子论引入对原子结构的分析。进而，人类又开始研究比原子更深层次的微观粒子内部结构及其转化规律，诞生了粒子物理学。在 20 世纪 20—30年代，人们知道的微观粒子只有电子、质子、中子和光子 4 种，并称之为"基本粒子"，随着实验技术和理论研究水平的提高，人们很快就发现基本粒子为数甚多，至今已知的即达 400 多种。随着基本粒子数量的不断增多，物理学开始了对基本粒子性质和结构的理论研究，提出各种基本粒子的结构模型。1964 年，盖尔曼等人提出"夸克模型"，很好地解释了重子和介子的性质。但是，由于夸克在很长时间里没有获得实验上的支持，以致一些物理学家认为，夸克将永远被幽禁在强子之中。到了 70 年代，丁肇中等物理学家在实验室中发现了胶子存在的迹象，为夸克的存在提供了间接证明。

---

① 图片来源：http://www.baidu.com.

2. 现代宇宙学的诞生

现代宇宙学是从整体上研究宇宙结构和演化的一门科学，它发端于爱因斯坦在 1917 年提出的“有物质无运动”有限无界静态的第一个宇宙模型。爱因斯坦之后，一系列有价值的宇宙模型建立，其中，影响最大的是在 1948 年由美国物理学家伽莫夫提出的大爆炸宇宙模型。伽莫夫认为，宇宙开始于高温、高密度的“原始火球”的大爆炸。由于不断膨胀，辐射温度、物质密度急剧下降，物质成分也不断变化，其间所产生的各种元素，就形成了今天宇宙中的各种物质。由于得到许多天文观测的支持，大爆炸理论在现代宇宙学中占据了主导地位。当然，现代宇宙学仍然面临许多没有解决的难题，有待人们去进一步探索。

3. 分子生物学的创立

20 世纪以后，生物学深入到对生命现象的本质和遗传机理的研究，开始在分子水平上研究生命物质及其功能，导致分子生物学的诞生。早在 20 世纪初，生物学家就已经弄清楚了染色体在遗传中所起的作用，并弄清了染色体是由蛋白质和核酸构成的。以后又弄清了核酸是遗传信息的载体。核酸分为两类，核糖核酸（RNA）和脱氧核糖核酸（DNA），携带遗传信息的是脱氧核糖核酸。1953 年，生物学家美国人沃森和英国人克拉克共同提出了 DNA 的双螺旋结构模型，完成了分子生物学中的一次革命。双螺旋结构发现之后，分子生物学以遗传为中心的研究深入推进，其中最重要的是遗传密码的破解和中心法则的建立。前者指出了遗传信息的物质基础及含义，后者回答了调节和控制遗传信息的途径。分子生物学是当代生物学发展的主流，它揭示了整个生物界在遗传密码上惊人的统一性，深化了人类对生命活动机制和本质的认识。

4. 系统科学的产生和发展

第二次世界大战以后，几乎同时产生了许多把研究对象作为整体来考察的系统理论，特别是由贝塔朗菲创立的以一般系统为研究对象的系统论，由申农创立的以通讯系统为研究对象的信息论，由维纳创立的以控制系统为研究对象的控制论，对现代科学技术的发展和当代科学家的思维方式产生了极为重大的影响。由于这些学科研究中的“系统”特征，因此，人们把这一学科群称之为系统科学。20 世纪 60—70 年代，在关于开放系统自组织理论的研究方面，产生了一些新的理论。其中比较引人注目的，是比利时物理学家普利高津提出的耗散结构理论、德国物理学家哈肯创立的协同学以及美国气象学家洛仑兹开创的混沌科学。特别是混沌理论，突破了牛顿和拉普拉斯关于过程的确定性的观点，被认为是继相对论和量子力学后物理学的又一重要成就。这些系统科学的新发展，为人类打开了研究自然界复杂现象之门，激励着人类去解开现实世界由无序通向有序的演化之谜。

20 世纪以来科学的发展是全面的。除了上述介绍的领域之外，还有化学领域中量子化学的创立，地质学领域中从大陆漂移说到板块结构理论的提出，认知领域中图灵计算模型的建立，都在科学发展史中占有重要地位。20 世纪科学的高速发展是以往任何时期都不能比拟的。

三、现代科学的特点

与近代科学相比，20 世纪以来现代科学的发展表现出许多新的特点。

1. 总量增长、更新加快的科学加速化趋势

科学经历了全面的、空前的革命：20 世纪伊始，就出现了持续 30 年之久的物理学革命。

这场革命使人类对物质、能量、空间、时间、运动、因果性的认识都产生了根本变化，由此，人们普遍认识到，任何科学理论都不可能一成不变，随着科学实践的发展，理论必须不断发展，甚至要彻底更新。这种不墨守成规、勇于创新的精神，在 20 世纪，不仅支配着物理学，也支配着其他各门科学。以物理学革命为先导，生物学、化学、天文学、地学等都出现了革命性的理论。因而，整个 20 世纪，科学都处于革命状态，20 世纪可以称为科学革命的世纪。

20 世纪下半叶以来，人类所取得的科学成果的数量，比过去 2000 年的总和还要多，出现了所谓"信息爆炸"、"知识爆炸"的现象。美国科学计量学家普赖斯曾以科学杂志和学术论文为知识发展的重要标志，对知识总量的增长率进行了推算，从而得出这样的结论：在我们的文明社会中，所有的非科学的东西每翻一番的时候，科学就要增加 8 倍。如果这样看待科学的话，在我们的文化中，科学密度在每一代人期间是增长 4 倍。① 现代物理学中 90%的知识是 1950 年以来取得的。截至 1980 年，人类社会获得的科学知识的 90%也是第二次世界大战以后的 30 多年获得的。如今，全世界每天发表科技论文 6000～8000 篇，每年出版图书 70 万种。

由于科学知识的加速增长，科学知识的更新速度也在加快。有关专家的研究指出，18 世纪知识更新的周期为 80～90 年，19 世纪初至 20 世纪初为 30 年，20 世纪 50 年代以来为 15 年，70 年代以来则进一步缩短为 5～10 年。过去学生在校时可获得一生 80%的知识，工作后继续教育再获得 20%，现在则正好相反。在当今时代，如果不学习和掌握最新的科学知识和技能，就无法跟上加速发展的科学步伐。

2. 高度分化、高度综合的科学整体化趋势

科学一方面在继续分化，另一方面在交叉综合，在高度分化基础上的高度综合成为一种总的趋势。整个科学改变了过去那种零散分割的状态，正在形成一个前沿不断扩大、多层次、相互联系的综合整体。在 20 世纪，一方面由于新的实验技术和巨大而精密的观察工具的产生，人类的"视野"在微观和宏观两方面都扩大了 10 万倍以上，人的洞察力已经从大于 10^{-10} 米的原子集团深入到小于 10^{-15} 米的基本粒子内部，人的眼界已经能从直径 10 万光年的银河系扩展到 200 亿光年的大宇宙；同时由于各门科学本身的深入发展，自然界从基本粒子、原子、分子，到细胞、生物个体，到地壳、天体、宇宙，所有的各个层次都得到了比较深入的探究。另一方面，由于交叉学科和边缘科学的大量兴起，各门科学之间的空隙逐渐得到填补，特别是分子生物学的出现，使物理科学和生命科学之间的鸿沟开始消失。自然界各个层次之间的过渡环节也开始逐渐为人们所认识，整个自然科学形成了一个前沿不断扩大的多层次的、综合的统一整体。同时，科学同技术的关系也日益密切，突出表现在任何重大新技术的出现，不再来源于单纯经验性的创造发明，而是来源于系统的、综合的科学研究。

自然科学各个学科之间相互融合或交叉，促进了一系列综合学科、横断学科和边缘学科的形成和发展。如根据不同研究对象，把多种学科的研究成果连接起来，使人们形成对某些研究现象整体性认识的环境科学、空间科学、海洋科学等综合学科；研究自然界、人类社会和人类思维等领域共有某种现象本质及规律的系统论、信息论、控制论等横断科学；由基础科学及其不同分支相互交叉、相互渗透产生的物理化学、分子生物学、天体物理学等边缘学科。

---

① ［美］D. 普赖斯著，王晶，张风格译. 巴比伦以来的科学. 北京：中共中央党校出版社，1992：97—98.

这些种类科学的出现和发展，使人们所认识的自然界图景越来越成为一幅统一完整的画面。

3. 规模扩大、组织复杂的科学社会化趋势

20 世纪以来，科学研究活动的规模越来越大，形成了从企业规模到国家规模甚至国际规模的“大科学”，科学事业日益社会化并且越来越依赖于社会经济的发展和国家的支持，科学从社会的边缘走到了社会的中心，成为现代国家和社会的重要事业。

由于研究课题的高度综合化，现代科学研究设备的大型化、复杂化，科研规模的扩大以及物质基础和经费的巨大投入，使得科学家已从过去较分散的个体活动转向社会化的集体活动，大部分研究工作已不能由科学家个人有效地进行，而需要依靠科学共同体有效组织进行协同攻关，甚至需要跨出国界，采用国际合作的研究方式。科学作为一种社会事业，普遍受到各个国家的重视。一方面，各国的经费投入不断增大，第二次世界大战后所有经济发达国家科研经费投入都以指数增长，发达国家研究开发经费通常占国民生产总值的 2.5%～3%；另一方面，各国从事科学研究的人数急剧增长，预计未来 100 年，从事科研活动的人数将占世界总人口的 20%，科学的组织管理也必然越来越复杂。

为了把庞大而复杂的科学队伍组织起来，使它充分发挥应有的作用，需要现代国家正确地制定科学政策和有效地进行科学管理，也要求科学管理人员按照科学发展规律办事，要有远见卓识，不能急功近利、目光短浅。

专栏 5-3

物理学和生物学的理论大综合

物理学的理论大综合

牛顿力学理论：揭示了地球上各种物体运动规律和天体运动规律本质上的统一性；

能量转化与守恒定律：揭示了热能、机械能、电能、化学能等运动形式和能量之间本质上的统一性；

电磁学理论：揭示了光、电、磁现象本质上的统一性；

爱因斯坦相对论：揭示了时间、空间、物质和运动之间本质上的统一性；

量子力学理论：揭示了光、电子以及一切实物粒子具有的波动性和粒子性的统一性，即波粒二象性。

生物学的理论大综合

细胞理论：在细胞层次上揭示了动植物的结构组织和发育过程的统一性；

生物进化论：提出了生物物种由低级向高级演化的规律，揭示了动物与植物、动物与人的联系统一；

分子生物学：从纵向和横向两个方面揭示了生物界在遗传密码上惊人的统一性。

4. 变革社会、引领发展的社会科学化趋势

19 世纪下半叶出现的科学对生产的指导作用，在 20 世纪日益明显。科学的发展，开辟

了许多新的技术领域,建立起许多新型工业部门,它们深刻地影响并改变着人类生产和生活的面貌,也使生产部门充分认识到科学的重要性,密切了科学—技术—工程—生产之间的关系。科学、技术、工程与生产的高度发展,使发达国家的社会结构首先是劳动力结构发生了重大变化,从事农业和工业生产的劳动力比重大为下降,多数劳动力集中到了服务业和教育、科研部门,中等教育基本普及,高等教育走向大众化,劳动者自由支配的闲暇时间增加,对于学习和娱乐的需求不断提高,科学、技术、知识、信息在社会文明进程中的引领和主导作用越来越显著。因此,社会科学化成为20世纪以来的时代特征,它迅速地提高了人类的物质文明和精神文明程度,大大缩小了工农差别、城乡差别、体力劳动和脑力劳动的差别,并且开始有效地治理环境污染、控制人口,使人类不仅能够改造自然,也能够改造人类自身,以适应自然和社会的发展规律,主动掌握自己的命运。这标志着人类的觉醒,也预示着科学文明时代的到来。[①]

第三节 科学发展模式的若干理论

在简要回顾科学发展历史基础上,我们对科学发展模式的若干理论做些讨论,这是科学观的基本问题之一。

一、逻辑经验主义的积累式观点

逻辑经验主义按照归纳主义观点来说明科学知识增长的特征,认为科学知识来自对经验事实的归纳,科学发展就是通过归纳获得的科学知识的不断增加,因此,科学发展是一个渐进积累的直线发展过程,其中没有中断,没有革命;观察事实越多、越深入,通过归纳逻辑得出的科学理论越被高频率经验证据所证实,那么它就越普遍,解释力和预见力越强,非科学的错误成分也就在这个过程中不断地被剔除。一般教科书中对科学发展的历史基本上是按照这种模式来叙述的。库恩曾尖锐地指出,按照这种"标准教科书"的观点,"科学的发展成了一点一滴的进步,各种货色一件一件地或者一批一批地添加到那个不断加大的科学技术知识的货堆上。"[②]

二、波普尔的"四段图式"论

批判理性主义者波普尔从证伪主义立场出发,把科学发展看做是一个不断地证伪理论、推翻理论的过程。他认为,猜想和反驳是科学发展过程中最基本的环节,科学发展的历史就是大胆地提出假设,通过证伪,然后推翻理论的过程,科学知识的增长,就是意味着不间断的革命。基于此,波普尔提出了他的科学发展"四段图式",即:

$$P_1 \rightarrow TT_1 \rightarrow EE_1 \rightarrow P_2$$

在这个模式中,科学从问题(P_1)开始,经过试探性理论(TT_1),又经过批判性检验、排除

① 李佩珊,许良英. 20世纪科学技术简史(第二版). 北京:科学出版社,1999:ⅹⅹ－ⅹⅹⅱ.

② 库恩. 科学革命的结构. 上海:上海科学技术出版社,1980:1.

错误(EE_1)，进而提出新的问题(P_2)。这四个环节循环往复，推动科学不断前进。

波普尔的“四段图式”强调科学发展是一个不断革命的过程，并且把“问题”看作科学发展的动力，主张在科学探索中大胆猜测，反对狭隘的经验论，强调科学的革命精神，认为科学只有在不断批判和否定中才能前进。波普尔曾写道：“爱因斯坦给我的印象最深的一点是：爱因斯坦对他自己的理论具有高度的批判精神，这不仅表现在他试图发现并指出它们的局限性，而且也表现在他对所提出的每一个理论试图找出在什么条件下，他将把理论看作被实验反驳。这就是说，他试图从每个理论推导出可受实验检验的预见，他把这些实验看作对他的理论是判决性的。因此，如果他的预见被反驳，他就放弃他所提出的理论。”①

三、库恩的科学革命论

与波普尔“不断革命”的科学发展模式不同，库恩刻画出一个常规科学和科学革命相互交替的科学发展模式，即：

前科学→常规科学(形成范式)→反常→危机→科学革命(新范式战胜旧范式)→新常规科学……

在这一模式中，库恩用范式而不是传统的理论来说明科学的发展。在库恩那里，范式一般是指特定的科学共同体从事某一类科学活动所必须遵循的公认的“模型”，包括共有的世界观、基本理论、范例、方法、仪器、标准等同科学研究有关的所有东西，它实际上是科学共同体从事科学活动的共同立场，共同使用的认识工具和手段。

库恩的范式理论提出了一种新的科学观，即科学不是停留在已有的知识体系上，而是不断探求新知识，放弃旧范式、旧理论，接受新范式、新理论的创造性活动。库恩认为，科学作为一种社会事业，其发展受科学内部和外部因素相互作用的制约，因而范式不仅是认识论上的知识体系，也是知识的社会形式、科学共同体的信念和行为规范。范式的转变不仅要依靠它本身的科学性，而且要依靠心理学的、社会学的条件——科学共同体对范式的信念以及社会的政治、经济条件和文化因素等。

四、科学发展模式理论的讨论

一般来说，科学发展模式总是同某种科学价值观相联系，并建立在特定的科学哲学立场之上。一个比较好的科学发展模式不仅能合理地解释科学发展的历史事实，而且能对科学发展的规律性作出深刻的说明。

逻辑经验主义勾画的积累式科学发展图景，虽然从一个侧面反映了科学不断进步的总趋势，但其根本缺陷是只看到了科学发展中量的变化，没有看到更重要的质的变化，也即忽视了科学中的革命，因而不能解释各种不同的革命性新理论。

波普尔的“四段图式”开创了现代科学哲学动态研究科学发展模式的先河，对科学历史主义思潮的兴起有积极的促进作用，但它过分简化了科学的实际发展过程，否认了科学知识的继承和积累，否认科学发展包含着量变渐进的过程，因而难以符合科学发展的历史事实。库恩的科学革命论着重研究科学发展的动态结构，把进化和革命结合起来，并考虑科学内部

---

① 转引自林超然. 现代科学哲学教程. 杭州：浙江大学出版社，1988：106.

因素和外部因素相互作用同时制约科学发展的特征。他一方面强调常规科学和科学革命的不断交替,另一方面又突出新旧范式更替中非科学因素即科学共同体信念或信仰的作用,表现出浓重的非理性色彩。

要完整、准确地理解科学发展,必须将各种科学发展模式有机整合起来。这其中,邦格提出的生物心理社会学的科学发展观具有启发性。加拿大科学哲学家邦格批判性地考察了各种科学发展模式,认为无论是经验论者还是唯理论者,无论是心理学主义者还是社会学主义者,对科学发展的观点都是只看到某一方面而忽视了其他方面。邦格主张进化式,即将渐进式和革命式加以综合的模式。邦格认为科学的发展既是间断的,又是连续的,任何革命都只是部分地而不是全部地改变了知识的系统。邦格的科学发展模式观点对我们的进一步探索具有启发性。

本章框架

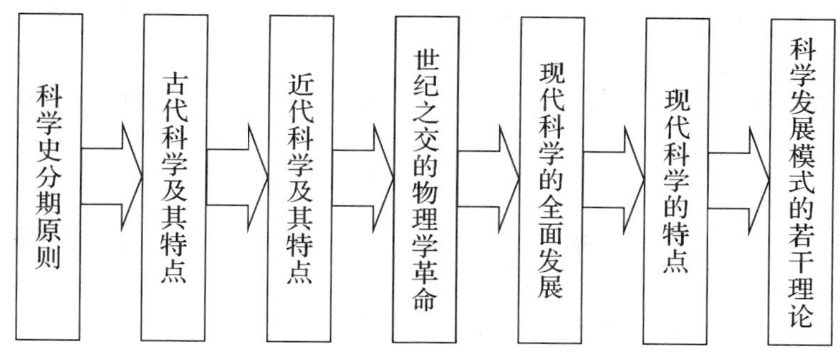

进一步阅读文献

1. 许良英. 关于科学史分期问题. 自然辩证法通讯,1982(4).
2. 吴国盛. 科学的历程(第二版)(第二、四、六、八卷). 北京:北京大学出版社,2002.
3. 库恩. 科学革命的结构. 上海:上海科学技术出版社,1980.

复习思考题

1. 如何根据科学史分期的基本原则划分科学发展的历史?
2. 物理学革命对于现代科学有什么重要意义?
3. 古代科学、近代科学和现代科学分别有什么特点?它们之间的不同说明了什么?
4. 科学哲学关于科学发展模式有哪些主要观点?你如何评价?

第六章 科学问题与科学事实

重点提示

- 科学研究系统由科学认识主体、客体以及联结主客体的中介组成。
- 科学问题是科学研究的逻辑起点，这反映了科学研究活动的现代特征。
- 科研选题应当遵循需要性、科学性、可行性和创造性原则。
- 科学观察和科学实验是获取科学事实的基本方法，在观察和实验中应坚持客观性原则。

科学研究离不开科学方法的指导。"方法"一词来源于希腊文，意思是"遵循某一道路"，即为了实现一定目的，按照一定的顺序采取相应的步骤。科学方法就是为了获得科学知识而在科学研究活动中所遵循的步骤或程序。

第一节 科学研究的结构与程序

科学研究是一种高级的认识活动，与世界观意义上的哲学认识相比，具有实证性特点；与日常认识相比，具有创造性、系统性、研究性等特点。不能笼统地把一切认识活动都看成是科学研究，科学研究具有独特的结构并遵循特定的程序。

一、科学研究系统的结构

构成科学研究系统的要素主要有科学认识主体、科学认识客体以及联结主客体的中介。

科学研究的主体是社会成员中掌握科学研究的基本方法与技能、赞同科学研究的价值准则并实际参与科学研究活动的人，包括职业科学家、业余科学家以及其他各类参与科学研究活动的人员，其中职业科学家是现代科学研究的主要承担者。

科学研究的客体并非所有自然物，而是其中的一部分，它一方面取决于事物本身的属性，另一方面又取决于它同认识主体之间的关系，只有那些现实地被纳入科学研究活动、成为科学研究对象的自然物才是科学研究的客体。由此，客观事物转化为科研客体需要符合两个条件：一是符合科研主体研究的需要；二是符合科研主体的实践和认识能力。由于科研主体的需要和能力都具有社会性，从这个意义上说，科研客体不是纯粹的自然物，而有其社会属性。科研客体的范围会随着社会实践的发展而不断拓展。

科学研究的中介是指将科研主体和科研客体沟通并联结起来，并使两者发生相互作用的中间环节。科学研究包括科学研究中所使用的各种仪器、工具、各类符号和语言，所应用的操作、运算、推理等方法。仪器和工具是感性的物质中介，起到延伸主体的躯体力量、感觉能力乃至部分思维能力的作用；符号和语言虽然不直接延伸主体的躯体和感官，但可以对来自客体的信息进行编码，并组织思维、简化思维，记载传播思维成果，使科学主体的认识能力得到提高，从而形成科学假说和科学理论，甚至能创造出现实中尚不存在的观念性对象，并以此作为新的科学研究活动的起点。科学研究过程所采用的操作、运算、推理规则等可以帮助主体通过直接感触的部分推出未直接感触的部分，从而全面准确地分析、反映客体的本质。

科学认识的中介也具有社会历史性，随着社会的发展、科学技术的进步和人类实践活动的拓展，科学认识的中介也在不断改变其结构和形式。

二、科学研究的程序

自然科学分支众多，但是无论哪个学科开展研究，一般都要遵循以下程序：

确定科研选题。这一环节主要是发现或接触各种科学问题。在整个科学研究的过程中，选题是具有战略意义的一步，直接决定了未来科学研究的方向和内容。

获取科学事实。这个环节的主要工作是根据已经选择的科学问题，搜集和整理所需要的事实材料，既包括通过文献检索获取间接经验事实，也包括获取直接经验事实。获取直接经验事实的基本方法是观察和实验。

进行思维加工。这个环节的主要工作是基于已获得的科学事实，运用逻辑的和非逻辑的思维方法对事实材料进行抽象、推理或想象、感悟，使认识由现象深入到本质，使经验知识上升为理论知识，形成对科学研究客体的初步解释，即科学假说。在这个环节上，科学发现活动与证明活动相互交织、相互作用表现得最为明显。

检验证明假说。这个环节的主要工作是对已形成的假说进行检验，所运用的方法仍然是观察和实验，通常还要辅之以逻辑方法。

建立理论体系。这一环节的主要工作是将已确证的假说和先前的理论尽可能地统一起来，形成具有严密的有内在逻辑关系的体系。这一环节所运用的科学方法主要是逻辑方法，尤其是公理化方法。

第二节　科学问题与科研选题

一、科学问题是科学研究的逻辑起点

早在古希腊时代，亚里士多德就提出了科学发现的一般程序，即从观察个别事实开始，然后归纳出解释性原理，再从解释性原理演绎出关于个别事实的知识。在这个程序中，科学

研究的起点是观察，由此形成了“科学始于观察”的观点。

近代科学革命以后，以弗兰西斯·培根为代表的古典归纳主义学派，从理论和实践两个方面强化了亚里士多德的观点。培根从感性认识与理性认识的相互关系上揭示出认识的基础是实践，强调了经验观察在科学研究过程中的第一位的作用。他认为，观察和实验是科学认识过程中获得感性认识的首要环节，离开了感性认识的基础，理性认识将会成为无本之木、无源之水。只有通过科学实践才能推动人的认识的发展。① 而近代科学的实际研究过程和成果无疑为“科学始于观察”提供了有力证明，因而，观察和实验是科学研究的逻辑起点的观点被近代大多数科学家和哲学家所接受。

20 世纪以后，随着现代科学的发展，一些科学家发现，许多重大科学研究的实际起点并不是“观察”，而是“问题”。例如，爱因斯坦并不是因为观察到了新奇的经验事实，而是出于想解答某些引人深思的疑难问题才开始了科学研究，并创建了狭义相对论；狭义相对论又引出“引力疑难”问题，促使爱因斯坦进一步研究，最终建立了一种更广泛、更普遍的理论——广义相对论。

专栏 6-1

爱因斯坦的问题观②

提出一个问题往往比解决一个问题更重要。因为解决问题也许仅仅是一个数学上或实验上的技能而已，而提出新的问题，新的可能性，从新的角度去看待旧的问题，却需要有创造性的想象力，而且标志着科学的真正进步。

批判理性主义代表人物、英国哲学家波普尔根据现代科学发展的规律和特点，从理论上对“科学始于观察”进行了批判，系统阐述了“科学始于问题”的观点。波普尔指出，观察和实验都离不开理论，尽管通过观察可以引出问题，但观察过程总是要渗透、伴随着预设的问题。这是因为观察总是要选择的，观察首先要回答观察什么，为什么观察和如何观察等问题，漫无目标的观察实际上是不存在的。

“问题是科学研究的逻辑起点”的观点反映了现代科学研究活动的特征。从现代科学理论发展的进程看，科学理论的萌发、进步以及新旧理论的交替、更迭，并不是简单地起源于经验观察，而是来源于理论本身的不完备所引发的问题。因为任何科学理论的真理性都是相对的、有条件的。理论与实践的矛盾，理论本身或不同理论之间的矛盾往往构成科学研究的基点和突破口，也就是说，问题既是旧理论的终点又是新理论的起点，只有在发现原有理论无法解决的问题的时候，科学家才会着手建立新理论。从科学研究的具体过程来看，具有不同知识结构和理论背景的科学认识主体无需在低层次上重复前人的认识过程，他们以科学问题为切入点所展开的科学探索活动，能够使他们站在前人的肩膀上，加快科学研究的进程。如遗传理论的创立和发展，从 19 世纪孟德尔提出的“体质”、“种质”理论，到 20 世纪初

---

① [英]培根著，许宝骙译. 新工具. 北京：商务印书馆，1984：12—13，45，75.

② 爱因斯坦，英费尔德. 物理学的进化. 上海：上海科学技术出版社，1962：66.

摩尔根提出“基因”学说，再到20世纪中叶由沃森、克里克提出DNA结构问题，都是为解释生命遗传的奥秘而做的前后相继的工作。最后，只有科学问题才能有效凝聚科学家的注意力和兴趣。科学家总是按照一定的问题有目的地进行观察和实验，而与问题无关的内容则不在科学认识主体中引起信息效应或思维共鸣。由此，波普尔坚定地认为：“科学和知识的增长永远始于问题，终于问题——愈来愈深化的问题，愈来愈能启发新问题的问题。”[①]

当然，“科学始于问题”并不否认以实践为基础的一般认识规律，它们是从不同角度提出的不同命题。“科学始于问题”着眼于科学研究的程序，“认识以实践为基础”则着眼于认识的来源，两者在本质上是统一的。

二、科学问题的类型及其来源

一般来说，科学问题是指处在一定历史时期的科学认识主体，依据当时的知识背景提出的关于科学认识和科学实践中需要解决而又未解决的矛盾[②]，它包括一定的求解目标和应答域，但暂时没有确定的答案。

可以根据多种标准对科学问题进行分类。根据学科性质可将问题分为基础理论问题和应用研究问题；根据问题的重要性程度可以分为关键问题、一般问题和简单问题。美国科学哲学家劳丹曾提出，科学问题可以分为经验问题与概念问题，其中经验问题包括未解决的问题、已解决的问题、反常问题等三种类型，概念问题有内部概念和外部概念两种。还有人认为，可以根据问题求解的类型把科学问题划分为：关于研究对象的识别与制定，回答是什么的问题；关于事物内在机理和规律性的研究，分析事物现象之间因果关系，回答为什么的问题；关于研究对象的状态及运动转化过程，回答怎么样的问题。

一般来说，科学问题主要来源于以下几个方面：

科学理论与科学实践矛盾中产生的科学问题。传统的科学理论难以解释新的经验事实，是现代科学发展中产生科学问题的重要来源之一。随着科学实践的发展，实验技术和手段不断完善，以及大量新的经验事实被揭示，必然会加剧理论与实践的矛盾，从而引发一系列的经验问题。例如，当传统的光的波动理论无法对光的干涉、衍射现象与光电效应做出统一解释时，就产生了新的科学问题，爱因斯坦的光电效应理论使这一问题得到解决，实现了理论上的重大突破。

科学理论体系自身矛盾产生的科学问题。科学理论体系在逻辑上应该是自洽的。当科学理论内部出现逻辑困难，如逻辑推理过程出现“断点”或发生“跳跃”，或导出相互矛盾的命题或结论时，就会产生需要进一步探讨的所谓内部概念问题。科学中的“悖论”、“佯谬”就是内部概念问题的典型形式。

不同学派和理论之间的矛盾产生的科学问题。如天文学中的“日心说”与“地心说”，地质学中的“渐变论”与“灾变论”，物理学中的“波动说”与“粒子说”，生物学中的“种质说”与“体质说”，化学中的“燃素说”与“氧化说”，等等。正是由于这些相互对立的派别之争产生了大量矛盾和问题，成为科学研究的动力机制。

---

① [英]卡尔·波普尔著，傅季重等译. 猜测与反驳——科学知识的增长. 上海：上海译文出版社，2001：318.

② 孙慕天. 自然辩证法新编. 哈尔滨：哈尔滨工业大学出版社，1992：167.

经验事实积累到一定阶段时提出的科学问题。分门别类地研究自然界或自然现象是近代科学的一大特点，然而科学的任务不仅在于描述、归纳、整理经验事实，而且在于从理论上概括和把握各种自然现象的内在联系。因此，当经验事实积累到一定阶段时就会提出"如何统一解释和揭示那些曾经被分门别类研究的自然现象之间的内在联系"的问题，这一类问题的提出常常给科学带来飞跃，如元素周期律的发现、能量守恒与转化定律的发现等。

社会经济发展和生产实际需要提出的科学问题。例如，现在工业技术体系的形成和完善、农业技术的发展、社会生活与健康的需要、生态平衡与环境保护的需要、军备和战争需要等都会提出大量问题，涉及对自然物质的结构和功能、对自然过程的本质和规律的了解，这些问题经过一定程度的抽象、转化，就成为基础研究中重要的科学问题了。

总之，科学问题不是凭空臆造的，而是经过对科学事实或科学理论的深入研究和反复推敲后提出的。每一个科学工作者都应增强发现和提出问题的意识，密切关注科学问题的各类来源，在不同学科交叉的边缘寻找科学发展的生长点，以便发现更多有利于提高人类认识和改造自然能力的科学问题。

三、科研选题的原则

所谓科研选题，就是寻找某一学科领域中未认识、未解决的问题，也就是这个领域内没有解决的各种矛盾。科学研究就是要解决问题，回答"是什么"和"为什么"的问题。英国晶体物理学家、科学史家贝尔纳曾经说过："课题的形成与选择，无论是作为外部的经济技术要求，抑或作为科学本身的要求，都是科研工作中最复杂的一个阶段。一般来说，提出课题比解决课题更困难……所以评价和选择课题，便成了研究战略的起点。"[①]

科研选题应遵循以下原则。

1.需要性原则

需要性原则是指所选的问题必须符合科学发展以及生产实践的需要，也就是科学研究的成果能够给探索自然和社会发展带来益处。

科学作为一种求知活动，有其相对独立的一面，需要性原则所指的需要首先指科学自身发展的需要，如选择对科学自身进步带有瓶颈制约性质的"前沿性"问题，可以极大推进科学的进步。

在符合社会利益方面，科学史已经表明，很多科学家密切关注社会及技术发展需要选择和解决科学问题，从而取得了辉煌的成果。例如，微生物学家巴斯德为了解决工农业生产中面临的急需解决的问题，经历了众多曲折，终于揭示出了许多鲜为人知的秘密，奠定了微生物学的基础。

2.科学性原则

科研选题必须以事实根据或理论根据为基础，纯属荒诞离奇和明显违反科学原理的"问题"不能选择。事实证明，凡是违背科学性原则的选题必然会以失败而告终。如"永动机"的研制，由于其与能量守恒与转换定律相悖，是永远不会获得成功的。

强调选题要符合科学性原则，就是要科学工作者坚持实事求是的态度，坚持从客观实际

---

① J. D. 贝尔纳. 科学研究的战略. 载：科学学译文集，北京：科学出版社，1980：28.

出发，而不是从主观意愿出发。科学研究是严肃的事情，科学工作者应牢固树立科学的态度，善于区别科学与伪科学，从而有效地推进科学的进步。

强调选题要符合科学性原则，就是要科学工作者坚持实事求是的态度，坚持从客观实际出发，而不是从主观意愿出发。科学研究是严肃的事情，科学工作者应牢固树立科学的态度，善于区别科学与伪科学，从而有效地推进科学的进步。

3. 可行性原则

科研选题要照顾到实际具备的和经过努力可以达到的研究条件。任何时代，人们的认识和实践总是要受当时的社会生产力和科学技术发展水平的限制。恩格斯指出："我们只能在我们时代的条件下进行认识，而且这些条件达到什么程度，我们便认识到什么程度。"①因此，一个问题无论自身具有多么大的魅力，如果研究的条件尚不具备，解决该问题的时机远不成熟，就不应盲目选择。爱因斯坦曾在晚年致力于统一场理论，尽管此课题符合科学性原则，也是相对论内在逻辑发展所必然要提出的问题，但是却因客观条件不具备，使爱因斯坦花费了近 30 年的时间也未能取得结果。

可见，科研选题必须考虑主客观条件。主观条件是指科学认识主体的知识水平、研究能力和研究方法等要素；客观条件是指科研活动所必需的设备、仪器、工具、资金、资料等要素。俗话说"巧妇难为无米之炊"，特别是有些实验设备和仪器是科学研究不可或缺的中介条件，如果缺少的话，即使选了问题也无法完成研究任务。

为使选题具有可行性，要做好以下三个步骤：第一，前期调研，要了解前人的工作和现实的需要，进行文献调研和实际考察；第二，问题构思和论证，对前期调研所收集、查阅和考察的情报资料进行系统归纳、整理、判断、分析，初步论证问题的理论意义和现实意义，分析问题的研究价值和手段，考虑实际研究过程中可能出现的情况，即"难点"；第三，问题形成和评审，在前期调研、构思和论证的基础上，填写科研项目申请表或提出开题报告，以接受有关专家、学者的评议和审查，并就已考虑到的"难点"寻求专家的帮助。

4. 创造性原则

创造性原则是指该课题必须尚无人提出或尚未完全解决的问题。科学研究是探索未知的活动，只有选择那些前人尚未解决的问题，才能实现科学研究自身的价值。科学史上许多创造性的研究课题，如普朗克的黑体辐射定律，狄拉克的真空场理论、爱因斯坦的相对论、海森堡的测不准关系原理等，都对物理学的发展乃至整个自然科学的发展起到了巨大的推动作用。可见，创造性原则体现了科学研究的意义。

坚持和贯彻创造性原则，要善于把继承与发展结合起来。科学研究总是在前人已经总结出来的经验和取得的成就基础上进行新的探索，继承的目的是为了更好地创造，即使是在前人尚未问津的处女地进行拓垦，也必须占有前人积累的资料。但如果仅仅停留在继承阶段，而不去追求发现新的科学方法、科学结论，无数次地重复前人的研究过程和成果，科学就会失去活力，就无进步可言。

总之，科研选题是一项复杂的工作，并不是灵机一动、灵感一来就能完成的。事实证明，有经验的科学家在正式确定选题前都做过大量分析、论证，积累了丰富的经验，甚至已经着

① 恩格斯. 自然辩证法. 北京：人民出版社，1984：118.

手进行了一些前期的探索工作，从而给科学问题的正式提出和获得支持提供了有利条件，也为研究内容的最终完成打下了坚实的基础。

第三节　科学事实及其获取方法

一、科学事实及其性质

科学事实是指通过观察和实验所获得的、经过整理和鉴定的确定事实。

科学事实一般分为两类：

事实Ⅰ：指客体与仪器相互作用结果的表征，如观测仪器上所记录和显示的数字、图像等。它既与客体有关，也与人所设置的认识条件有关，同一客体在不同仪器上的显示方式可能是不同的，如压力的变化究竟表现为汞柱的上升还是压力计指针的摆动取决于主体的选择。

事实Ⅱ：指对观察实验所得结果的陈述和判断，它既与客体的性质、仪器的性能有关，也与人用以描述事实的概念系统有关。同一事件在不同概念系统中所作的描述可以是不同的，如太阳每天从东方升起的事件在日心说和地心说这两种不同的解释框架中就成为不同的运动形式了。

科学事实属于认识论的范畴，它体现的是客观事物在科学认识主体中的记述和判断，因而其内容是客观的，形式是主观的。没有客观事件发生，自然不会有科学事实；没有主体所设置的认识条件(包括概念系统)，也无法记载科学事实。这就是说，科学事实来源于客观事实，但又不等同于客观事实，是一种有主体参与的经验事实。

一般来说，科学事实具有下列性质：

科学事实应该是个别存在陈述。例如，"铀具有放射性"、"氩具有化学惰性"、"水分子由两个氢原子和一个氧原子构成"等均属于科学事实；而"所有微观客体都具有波粒二象性"、"整个宇宙都在膨胀着"等普遍陈述则不被看做科学事实，它们被看做是对科学事实加工提炼之后的理论论断。强调科学事实的个别性，是为了突出它主要来自于感性认识活动，而不是主要来自于理性活动。

科学事实应该可复核、可再现，从而尽可能排除错觉和假象，消除事实描述和判断中可能存在的错误。如果一个事实不能诉诸复核和再现，就无法被认为是科学事实。

科学事实应该精确、系统。例如，麦克尔逊—莫雷实验的直接目的是判定以太是否存在，但是考虑到诸如地势、地球自转和公转等因素对测量的影响，要得出精确的结果就需要在高山、低谷、白天、黑夜、夏季、冬季分别进行，从一系列的经验材料中确立精确的科学事实。

科学事实的上述性质决定了它不仅是形成新概念、新理论的基础，而且是对科学假说和科学理论进行验证的基本手段。

获取科学事实的基本方法是科学观察与科学实验。

二、科学观察方法

科学观察是指科学家通过感觉器官或借助于科学仪器，在不改变或基本不改变被观察对象的自然条件情况下，有目的、有计划地感知客体对象从而获取科学事实的研究方法。观察方法是自然科学赖以获得直接的、第一手材料的重要手段和途径，是自然科学在经验认识层面应用较多的方法。

1.科学观察的分类

可以从不同角度对科学观察进行分类。按照观察过程是否使用仪器，可以分为直接观察和间接观察。直接观察主要依赖于人的视觉器官，而间接观察通常借助各类仪器才能进行，因此前者又叫肉眼观察，后者又叫仪器观察。

人类认识自然界起始于直接观察，但是人类感官感知客观事物在范围、速度、准确性等方面存在不可避免的局限，随着技术水平的提高，开始出现了仪器和观察工具，从而延长了人的感官，使观察方法从直接观察发展到间接观察。间接观察放大了人的观察范围，提高了观察的精度和速度，能够克服人的感官带来的某些错觉，同直接观察相比具有明显优越性。事实上，科学上的许多重大发现都是借助于仪器和工具获得的。1608 年，伽利略制成了第一架天文望远镜，使天文学获得了许多新的发现，如月亮的“环形山”，木星的卫星，金星的圆缺变化等。显微镜的问世又帮助科学家打开了微观世界的窗口，发现了细胞、细菌等微小生物客体。现代技术的发展进一步开阔了科学观察的“视野”，射电望远镜可探测到 100 多亿光年以远的宇宙天体，利用目前的电子显微镜技术可以放大物体近 200 万倍，看清分子的形状。

一般说来，任何一项科学研究工作，都是要综合利用各种各种观察手段才能完成，有时很难把它们截然分开。

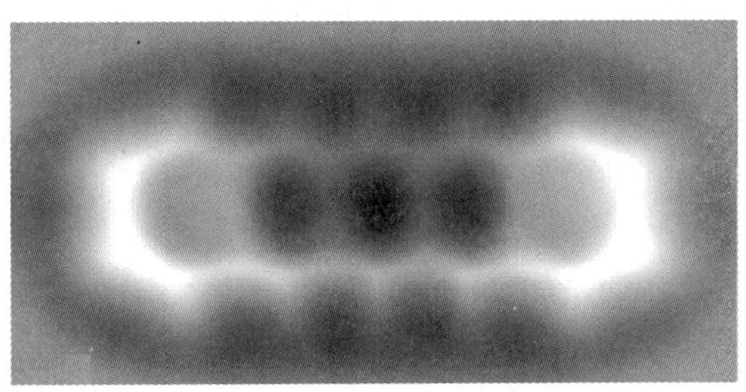

图 6-1　2009 年 8 月，IBM 科学家利用原子力显微镜拍摄了单个并五苯分子的照片[①]

根据科学家获取观察对象信息的要求不同，观察还可以分为定性观察和定量观察。定性观察也称质的观察，是指把重点放在对事物或现象的性质、特征或者是为了确定所研究对象同其他事物的定性关系方面所进行的观察。定量观察又称观测和测量，是指科学家侧重从量的方面对事物进行的观察，其目的在于深刻地、精确地认识事物的规定性及其与数量的关系。定性观察与定量观察不可分，质的研究中有量的因素作为基础，量的研究必然要上升为

① 图片来源：新浪科技。

质的认识。

此外，观察方法还有随机观察和定向观察，自然观察和实验观察，地面观察和空间观察等类型。

2. 科学观察的原则

为了使科学观察确切无误，提高观察效率，保证观察的全面性、完整性、准确性和可靠性，尽可能地反映被观察对象的实际状况，需要遵循以下原则。

(1)客观性原则

坚持客观性是观察的第一条最基本原则。要做到这一点，必须从实际出发，采取实事求是的态度，一切使认识偏离客观对象的人为干扰、主观因素都应尽力排除。这样做，既是唯物主义认识论的要求，也是科学研究的前提。只有坚持客观性，观察的结果才是可靠的，才能为科学问题的解决提供翔实的数据和材料，使科学结论如实反映被观察对象的本质和规律。

坚持观察的客观性就要防止和克服主观性，正确地使用各类科学仪器，尽力避免由于观察者本身的感官和心理因素所造成的错觉和误差。同时，尽可能保持被观察对象的自然状态，避免施加不必要的干预和控制。

(2)全面性原则

对被观察的对象，应把握其各种属性、规定、各种关系和各个方面，而不能“一叶障目，不见泰山”。唯物辩证法表明，任何被观察对象都是由多方面的要素构成的客体，要真正认识事物的属性，就必须研究、把握其各方面的特征、联系和有关中介，切忌犯“瞎子摸象”的错误。只有这样，才能完整地把握被观察对象的全貌。

(3)系统性原则

任何客观事物不仅是一个整体，而且又都是一个有时间的连续性和空间的层次性的系统，系统本身不是孤立的，各系统间有着密切的相互联系，如果不掌握事物前后相继发展变化的历史，便不能准确把握事物的状况。天文学、生物学中的许多重大突破都得益于长期的、系统的观察。例如，天文学家开普勒提出的行星运行三定律，就是以丹麦天文学家第谷提供的长期天文观测资料为基础的。

(4)选择性原则

自然界诸事物是无限丰富的，这就决定了研究者不可能把所有的事物都列为观察对象，而应当选取那些具有代表性和典型性的客观事物作为观察对象。通过对它们的观察，达到举一反三的目的，并总结出具有普遍意义的规律。孟德尔进行的遗传学研究就是巧妙地选择了豌豆作为实验材料，因为豌豆具有七对稳定而又易于区别的性状，通过杂交后，其遗传与变异的特点十分明显，易于总结规律性的东西，孟德尔据此找到了遗传学的两条规律。

(5)辩证性原则

在观察过程中，始终要借助唯物辩证法及逻辑工具，要正确处理主体与客体、定向与随机、普遍与个别的辩证关系，及时调整观察研究的战略和战术，把辩证思维贯彻在观察研究的全过程。被观察的对象是客观的，但由于观察的时间、地点、条件、仪器不同，观察者自身素质的差别，观察的结果可能会不同。另外，在观察中还常常会遇到一种似乎有些“反常”的现象，它们很可能是一种极其难得的突破契机。

总之，科学观察方法在科学研究中占有重要地位，科研工作者要努力提高观察的水平，拓宽观察的广度和深度，从而在推进科学研究的过程中发挥更好的作用。

三、科学实验方法

科学实验方法是科学家根据一定的研究目的，运用科学仪器、设备等物质手段，在人为控制或模拟研究对象的条件下，使自然过程以纯粹、典型的形式表现出来，以便进行观察和研究，从而获取科学事实的方法。

1. 科学实验方法的特点

与科学观察方法相比，科学实验是主动地从自然现象中索取科学家所期望的信息；科学实验方法是在人工创造的条件下，在变革和控制研究对象的过程中去观察客体的，因此它比观察方法能获得更为精确可靠的科学事实。

(1)精确性

实验的研究过程中，需要运用多种专门仪器和工具，被研究的对象一般是被“量化”规定了的对象。实验的每一阶段或每一步骤都严格地处在科学家的监控下，能及时、准确地把握实验客体的各方面情况，从而抓住研究对象中内在的、本质的必然联系。从这一点上看，实验方法比观察方法要精确得多，在物理学、化学和生物学等研究中被广泛地加以应用。

专栏 6-2

反氢原子——人类向解读宇宙奥秘迈出又一步①

位于日内瓦法瑞交界的欧洲核子研究中心(CERN)日前发布新闻称，该中心阿尔法(ALPHA)试验室科学家成功地将309个反氢原子“抓住”长达1000秒的时间，打破了迄今为止反物质留存时间最长纪录。

“如此长的时间足够科学家对之进行分析并进一步研究相关属性，尽管目前发现的反氢原子数量极其有限。”该试验室新闻发言人韩斯特先生(Jeffrey Hangst)表示。据了解，该中心科学家曾于2010年11月利用反氢原子微弱的磁性，成功地用“磁场陷阱”束缚住了38个反氢原子并使其留存0.17秒。如果说，2010年的试验发现进一步证明了物理学界的“宇宙对称学说”——确实存在反物质，那么本次试验结果则给人类研究反物质和进一步解读宇宙奥秘提供了现实可能性。

CERN科学家成功长时间储存反氢原子，时间超过15分钟

① 资料来源：http://news.xinhuanet.com/world/2011－06/09/c_121511720.htm.

(2)可重复性

自然界发生的现象和过程往往是瞬间的事情,不易被反复进行观察和测量;有些现象又由于涉及边际条件过多而不易被把握。而科学实验大多是在实验室中进行的,在相同条件下可以利用同样材料进行重复实验,能运用各种手段和措施创造出特定的研究环境,使研究的客体和过程以纯粹的形态反复出现,这就有利于科学家揭示被研究对象的本质和规律,取得科研成果。例如,自然界中的某些事物寿命极短,一些"共振态"粒子的存在时间只有 10^{-23} 秒,有的现象瞬息万变,顷刻即逝,如雷电、爆炸、断裂等,在自然常态下不易把握它们的变化,而借助于科学实验可以使之多次重现,从而有利于科学事实的收集。

2. 科学实验方法的作用

(1)纯化作用

科学实验手段可以纯化和简化自然现象,排除偶然因素、次要因素和外界环境因素的干扰,把所需要考察的某一方面暂时分离或独立出来,在单纯的情况下对其进行分析和研究,从而使对象的某一属性和联系能鲜明地呈现出来。

科学研究的对象是复杂的,各种事物互相联系、互相作用,经常交织在一起。即使是同一对象,也往往具有多种形态,其本质也常常被各种非本质的表面现象所掩盖。因此,单纯凭经验观察不易识别发现于其中起主导作用的因素。采用实验方法,便能借助于精密的仪器和设备,根据研究的目的来严格控制各种条件,把自然过程简化和纯化,排除各种非必要因素,或增加一些因素,或改变某些因素,或把研究的因素相互分离,让某种因素独立起作用,从而使研究对象的各种属性以纯粹的形式呈现出来。这样,经过多次实验,便可以揭示出实验对象的本质及其规律。例如巴甫洛夫的神经反射心理学实验,就是通过纯化客体对象得出研究结果的(见图 6-2)。

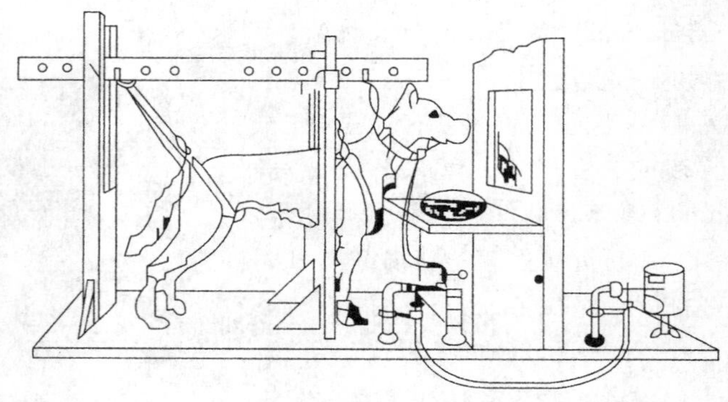

图 6-2　巴甫洛夫实验

(2)强化作用

实验方法可以使研究对象按一定方向处于强化状态,使其不明显的因素变得明显起来,使较隐蔽的因素凸显出来,甚至使在常态下根本不可能出现的现象呈现出来。例如,科学家可以利用超高温、超高压、超真空,超低温、超磁场强度、高纯度等强化状态,使在自然条件下不易暴露的某一特性或规律暴露出来,从而为科学研究提供丰富的感性材料,以揭示事物的本质。例如,苏联物理学家卡皮查在超低温的状态下开展实验,观察液氦Ⅱ在极窄的玻璃片缝隙当中的流动情况，证明了液氦Ⅱ的黏滞性最多仅为液氦Ⅰ的1/1500，这一“超流动性”的发现为冷凝物态量子物理的发展奠定了基础。

（3）模拟作用

有些自然现象是经过漫长的演化而来的，人们无法观察到它们发展的全过程，如生命的起源和进化，地球及各类天体的起源及演化等。这时需要通过模拟实验，用较短的时间完成在自然条件下需要漫长时间才能完成的演化过程。例如，1953年美国芝加哥大学研究生米勒进行的地球原始大气及闪电模拟实验只用了一周的时间，就获得了11种在地球上需要亿万年演化才能出现的氨基酸。

（4）对比和检验作用

为了验证某种理论的真伪，很重要的方法就是通过实验检验。当实验的结果与理论相符合时，该理论会得到确认；当实验的结果证明理论错误时，该理论将被淘汰；当实验一时无法验证理论的真伪时，该理论仍将以假说的形式存在。利用实验方法还可以判定出某一因素存在或缺乏所带来的影响，例如在生物学研究中经常把实验对象分为若干对照组，然后把实验结果加以比较和对照，从中找出该因素存在或缺乏时产生不同结果的原因。

专栏6-3

寻找“反物质”的太空实验[①]

2010年11月，物理学家丁肇中在中山大学访问期间曾被提问：他主持的旨在寻找反物质的高精度粒子探测器“阿尔法磁谱仪2”（AMS-02）实验历时长、耗资巨大，如果“阿尔法磁谱仪2”升空后没有找到反物质粒子，该如何回应其他人对这个项目的非议？丁肇中回答说，对于找到反物质，不能说有信心，但是会尽最大努力去探索。至于争议，那是别人的事情，不需要理会。实验本身就是要推翻原来的定论，必然会有很多人反对。另一方面，只要仪器没有问题，送上太空后，无论找到还是找不到反物质，都是有价值的。因为这是从来没有人做过的事情，是一种全新的尝试，所以任何发现都将是新的。

2011年5月16日，美国“奋进”号航天飞机发射升空，18日抵达国际空间站，将“阿尔法磁谱仪2”安装在了国际空间站上。

3.科学实验方法的分类

（1）按实验性质和结果分，可以分为定性实验、定量实验和结构分析实验

定性实验是指测定被实验对象具有什么性质及其组成成分的实验。其目的在于判定某种因素是否存在，各因素之间是否具有某种联系，某种因素是否起作用。定性实验是定量实验的前提和基础。

定量实验是指测定实验对象某方面的数值（如强度、长度、速度、温度、PH值等），以获

① 资料来源：中国青年报，2010-11-29.

得某些因素间的数量关系。通过精确的数量指标，测定出对象诸因素的多寡、大小，诸因素之间的数量比例关系和反映此种关系的公式、定律等。科学实验只有通过精确严密的定量研究和定量表达，才能为科学理论提供可靠的依据。例如在化学实验中，测定化学元素的原子量，确定化合物的定量组成和化学反应过程中各元素的消耗量。在物理实验中测定物理常数与物理特性，如熔点、沸点、冰点、导电率、导磁率等，生物、医学实验中测定生物代谢率、各种生物指标以及各类药物的剂量等。

结构分析实验是指测量研究对象的空间结构状况和对这种结构状况进行分析的实验。例如在化学研究中发现有机化合物存在着同分异构现象，而要正确认识这些化合物的性质，就不仅要测出它们的化学成分，还要测出它们的原子或原子团的空间配置。DNA 双螺旋结构的发现和苯结构的实验就属于结构分析实验。

(2)按实验的作用分，可以分为析因实验、对照实验、中间实验和模拟实验

析因实验是指从已知结果寻找未知原因的实验。主要是采用层层分析，步步深入的方法，从外部现象或发展结果去分析和寻找其内部原因，如探讨事物的动因、成因、病因的实验等。由于科学研究是探索自然界各种事物或现象间的因果关系，所以析因实验广泛地被各门学科所采用。

对照实验亦称比较实验，是运用比较的方法，安排两个或两个以上的实验对照组，通过一定的实验步骤，确定某种因素与研究对象的关系。对照实验在科学研究中是最常用、最常见的一种实验，尤其在生物学研究中，经常要用“实验组”和“对照组”的方法，通过增加或抽出某一因素而产生一定结果，然后在对比中鉴定该因素对事物的影响。

中间实验是指科学研究已取得初步成效，准备推广应用前所进行的模拟生产条件的实验。中间实验是由纯粹实验向生产实践推广应用的一种过渡性实验。在工程建设中为了检验设计方案或准备批量生产而预先进行的实验便属此种实验。借助这种实验，能对该项目的经济指标或技术指标作出鉴定与判断，从而确定科研成果用于生产实践的可行性和价值。

模拟实验如物理模拟实验，即从物理过程上建立与原型相似的模型，以演示并把握对象的物理特征。数学模拟则是根据原型各因素间的数学关系而建立起一组表达这一关系的方程式，并通过解释运算结果的物理意义来表达对象的性质与特征。此种方法在科学研究中具有较大的价值，今天已被广泛应用于工程技术、航天技术及物理学研究之中。

尽管各类科学实验方法的作用和对象有所不同，但它们的设计程序或过程却是大致相同的，一般都包括准备、实施、结果处理几个阶段，其中准备阶段的实验设计是整个实验最重要的环节，它不但影响实验能否获得结果，而且关系到实验的人力、物力和时间的匹配。另外，在进行实验规划和设计时，还要考虑实验的可重复性。为了实现实验的可重复性，必须确定实验参数合理的误差范围，使实验结果具有可比性。

四、科学事实获取中的认识论问题

观察和实验作为两种获取感性材料的基本方法，一直是科学哲学关注的话题，也是科学方法研究的基础，其中蕴涵着重要的认识论问题，值得深入探讨。

1. 观察与理论的关系

观察与理论的关系是科学认识论的核心问题之一。在这个问题上，科学哲学中存在两

种观点：一种认为观察应该是独立于理论之外的纯粹中性观察，只有经过这种观察才能进入理论的阶段；另一种认为不存在纯粹中性的观察，任何观察都渗透理论。前一种观点主要为逻辑经验主义所持有，后一种观点就是著名的"观察渗透理论"观点，最早由美国科学哲学家汉森在《发现的模式》一书中提出，并为科学的社会历史学派所坚持。

从科学发展史和实际科学研究过程看，"观察渗透理论"的观点有其合理性。

首先，观察不仅是接收信息的过程，也是加工信息的过程。观察作为认识活动，由感觉材料和对感觉材料的组织方式两种因素构成，其中对感觉材料的组织方式与主体的知识背景密切相关。主体不同的知识背景、不同的理论指导、甚至不同的生活经验，都会对观察过程中外界提供的感觉材料进行挑选、加工和抽象化，对确定观察目的、设计观察程序、选择观察仪器、处理观察数据的各个环节产生影响，从而对同一感觉材料得出不同的观察陈述。

其次，任何观察陈述都要用科学语言表达出来，而科学语言总是与特定的科学理论相联系，当使用语言时，理论框架也就出现了。比如，当用波长为 7000 埃这个术语表示红光时，就暗含了光谱、波长、光学测量仪、实数集等一系列概念所构成的理论框架。正是在这个意义上，爱因斯坦认为，"是理论决定我们能够观察到的东西"，"只有理论，即只有关于自然规律的知识，才能使我们从感觉印象推论出基本现象。"①

要承认"观察渗透理论"的合理性，但不能由此否认观察的客观性。实际上，理论的参与并不一定就否定了观察的客观性；恰恰相反，在能够正确反映客观事物本质的理论指导下，观察才能深刻，更贴近现实。渗透在观察中的理论主要是经过实践检验的理论，这种理论与需要由观察材料形成或由观察验证的猜想和假说是有区别的。正确的理论是观察客观性的保证，反过来观察客观性也为新理论的产生和检验提供了保证。另外，观察的客观性和规律的有效性是科学家共同体在长期科学实践活动中逐渐形成的，而不是由个别科学家的个别观察活动所决定的。

2. 实验对象与测量仪器的相互作用

科学实验通常由三部分组成：实验者、实验对象和测量系统，后者是根据实验设计而选择的仪器、测量手段等组成的系统。在经典物理学中，测量系统或测量仪器与实验对象之间的相互作用一般是不予考虑的，这是因为科学家认为在这种情况下，或者仪器对客体的影响不重要，可以忽略不计；或者采取适当的措施加以补偿，从而抵消测量仪器对客体造成的影响。但是进入微观领域，测量仪器同它所测量的微观客体有无法忽略的相互作用，使被测量客体的运动状态受到严重干扰，以致无法说明客体在受干扰前究竟是一种什么情形。因而，如何认识客体与测量仪器的相互作用就成为科学认识论所要关心的重要问题。

首先，我们必须坚持微观客体的客观实在性，明确它并不是依赖认识主体才能存在的，不能将主体、客体与测量仪器混淆起来。

其次，也必须认识到主体不可能离开测量仪器去研究客体性质，绝对孤立不受任何测量仪器干扰的客体运动是无法观测到的。要充分重视测量仪器对主体认识的积极作用，它是人们认识自然的桥梁，而不是主体认识客体的屏障。

第三，在判定从客体所获得的信息时，必须充分考虑测量仪器与客体相互作用的因素，

---

① 许良英等编译. 爱因斯坦文集(第 2 版第 1 卷). 北京：商务印书馆，2009：314—315.

特别是对微观现象和一切不能忽略其与仪器相互作用的客体，在描述它们的性质时原则上应该包括对实验设备、测量仪器系统的描述，说明观测的条件性。

3.观察和实验中的机遇

在科学观察和实验的过程中，科学家往往会由于某个偶然的机会，出乎意料地遇到未曾见过的自然现象，或原先研究计划中未曾考虑到的情况，并由此导致在科学研究中的重大突破。这种意外或偶然的作出科学发现情况，通常称为机遇。

机遇对于科研深入和突破有重要的意义。

(1)机遇可以成为科学理论发展的前导

一些偶然的发现，正因为它不在预料之中，也不属于旧的理论体系，往往可以成为科学研究的新起点。20 世纪 40 年代，美国工程师卡詹斯基在一次检查越过大西洋电话通信的静电干扰时，发现有一种特殊的、稳定的弱噪声，引起了他的注意，并进行了深入研究，结果得知此电噪声来自太阳和距离地球 2.6 万光年的银河系中心。同时，他还发现，不仅太阳能发射宽频带电磁波，而且星云间也能发射这种电磁波。由于他的研究和发现，奠定了现代射电天文学的基础。在科学史上，这样的事例不胜枚举，正是由于这些偶然性的发现，推动着科学研究的不断深入。

(2)机遇可以为科学研究提供线索

机遇能够暴露自然界的信息，给人们提供探索大自然的重要线索。研究者抓住这些线索，深入研究，就可以导致科学技术上的重大发明。例如，意大利医生和动物学家伽伐尼在解剖青蛙的实验中，偶然从青蛙腿和金属环接触时的痉挛现象中发现了电流；伏特根据这一事实进行研究，发明了电池。在科学研究的实践中，机遇并不神秘，机遇也经常会出现。能不能抓住机遇，关键在于科研工作者是不是有充分的理论和实践武装，正如巴斯德所说，机遇“偏爱有准备的头脑”。

总之，在一定意义上讲，机遇在科学研究中的作用非常重要，科学工作者应充分认识到这一点；但是也要承认，机遇的作用仅仅是为科学发现提供线索，为科学理论提供先导，它本身并不就是科学理论。

机遇的出现，看起来是一种偶然现象，但也有它的客观基础。从必然性和偶然性的关系上看，必然性要通过大量的偶然性表现出来，偶然性背后隐藏着必然性，两者在一定条件下会相互转化。科学工作者应透过偶然性的关系去揭示必然性。从主客观的矛盾关系上看，科学研究机遇虽然是一种意外性，但人们在进行科学观察和实验时，总是要在一定的理论指导下，具有明确的目的性和设计性，当客观事物在其运动中暴露出研究目的以外的一些现象和属性时，人们就可以利用捕捉到的机遇进一步探索未知领域，从中揭示事物运动、发展的规律。

本章框架

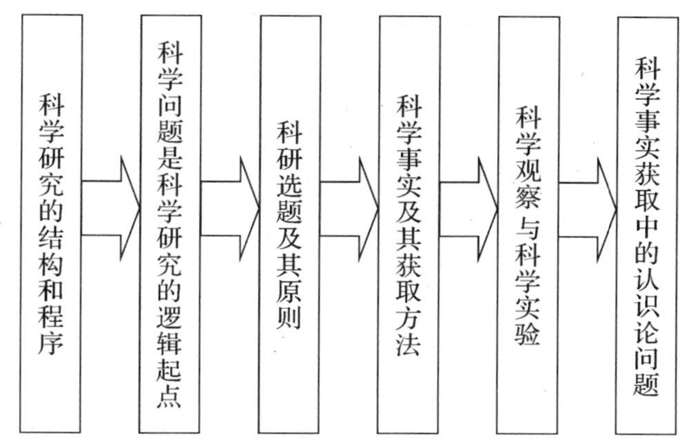

进一步阅读文献

1. 林定夷. 科学逻辑与科学方法论(第二、三部分). 成都:电子科技大学出版社,2003.

2.[英]培根著,许宝骙译. 新工具(第一卷). 北京:商务印书馆,1984.

3.[德]海森堡. 严密自然科学基础近年来的变化. 载:现代物理学的基本问题. 上海:上海译文出版社,1978.

复习思考题

1. 为什么说科学问题是现代科学研究的逻辑起点?

2. 科研选题的原则有哪些? 如何把握这些原则?

3. 如何评价"观察渗透理论"的观点?

4. 如何在科学仪器与被研究对象的相互作用中坚持科学事实的客观性?

第七章　科学抽象与科学思维

重点提示

- 科学抽象与科学思维是科学事实走向科学假说的中介。
- 按照一定思维规则进行逻辑思维是科学理性活动的显著特征。
- 想象、直觉和灵感等非逻辑思维方法是科学创新的重要方法。
- 科学研究过程从本质上说是逻辑思维与非逻辑思维交互作用的过程。

"科学抽象"与"科学思维"就广义而言，可以等同于"科学理性"一词；就狭义而言，则特指从科学事实到建立系统性科学假说这一科研阶段中科学工作者的自觉能动理性思维活动。面对科学实验和科学观察所获得的科学事实，科学工作者需要充分发挥自己的主观能动性，通过对科学事实的创造性理论分析和加工，建立完整系统的科学假说。狭义上的科学抽象和科学思维，就是科学工作者在这一研究阶段的最主要活动。

第一节　科学事实走向科学假说的重要环节

一、两种互相关联的科学理性活动

"科学抽象"与"科学思维"虽然都是指称科学工作者在从科学事实到科学假说这一特定阶段中的理性思维活动。但这两个概念又各有侧重。一般来说，"科学抽象"一词主要指科学工作者对科学事实进行比较和分类，从中提取出科学概念、范畴、科学模型和图形等的理性思维过程和活动；而"科学思维"则主要指科学工作者在科学抽象所形成的科学概念基础上进行分析、综合，建立系统性科学假说的理性思维过程和活动。

"抽象"一词来自拉丁文，意思是"抽取"或"抽引"。在认识的感性直观阶段，客体的各种属性及其外部联系纷然杂陈，它们虽然已经被人的感官即眼、耳、鼻、舌、身所感知，但客体的本质属性还未能从各种属性的总和中区分析取出来，各个客体之间的内在联系也还隐藏在它们的各种外部联系之中。所谓抽象，就是指人们从客体的各种属性中区分并提取出它的基本属性、揭示它的内在关联的思维活动。科学抽象当然也是一种在意识中"剖开"、"割断"、"切碎"对象的混沌表象，发现并析取其基本属性和内在关联的抽象活动，但科学抽象有自己的特点：首先，科学抽象面对的客体是科学工作者通过科学实验和科学观察所获得的"科学事实"，而不是人们在日常生活中的感性直观。其次，科学抽象最终所凝结成的是必须经过严格界定和明确叙述的科学概念、范畴、科学定律和科学模型等，而不是人们一般思维抽象所形成的随意的模糊的观念。因此，科学抽象是人类理性抽象活动中一种比较高级的形态。

"思维"一词一般是指与"感性认识"相对的理性认识，即思想，或者指人们发挥主观能动性的理性活动过程，即思考。科学思维当然也是人类思维活动中的一种，但是，科学思维明显不同于哲学思维、文学思维、宗教思维等其他思维活动。其一，就思维载体而言，其他思维活动的载体相对比较宽松，模糊，而科学思维则必须以有明确界定的科学概念、范畴、科学模型和图形等为载体。其二，就思维规则而言，科学思维不能违背形式逻辑规则，即使是科学思维过程中的想象和直觉灵感，最终也都必须经过逻辑的审察。其三，就思维目的而言，科学思维和其他思维或宣泄情感、或慰藉心灵等目的不同，它的目的是要构建能够有效解释某类自然事物的、逻辑严密的、可供检验的假说体系，帮助人们理解事物。

科学抽象和科学思维将科学事实的感性具体经过理性的抽象规定，最后提升为科学理论体系的思维具体，这一提升过程包括以下几个环节：

形成科学概念。科学概念的形成虽然要以丰富的感性材料为基础，但并不只是感性材料的简单罗列和堆砌，而是需要科学工作者通过对繁纷复杂的感性材料进行去粗取精、去伪存真，从外部现象深入事物的本质属性，从个别中抽象出共性的复杂活动才能形成。

作出科学判断。科学判断是科学工作者通过科学概念的联结，作出关于对象及其属性的肯定或者否定的断定。判断把单独和分散的概念联系起来，赋予人的思想以完整的形式，并直接表达命题的真假。

进行科学推理。科学推理是科学工作者从一个或几个已知的科学判断出发，通过归纳、演绎或者类比等方法，得出一个新的判断的思维过程。经过推理这种思维活动，能够使科学工作者揭示出客观事物在个别与一般、现象与本质、偶然与必然等方面的联系，进而建立起完整的科学理论体系，使客体的多种规定综合起来，从而在思维中完整具体地再现客体。

在上述过程中，形成科学概念、作出科学判断是科学抽象活动的主要内容，因此，科学抽象的主要功能是将感性具体提升到理性的抽象规定；而进行科学推理则是科学思维活动的主要内容，因此，科学思维的主要功能是将理性的抽象规定展开为理性思维中的具体。从逻辑角度看，由于只有当科学抽象提取出相应的科学概念和判断后，科学思维才可能进行，在此意义上，科学抽象是科学思维的前导，科学思维对科学抽象有依赖性。但在实际的科学研究中，两者的关系并非绝对如此。这是因为，现代科学研究往往不是以观察和实验，而是以科学观察与已有理论的矛盾，或者旧理论内部的逻辑矛盾等为直接起点的。在这种情况下，由于以推理为主要内容的科学思维活动对于发现、揭示科学问题具有重要作用，因此，科学思维反而成了科学抽象的前导。总之，科学抽象和科学思维虽然各有自己的特点和作用，但它们之间是互相渗透、互相支持的。

二、科学抽象与科学思维的主要形式

在科学理性活动将科学事实的感性具体提升到理性的抽象规定，进而又将理性的抽象规定展开为理性的思维具体的过程中，科学理性活动主要有以下几类形式。

1. 分析与综合

整体和部分是自然界普遍存在的一对基本矛盾。作为思维操作的分析与综合，是思维主体对认识对象按照一定目标进行这样或那样的分解与组合。分析是把客观对象的整体性认识分解为单元、环节、要素等部分性认识的思维操作。综合则是在分析基础上把对客观对象的单元、环节、要素等部分性认识联结起来，形成对客观对象统一整体认识的思维操作。分析和综合是辩证地联系在一起的，恩格斯说得好："以分析为主要研究形式的化学，如果没有分析的对立的极，即综合，就什么也不是了。"[①]分析与综合相互依存、相互渗透和相互转化，是形成科学概念、构建和发展科学理论体系中最重要的思维形式。

2. 比较与分类

比较是对彼此有某种联系的事物进行对照，揭示它们的共同点和差异点的一种科学思维活动。一个事物的属性，从广义上说，就是它与其他事物之间的共同点和差异点。而只有把一个事物与其他事物放在一起比较，才能鉴别出该事物与其他事物的相同和不同之处，才能认识该事物的一般属性和特殊属性。

分类则是根据事物的共同点和差异点将事物区分为不同种类的一种科学思维活动。分类以比较作为基础，人们通过比较，揭示事物之间的共同点和差异点，然后在思维中根据共同点将事物划分为较大的类(属)，又根据差异点将较大的类划分为较小的类(种)。通过分类，我们可以将事物区别为具有一定从属关系的不同层次的大小类别，形成各种概念系统，反映客观世界中事物间的区别和联系。

比较与分类也是科学研究中常用的思维形式。借助于比较与分类，人们一方面可以初步整理事实材料，并通过对大量事物的分类，形成种或类的概念，为研究同种类各事物之间的联系提供基础。例如，通过对大量化学元素的属性进行比较后，按原子序进行分类，就可以找到各类元素相互间的规律性联系，从而揭示出化学元素的性质随原子序数递增呈周期变化的规律。另一方面，运用比较与分类人们还可以发现新的科学事实，建立新的科学概念和学科。例如盖尔曼 1962 年将当时已发现的 9 种重子进行比较和分类排列后，发现在该分类系统中存有空缺，于是预言了还应当具有一种粒子，并指出它的电荷、奇异数、质量、自旋、宇称等性质，两年后科学家果真发现了 Ω^- 粒子。

图 7-1　富兰克林雷电类比实验[②]

3. 类比与移植

类比也称类推，是根据两类对象之间在某些方面的相似或相同而推出在别的方面也可能相似或相同的一种思维活动。类比是以比较为基础的，它借助比较找出不同事物的相似或相同点，但不顾及差异

① 恩格斯. 于光远等译. 自然辩证法. 北京，人民出版社，1984：112.

② 图片来源：http://www.baidu.com.

点，先“以比求类”，然后由事物的已知类似点推出其他的类似点，也即“以此类推”。类比在科学研究中作用显著。爱因斯坦说过：“在物理学上往往因为看出了表面上互不相关的现象之间有相互一致之点而加以类推，结果竟得到很重要的进展。”[①]例如，库仑把电荷相互作用与物体间引力相互作用类比创立库仑定律，富兰克林把雷电与莱顿瓶放电类比提出雷电是自然放电现象等，都是类比思维的典型例子。

移植是指吸取、借用一个研究领域、一个研究对象的理论成果和科学方法，运用于其他研究领域或对象的一种思维活动。移植也是理论研究和应用研究中常用的方法之一。移植法有助于人们的认识从简单走向复杂、从低级走向高级。如对生命现象的研究，都是通过力学、物理学、化学等的最新成果不断向生物学领域移植才得以深化的。移植法还有助于提出科学假说，因为在探索新的研究对象时，开始总是事实甚少、知之不多，这时移入某个方面类似而又相对成熟的另一领域思想、方法，往往能激发出意想不到的新颖假说，从而取得奇迹般的结果。移植法也有助于开辟新的科学研究领域，当把一门学科的理论与方法引入另一门学科，不但可以揭示不同学科间的内在联系，也可以带来学科的交叉与渗透，加速学科的分化与综合，从而形成一系列交叉学科。

在解决科学问题的过程中，上述各个思维过程是相互补充、协同活动的。它们往往既是思维过程，也是思维方法。

三、科学抽象和科学思维在科研中的作用

科学抽象和科学思维都是以感性直观为基础的，因而归根到底是以感性直观为中介的对客观对象的间接反映。但是，科学抽象和科学思维并不是对感性直观所给予的东西进行简单整理或加工，而是从生动的直观出发，逐渐深入到对象内在本质，最后以理论形式具体完整再现客体的能动的飞跃过程。因此，包括科学抽象和科学思维在内的科学理性活动似乎比感性直观更远离现实，但实际上它是更深刻更全面地认识客体的方法。因为只有借助于理性的思维能力，人们才能揭示和把握感性直观所不可能发现的客观对象的本质及其运动规律。所以列宁说：“当思维从具体的东西上升到抽象的东西时，它不是离开——如果它是正确的……——真理，而是接近真理。物质的抽象，自然规律的抽象，价值的抽象以及其他等等，一句话，那一切科学的（正确的、郑重的、不是荒唐的）抽象，都更深刻、更正确、更完全地反映着自然。”[②]

历史上曾经有一些自然科学家认为，经验的方法是自然科学唯一正确的方法。这种思想作为自然科学从神学束缚下解放出来的武器，在历史上起过积极作用。但是，当自然科学发展到需要对经验材料进行整理时，单纯的经验方法就不够用了。这使得不少科学家停留在感性直观阶段而无法做出理论上的重大贡献。例如，17 世纪的丹麦天文学家第谷花了 30 年时间长期观察行星运动，积累了大量感性材料，具有丰富的感性经验。但是，他长于感性观察而短于理性思维，并受到地心说的束缚，因而未能概括出行星运动的规律。他的学生开普勒则没有停留在感性材料上，而是对第谷已取得的感性材料进行科学抽象和理论分析，从

---

① 爱因斯坦，英费尔德著，周肇威译. 物理学的进化. 上海：上海科学技术出版社，1962：198.

② 列宁全集（第 38 卷）. 北京：人民出版社，1990：181.

而发现了行星运动的内在联系和客观规律，揭示了行星运动三定律。这一事实说明：知识不能单从经验中得出，只有得到理性思维的帮助才能揭示自然的本质。因此，虽然观察和实验是科学发现的重要条件，但科学家所能取得的成就并非与他取得感性材料的多少成正比。

科学抽象和科学思维在科学研究过程中的作用具体表现在以下几个方面：

首先，科学抽象和科学思维可以帮助人们提纯认识。在实际科学研究中，再高明的实验设计和再精细的实验措施，也难以完全避免偶然的和非本质的东西，总有想纯化而纯化不了的地方。比如，伽利略的斜面和小球做得再光滑，也不能完全消除摩擦；波义耳的气体压力实验温度控制再严格，也难以完全做到温度绝对不变。而科学理性活动则完全可以想象无摩擦、无温度变化的理想状态，可以撇开次要的非本质的东西，从而使事物的内部过程和规律以纯粹的形式显露出来，便于抓住本质。

其次，科学抽象和科学思维能帮助人们揭示事物的共同特性。真实的事物只能以个别方式存在，共性只能寓于个别之中而不能独立自存。因此，人们在经验活动中是无法直接感知事物共性的。只有借助比较、分类等科学理性活动，撇开不同事物的不同形态和内容，人们才能在形形色色的个别事物中，抽象出它们的共同属性。例如，微生物、动物、植物的细胞结构在不同生物体中的表现形态和内容有很大不同，但人们通过科学抽象就可以认识到它们的相似之处，把握它们的统一性。

其三，科学抽象和科学思维还能够使观念客体完整化、系统化。当人们去感知客体时，它们的属性不仅被人的感官即眼、耳、鼻、舌、身所分解，而且也被不同的经验活动所分解。因此，在人们的感性经验中，观念客体不仅只是现象的、个别的，而且一定是碎裂的、零散的。只有科学理性活动才能将人们的这些碎裂的感觉串联起来，将这些零散的经验综合起来并系统化、条理化，从而才能使人们形成完整的、系统的观念客体。

最后，科学抽象和科学思维还能为一般认识的运用和检验创造条件。科学思维能够将科学抽象从个别中提取出的一般认识进一步推导到个别。由于真实的事物都是以个别方式存在的，科学的认识只有延伸到个别，才可能被具体操作。因此，科学理性活动的这一推导和延伸不仅能够为科学理论的应用提供帮助，而且也为科学理论的检验创造了条件。

第二节　科学研究中的逻辑思维

一、逻辑思维的含义及其主要类型

所谓逻辑思维，是指人们在感性认识的基础上，以概念为操作的基本单元，以判断、推理为操作的基本形式，以辩证方法为指导，间接地、概括地反映客观事物规律的理性思维过程。从词源来看，古希腊哲学家赫拉克利特是最早使用 logos 一词的人。但赫拉克利特所谓的 logos，不仅指称思维中的"客观次序"和"必然规则"，即思维规则，也指客观事物演化中的"客观次序"和"必然规则"，即自然规律。

关于逻辑思维的类型，人们有不同的观点。有人认为凡是具有得出结论作用的思维过程，都是逻辑思维。据此，逻辑可分为朴素逻辑、工具逻辑和辩证逻辑三大类。也有人从学科角度来看逻辑思维，认为逻辑应分为形式逻辑、辩证逻辑和数理逻辑三大类。但大多数人都认为逻辑主要指形式逻辑和辩证逻辑两大类，现代科学中的数理逻辑只是形式逻辑的一种变形。下面我们关于逻辑思维的探讨，主要围绕形式逻辑与辩证逻辑及它们的相互关系展开。

二、形式逻辑的主要方法及基本规则

所谓形式逻辑，就是指概念、判断、推理等思维形式之间的结构和关系。抛开具体思维内容，仅从形式结构上研究概念、判断、推理及其联系的思维科学，就是形式逻辑学。其方法主要有归纳法、演绎法和类比法等。这里重点讨论归纳和演绎两种方法。

归纳方法是从个别或特殊的事物概括出共同本质或一般原理的逻辑思维方法，逻辑学上也叫归纳推理。例如，科学家在实验中发现，铁受热体积膨胀，铜受热体积膨胀，金受热体积膨胀，银受热体积膨胀，锡受热体积膨胀；进而分析，金属受热后分子运动加速，分子之间的距离加大，所以体积膨胀；最后科学家可以归纳推理出“所有的金属受热体积都会膨胀”的结论。归纳方法虽然是科学研究从大量经验事实中找出普遍特征的重要方法，但归纳结果往往只概括一类事物表象上的共同点，未必能确切反映事物的本质，其结论具有或然性，迄今人们还没有发现从特殊前提到一般结论的普遍适用的逻辑桥梁。

专栏 7-1

归纳原理及其问题

归纳方法的一般原理是：如果大量的 A 在各种各样的条件下被观察到，而且如果所有这些被观察到的 A 都无例外地具有性质 B，那么就可以归纳得出结论：所有的 A 都有性质 B。

归纳原理受到的质疑是：

什么是“大量的 A”？其具体数值是多少？

什么是“各种各样的条件”？人们能否罗列齐全所有条件并全部实现？

什么是“无例外”？在科学观察中能不能真正实现完全的无例外？

什么是“被观察到”？主体能否真正做到客观准确地描述所有被观察到的事实？描述被观察到的事实使用的是什么语言系统？

……

与归纳方法从个别到一般的过程相反，演绎方法是从一般到个别的认识方法。它从一般性的原理出发，分析、推理个别的或特殊的事物，达到相应结论。三段论是演绎方法最常见的形式，它由大前提、小前提和结论三部分组成。大前提是已知的一般原理或假设，小前提是所研究的个别事实的判断，结论就是从一般已知原理或假设推出的对个别事实的新判断。简单的三段式如：所有的金属都导电，铝是金属，因此铝导电。演绎方法具有只要前提为真，推理遵从规则，结论必真的特点，因此，演绎推理对于保证科学思维的可靠性具有重要作用。但是，三段式推理的形式固定、单一，对于自然科学研究需要处理的众多参量和复杂关系来说，无疑有相当的局限。

演绎方法派生出的一个重要方法是公理化方法。公理化方法是从尽可能少的基本概念、公理、公设出发，运用演绎推理规则，推导出一系列的命题和定理，从而建立整个理论体系的方法。由公理化方法所得到的逻辑演绎体系称为公理化体系。公理化方法最早的倡导人是亚里士多德，第一个古典的公理化体系是欧几里得的《几何原本》，后来又在牛顿力学中得到充分体现，在现代则更加发展并被普遍推广。公理化方法在构造科学理论体系时有着重要作用，但也有其局限性。哥德尔不相容原理告诉我们，任何一个公理化体系不可能既是完备的，又是确定的。

自从培根倡导归纳法、笛卡儿倡导演绎法以来，历史上就长期存在着"归纳万能"同"演绎万能"的争论。但是，从科学研究的实际过程来看，归纳和演绎总是相互联系和补充的。归纳是演绎的基础，归纳获得的结论可以成为演绎的前提；演绎是归纳的指导，演绎得出的结论可以成为归纳的指导思想。恩格斯曾对归纳和演绎的关系作过精辟的总结："归纳和演绎，正如分析和综合一样，是必然相互依赖着的。人们不应当牺牲一个而把另一个捧到天上去，应当设法把每一个都用到该用的地方，而人们要能够做到这一点，就只有注意它们的相互联系、它们的相互补充。"①

逻辑思维具有一些形式上的基本规则，根据形式逻辑学的研究，为了保证思维的确定性，人们在思维过程中必须遵循形式逻辑的同一律、矛盾律、排中律和理由充足律四个规则。

同一律。同一律要求人们在同一个思维或对话过程中，必须在同一个意义上使用概念和判断，不能混淆不相同的概念和判断。其公式是："甲是甲"或"甲等于甲"。具体说来，同一律包括三方面的内容：一是要求人们在同一个思维或对话过程中，思维的对象必须保持同一。二是要求人们在同一个思维或对话过程中，使用的概念必须保持同一。三是要求同一个主体（个人或集体）在同一时间（相应的客观事物处于相对稳定状态时），从同一方面对同一事物作出的判断必须保持同一。

矛盾律。通常被表述为 A 不是非 A，或 A 不能既是 B 又不是 B。矛盾律要求人们不应同时断定一个命题（A）及其否定（非 A）。这就是说，对一个命题及其否定不应持两可之说，以免自相矛盾。矛盾律还要求人们在同一上下文中，同一语词或语句不应既表述某一思想又不表述某一思想。

排中律。通常被表述为 A 是 B 或不是 B。排中律要求人们在思维活动中不应同时否定一个命题（A）及其否定（非 A），即对一个命题及其否定不应持两不可之说。排中律还要求人们在同一上下文中使用任一语词或语句，应表述某一思想或不表述这一思想。

充足理由律。这条规律被表述为：任何判断必须有（充足）理由。充足理由律的提法源于 17 世纪末 18 世纪初的德国哲学家莱布尼茨。不过莱布尼茨本人并未给出充足理由原则的确切含义。因此，一些形式逻辑学家认为，与其说充足理由律是关于思维形式和形式逻辑的规律，不如说它是关于存在和事实的规律。正因为如此，许多传统逻辑著作中不叙述这条规律。现代逻辑一般也不讨论这个问题。

---

① 恩格斯著，于光远等译. 自然辩证法. 北京：人民出版社，1984：121.

形式逻辑的同一律、矛盾律、排中律和理由充足律等四条规则是相通的，它们从不同角度来保证思维的确定性。同一律从正面要求思维必须保持自身的同一；矛盾律不允许思维中出现矛盾，因而从反面保证同一律；排中律要求思维要明确，不得模棱两可，它是同一律的进一步展开。充足理由律虽然是关于推理的规则，但它通过保证思维过程的论证性，从而进一步保证了思维的可靠性。

总之，形式逻辑要求科学工作者在推理和证明时，必须保证思维的对象和认识是确定的，判断不自相矛盾，不模棱两可，有充分根据，只有这样，才能保证其思维得到正确的结果。

专栏 7-2

“濠梁之辩”

先秦名家代表人物惠施和庄子既是朋友，又是论敌。

《庄子·秋水》篇记载了他们游于濠水梁河堰上一次有名的辩论，史称“濠梁之辩”。

庄子曰：“儵(tiao，白鲦鱼)鱼出游从容，是鱼之乐也。”

惠子曰：“子非鱼，安知鱼之乐？”

庄子曰：“子非我，安知我不知鱼之乐？”

惠子曰：“我非子，固不知子矣；子固非鱼也，子之不知鱼之乐，全矣。”

庄子曰：“请循其本。子曰‘汝安知鱼之乐’云者，既已知吾知之而问我，我知之濠上也。”

他们的辩论从逻辑上说，似乎惠施占了上风，因为人和鱼是不同类的，人怎么知道鱼的心理呢？但从审美体验上说，庄子也是有道理的，任何动物的动作、表情，痛苦或快乐，人是可以凭观察体验到的。究竟谁是谁非，谁输谁赢，历来智者见智，仁者见仁，是人们讨论形式逻辑思维的重要案例。

三、辩证逻辑的主要原则与分析维度

所谓辩证逻辑，就是指把对象看做一个整体，从其内在矛盾运动、变化及各个方面的相互联结中考察对象、分析问题。

辩证逻辑的萌芽可以追溯到古代。我国古代哲学家老子关于“正言若反”的提法就包含了对立概念相辅相成的思想。而古希腊爱利亚学派的芝诺通过对运动可能性的诘难，从反面揭示了客观运动与反映运动的观念两者之间的矛盾。到 18 世纪末 19 世纪初，随着近代科学发展进入到必须综合考察各种自然现象之间联系的阶段，人们才开始了辩证思维的自觉研究。康德的“二律背反”学说已经涉及思维如何把握世界的有限与无限、简单与复杂、自由与必然等辩证矛盾的问题。而黑格尔进一步认为，人类思维活动中的概念、范畴是流动和相互转化的，概念的展开是一个从抽象上升到具体的过程，人的认识发展与这个过程是相一致的，因此，必须结合思维形式中所贯穿的内容、结合人的认识过程，考察思维形式，建立不同于形式逻辑的理性逻辑。马克思和恩格斯在创立辩证唯物主义和历史唯物主义的过程中，全面改造了黑格尔的唯心主义逻辑体系，吸取了他关于理性逻辑的许多合理思想。马克思、恩格斯从辩证法、认识论和逻辑在唯物主义基础上相统一的立场出发，把客观世界的运动及其反映在人的认识中的思维运动，看做是自然历史过程，阐明了思维辩证法与客观辩证法、思维规律与人的认识发展历史的关系，指出主观辩证法即辩证思维乃是客观世界到处盛行着的辩证运动的反映，强调只有以对概念的辩证本性的研究为前提的逻辑，才能正确把握外部世界的运动和变化，从而确立了辩证逻辑的基本体系。

辩证逻辑最基本的观点是普遍联系的观点和永恒发展的观点。辩证逻辑强调物质世界是一个普遍联系的多层次的多样性的整体；强调物质世界是一个生生灭灭永不停息的变化过程。这个思想突出体现在它的三条基本原则中：

对立统一的原则：唯物辩证法认为，世界上的任何事物在任何阶段都存在着既相互排斥、相互否定，又相互依存、相互联结的两种趋势、倾向或属性。事物既对立又统一的倾向为事物的运动发展提供了内在的动力。为此，辩证逻辑要求人们在思维中也必须遵循对立统一的原则：对于对立的诸方面，我们必须注意它们的联结，必须用“合二而一”的观点和方法来分析事物；对于统一体，我们则必须注意其内在的分歧和对立，必须用“一分为二”的观点和方法来分析事物。

量变质变的原则：唯物辩证法认为，任何事物的变化都有渐进的连续量变和跳跃的间断质变这两种形式。事物的变化总是由量变开始的，量变到一定程度会引起质变，产生新质，然后，在新质的基础上又开始新的量变。为此，辩证逻辑要求人们在思维中必须注意区分事物连续性量变和间断性质变，并且注意把握事物质变量变之间转化的“度”。

否定之否定的原则：唯物辩证法还认为，任何事物的发展都是事物自身内部否定因素发展的结果，是事物的自我否定。但这种否定并不是全盘抛弃，而是克服和保留的统一，即“扬弃”。经过两次辩证否定，三个阶段，事物的发展还呈现出螺旋式上升的形态。因此，辩证逻辑要求人们在思维中自觉地既批判又保留，也即在扬弃中看待事物，不是全盘否定或全盘肯定。并且要自觉遵循认识螺旋式发展的规律，不断深化对客观事物的认识。

辩证逻辑的普遍联系观点和永恒发展观点具体还体现在“内容和形式”、“现象和本质”、“原因和结果”、“可能性和现实性”和“偶然性和必然性”等五对范畴中。它要求人们在注意内容和形式、现象和本质、原因和结果、可能性和现实性以及偶然性和必然性的区别乃至对立的同时，更要注意它们的互相依存、互相贯通以及互相联结。

四、形式逻辑与辩证逻辑的相辅相成

辩证逻辑与形式逻辑都是人们的思维规则。但它们的角度和层次是不同的。形式逻辑主要强调的是概念、命题的确定性和一致性，这种思维规则要求人们将认识对象从普遍联系之网中分离出来，在过程长河中凝固下来，从而使人们能够在纷繁复杂并且变动不息的世界中去确定把握某个特定事物的特定状态。而辩证逻辑则强调的是概念、命题的联系和变动，这一思维规则要求人们在普遍联系中看待事物，在变化过程中把握事物的状态，从而保证认识的完整性和全面性。

专栏 7-3

"飞矢不动"

古希腊哲学家芝诺认为，既然任何事物在刹那间都只能占有和自身相等的空间，那么，飞矢也是如此。飞矢在飞行的过程中，这一刹那间在这一点，那一刹那间在另一点。这样，飞矢实际上经过的只不过是无数个静止的点。把无数个静止的点加起来的总和，仍然是静止，而不会形成运动。所以，飞矢实际上是不动的。根据上述命题，芝诺得出结论说：运动变化是不可能的，甚至连位置移动都是不可能的。

恩格斯曾说，运动本身就是矛盾；甚至简单的机械的位移之所以能够实现，也只是因为物体在同一瞬间既在一个地方又在另一个地方，既在同一个地方又不在同一个地方。这种矛盾的连续产生和同时解决正好就是运动。"飞矢不动"悖论的错误就在于割裂了有限和无限、连续与间断的矛盾。

形式逻辑是有其客观基础的。虽然客观世界是普遍联系和不断运动变化的，但是，客观世界又有着相对的稳定性和区别，此一事物不同于彼一事物，此一阶段不同于彼一阶段。事物的相对稳定性决定了我们在思维上相对确定地区分事物及其状态的必要性和可能性。形式逻辑的同一律、矛盾律、排中律等就是使人们能够区分不同事物，把握事物现存状态的思维规则。离开了这些规则，人们将无法区分和认识现实事物，也无法进行思维。

辩证逻辑也有其客观基础。生态科学和系统科学告诉我们，整个世界是一个普遍联系的层次结构，任何事物的产生，它的特定结构和功能都是环境选择的结果。不存在完全孤立的、不受环境影响的事物。事物变动发展的绝对性，事物内外部的普遍联系决定了我们对对象的思维把握必须注重其过程性和关联性。而辩证逻辑的对立统一原则、质变量变原则和否定之否定原则就是要求人们在过程中把握事物的当下状态，结合环境关联理解事物的本质属性。离开这一规则，人们对事物的认识将是僵化的、片面的，因而也是错误的。

第三节　科学研究中的非逻辑思维

一、非逻辑思维与逻辑思维的区别与联系

非逻辑思维是指不具有明确逻辑形式或不遵循明确的逻辑规则，依靠想象、灵感或顿悟等作出判断和结论的思维活动。

非逻辑思维的"非"具有"不"、"无"、"反"的意思，就此意义而言，非逻辑思维是一种与逻辑思维有鲜明区别乃至尖锐对立的思维形式，它们的区别主要有：

其一，两者的适用范围不同。逻辑思维中的充足理由律要求人们推理的前提必须真实，理由与推断之间有必然联系。这两个要求意味着，只有在研究对象数量非常有限，而且对象的属性已经被正确把握的情况下，人们才能进行严格意义上的逻辑思维。而当人们面对的是数量众多甚至是无限多的认识对象时，当人们对对象的把握还相对有限，只涉及其局部或某一侧面的，人们就只能进行非逻辑的思维。例如，人们只有观察了世界上所有的乌鸦，并确定它们都是黑色时，才能归纳出"天下乌鸦一般黑"的结论，并由此演绎出"某地某时刻的某只乌鸦也是黑的"的推论。而非逻辑思维则允许人们在观察了三五只黑乌鸦之后，就形成"天下乌鸦一般黑"的结论。因此，严格意义上的逻辑思维的适用范围狭窄，而非逻辑思维的适用范围就非常宽泛。

其二，两者的理性程度不同。逻辑思维表现出较强的理性，这种理性是逻辑思维过程的充足理由律以及同一律、矛盾律和排中律等逻辑规则所要求并保证的。非逻辑思维则与之相反，它既不必严格遵循充足理由律、同一律、矛盾律和排中律等逻辑思维规则，表现出较强的非理性色彩。许多对于逻辑思维来说是不允许的、错误的思维活动，相对于非逻辑思维来说则是允许的、有效的。例如，以下这种推理："如果张三杀人，那么张三就有杀人动机，张三有杀人动机，张三就可能杀了人"，从逻辑思维角度看是错误的，但是在非逻辑思维中却是允许的、有效的。实际上人们也是经常进行这样没有充足理由就得出结论的思维活动的。

其三，两者在科学研究中的作用不同。一般来说，非逻辑思维的作用主要在于提出新思想，逻辑思维的作用则在于对新思想作出论证。没有非逻辑思维，思维只能在原来的范围里打转转，新的思想无法产生，人类也就不会进步。加拿大科学哲学家 M. 邦格曾说过，光凭逻辑是不能使一个人产生新思想的，正如光凭语法不能激起诗意，光凭和声理论不能产生交响乐一样。另一方面，没有逻辑思维，人类思维就会混乱，就会不准确，就会效率低下。因此，这两种思维形式虽然对于科学研究来说都是非常重要和必不可少的，不过，两者在人们认识事物中的作用是不同的。

但是，非逻辑思维与逻辑思维并不是有你无我、水火不相容的两种思维，它们之间又存在着密切的联系。

其一，非逻辑思维和逻辑思维互相补充。逻辑思维和非逻辑思维作为人类思维的两种基本形式，都在人类思维活动中起着非常重要又必不可少的作用。非逻辑思维是产生新思想、作出科学发现和理论创新的必由之路，而逻辑思维则是理论系统化、逻辑化的必要方法。两者的相辅相成推动了人类知识的不断丰富和发展。非逻辑思维离不开逻辑思维，非逻辑思维作出的初步结论，需要逻辑思维加以论证；同样，逻辑思维也离不开非逻辑思维，不仅逻辑思维的前提通常是通过非逻辑思维得到的，而且逻辑推理过程也离不开直觉的证明。

其二，非逻辑思维和逻辑思维彼此渗透。逻辑思维是建立在前提材料比较充分或完全基础上的，而非逻辑思维的前提材料则往往不充分或很不充分。在极端情况下这是可以明确区分的。例如，仅根据一个陌生人的外貌，就作出对方是好人或坏人的结论，这种思维显然属于非逻辑思维；相反，在与对方进行长时间接触，对对方有充分了解后再作出对方是一个什么人的结论，这时的思维活动就主要是逻辑思维了。但是在实际的科研活动中，我们获得的经验材料怎样才算充分，怎样又算不充分，并没有一个非常明确的界限，因此，我们在科研中很难把逻辑思维和非逻辑思维完全绝对地划分开，两者之间的界限也不是绝对分明的。

其三，非逻辑思维和逻辑思维可以相互转化。非逻辑思维是建立在知识材料较少基础上的，人们用非逻辑思维提出一个尝试性的理论后，为了验证其正确与否，就要以这个尝试性理论为前提，借助逻辑思维作出一些推论出来，以搜寻支持这一理论的证据。进而，如果我们搜寻到比较充分的或足够的材料证明该尝试性理论时，那么这时非逻辑思维的理论就会转化为我们的科学知识，积淀在我们的知识系统中，进而成为逻辑思维的材料和内容。

总之，逻辑思维与非逻辑思维既有相通性，又各司其职，科学研究过程从本质上说是逻辑思维与非逻辑思维交互作用的过程。

二、科学研究中的想象

想象是在头脑中对已有表象进行加工、改造而形成新形象的心理过程，是非逻辑思维的主要形式之一。想象是形形色色、丰富多彩的。从有无预定目的看，想象可分为无意想象和有意想象；从内容新颖程度看，想象可分为再造想象和创造想象；从与现实关系看，想象则有幻想、理想和空想之分。

无意想象是没有预定目的，不自觉的想象。比如，在睡眠中，人的第二信号系统活动处于减弱甚至抑制状态，失去了对第一信号系统及皮层下中枢的调节作用。此时，头脑中原有的一些表象就会自发进行无规则的组合，从而形成许多生动、虚幻、离奇古怪的梦境，因此，做梦是无意想象的典型。有意想象则是有预定目的的自觉想象。人们在思维中形成某种实践蓝图的想象，学生根据老师的要求在头脑中引出相应表象，组合加工这些表象等都属于有意想象。

再造想象是根据语词的描述或图样的示意，在头脑中形成相应事物形象的过程。比如，建筑工人根据图纸想象大楼形象，读者根据《红楼梦》的描述在头脑中形成林黛玉形象等。创造想象则是人们出于某种目的，独立在大脑中形成新事物形象的过程。比如，作家与艺术家的构思、工程师的蓝图设计、科学家的发明创造等。创造想象不同于再造想象之处就在于，通过创造想象产生的新事物形象具有首创性、新颖性和独立性。创造想象是创造性活动的必要因素，它使人们能够设计出现实中未曾出现过的观念客体，并且能够在过程发生之前拟订活动的程序，从而指导着人们创造性实践活动的进程与方向。

幻想是与个人生活愿望相结合并指向未来的想象。如果幻想切合生活实际、符合事物发展规律、通过个人努力可以实现，我们就称其为理想。理想是促使人们进行创造活动的强大心理力量。而幻想脱离现实生活、违背事物发展规律，没有实现可能，我们则称其为空想。空想只能引导人们脱离现实生活，成为崇尚空谈的空想家。

图 7-2　大胆想象[①]

创造性想象作为一类思维创新活动，虽说具有不可完全预测性，但现代创造学研究仍然揭示了其对表象加工、改造的几种基本方式和途径：

组合法。即在思维中把两种或几种事物的特征、性质合并从而产生新事物或新产品，或

① 图片来源：http://www.baidu.com.

把几种事物的已知功能进行独特的有机结合，使之成为具有特殊结构与用途的完整的新事物。如“美人鱼”、“牛头马面”等就是将几种形象组合而成的新形象，电脑则是将图像显示、信息接收、储存、输出等功能组合起来的产品设计。

典型提纯法。即把事物及事物间关系的某一特点或某一侧面突出出来，加以提纯，从而创造出具有代表性的观念形象。典型提纯法在文学、艺术和产品创新中的重要作用是人们非常熟悉的，如短腿神行太保、维纳斯、阿 Q 和九斤老太等都是典型提纯想象的产物。典型提纯法在科学研究中也有重要作用，比如牛顿力学中“物体在不受外力作用的情况下保持自身静止状态或匀速直线运动不变”的惯性定律就是典型提纯法的产物。

移植模拟法。即以现实中的某种现象为依据或原型，进行创造构思与想象，创造出现实生活中未曾出现或不可能出现的观念事物。由于科学研究经常要面对一些全新的未知世界，科学家只能借助现实事物的属性和过程来想象未知事物的状态和属性，因此，移植模拟法是科学研究中一种非常重要的创造性想象方法。如玻尔的原子结构模型是对太阳系结构的一种移植模拟想象，而狄拉克的正负电子假说则得益于对空穴与填充物关系的一种移植模拟想象。

三、科学研究中的直觉与灵感

直觉和灵感也是非逻辑思维的重要形式。所谓直觉，是指不按照判断与推理的逻辑规则，直接把握或领悟事物的一种思维方式。哲学家德谟克利特最早使用“灵感”这一概念描述诗人创作时所出现的狂乱心情或狂热激情等特殊精神状态。1980 年我国科学家钱学森第一次把灵感作为人类的基本思维形式提了出来，他说，创造性思维中的灵感是一种不同于形象思维和抽象思维的思维形式。灵感也就是人在科学或艺术创作中的高潮，突然出现的、瞬时即逝的短暂思维过程。

直觉与灵感有明显的类似之处，都具有突发性和跳跃性。它们的出现完全是由创造者意想不到的偶然原因诱发的，并且都省略了思维的中间环节，从事物的现象直接领悟其本质，或者从思维的前提直接跳跃到结论。被称为数学王子的高斯曾回忆，他在证明某一算术定理时，像闪电一样，谜一下解开了，连他自己也说不清楚是什么导线把原先的知识和成功连接起来了。

由于直觉和灵感的相似性，因此，人们很难将它们清晰、准确地区分开来。但一般来说，直觉更多发生在科研工作者对科学问题的提取、对科学事实的理解等方面，而灵感则主要发生在科研工作者对新概念、新发明的创新方面；直觉可以产生于从确定科研目标、进行科学实验、创建科学理论到检验推广科学理论的任何阶段，而灵感则通常产生于对新发明、新产品、新理论、新思想进行长时间酝酿接近成熟的阶段；另外，相比较而言，灵感的显现往往更为短暂，突然出现，转瞬即逝。

直觉灵感在科学研究中有重要作用。这种作用主要有以下几个方面：

首先，直觉使人容易从大量可能的创造方案中选出最佳方案。在世纪之交的物理学革命中，物理学曾面对严峻的方向选择：究竟是通过修改和调和来维护经典物理理论呢，还是进行革命，创立全新的量子物理学？爱因斯坦以自己非凡的直觉能力选择了一条革命的道路，用“光量子假说”对量子论作出重大贡献，完成了一次重大的科学创造。对此，奥地利科学家泡利认为，爱因斯坦的成功，凭借了他那非凡的直觉能力。

其次，直觉和灵感可帮助科学家在创造活动中作出预见。科学家凭借卓越的直觉能力，能够在纷繁复杂、千头万绪的事实、材料、数据、信息和现象面前敏锐地洞察某一类现象和思想所具有的重大意义，预见到将来在这方面会可能出现重大的科学创造和发现机会。人们把这种决定科学研究发展战略的直觉称为“战略直觉”或“战略直觉能力”。例如，英国物理学家卢瑟福就被称作具有“战略直觉能力”的人。由于他的战略直觉能力，不仅首先发现了原子核的存在，而且大胆预言原子结构的行星模型，并且在创立和领导科学学派方面也表现出非凡的领导才能和胆魄。

其三，直觉和灵感在科学创造中有助于提出新的理论、新的概念，即提出新的科学思想。直觉、灵感对于科学工作者提出新的科学思想具有决定性意义，这一点已为许多事实所证实。例如，爱因斯坦提出“光量子理论”及相对论都与他的直觉灵感能力有密切关系。而地图上非洲西海岸和南美洲东海岸之间轮廓线的彼此吻合则激发了德国气象学家魏格纳的灵感，从而产生了后来为科学界公认的“大陆漂移”假说。

不过需要指出的是，直觉和灵感在科研中也是有明显局限的。这主要是因为它们很容易使人只凭有限事实就提出假设或引出结论，也常常会使人们把两个毫不相干的事物纳入虚假的联系之中。因此，直觉和灵感所作出的初步结论，必须要用逻辑思维加以审察，必须要有科学经验的检验。

四、非逻辑思维能力的培养

非逻辑思维能力是科研能力的重要组成部分，因此，增强非逻辑思维能力是科研人才培训、科研环境建设的一项重要任务。

首先，要丰富研究者的知识积累。非逻辑思维并不是一种无中生有的活动，而是对已有知识和信息加工改造的活动，因此必须有雄厚的知识积累。从想象来看，虽然人们通过想象可以创造出自己没有经历过的、现实中尚未存在或者根本不可能存在的事物形象，但是人们想象的事物无论多么新奇，构成想象的材料都是人们过去感知过的、现实中存在的客观事物的形象。因此，记忆表象是想象的必备的材料。可以说，表象贫乏，想象就会枯竭，只有表象丰富，才可能有较强的想象能力。从直觉灵感来看，它们的获得虽然具有偶然性，但绝不是无缘无故的凭空臆想，而是以扎实的知识为基础的。科学直觉和灵感的闪现，是科学家已有的知识信息与新研究信息的交融，是潜意识与显意识的突然接通，若没有深厚的功底，是不会迸发出思维火花的。因此，一个优秀的科研工作者必须多观察、多阅读、多思考，除本学科的专业知识外，还应把握一些其他学科的专业知识，甚至了解一些哲学思想及思维方法，从而有利于在科研中触类旁通、开拓思维。在我们中小学乃至幼儿园教学中，应当花大力气引导学生深入观察和分析事物，尽可能使用直观教具，不断丰富学生的表象，发展他们的非逻辑思维能力。

其次，要创造一个鼓励“异想天开”的学术研究环境。在科学研究中，非逻辑思维不仅因其前提材料不充分或很不充分，而且因其“天马行空”式的思维过程，很容易招致讥讽嘲笑，因此，要增强科研工作者的创新能力，要建设创新型国家，必须要为科研工作者创造一个鼓励幻想、鼓励直觉灵感的社会环境。在我们的中小学乃至幼儿园教学中，也应该珍惜、保护孩子们的想象和直觉灵感能力。对于学生的幻想，哪怕是毫无根据的，教师也不应讽刺讥笑，而应该珍惜、鼓励、引导，帮助学生把幻想与创造想象结合起来。

最后，科研工作者必须学会劳逸结合。创造学的研究表明，直觉和灵感的发生往往有偶然诱因，带来这种偶然诱因的有以下两种情况：一是客观上不期而至的机遇，二是创造者主观上某种不确定的心理状态。所谓不确定的心理状态，就是创造者暂时搁置使他困惑未解的问题，而把注意力转移到别的地方。这种主客观上的偶然性情况，交织在一起时往往就会诱发直觉灵感。所以，心理学家认为，暂时的消闲和松弛状态是有利于人们转移注意、摆脱困扰、产生直觉和灵感的。因此，当科研工作者在长期的苦思冥想与研究还未能"计上心头"时，不妨干脆把问题暂时搁置一边，去做些休闲性的活动，或是到野外观光散步，或是沐浴、浇花、浏览消遣性的报刊读物，等等，在这种休闲中，往往会无意中触发灵感。科学发展的历史长河中，这类事例不胜枚举。

本章框架

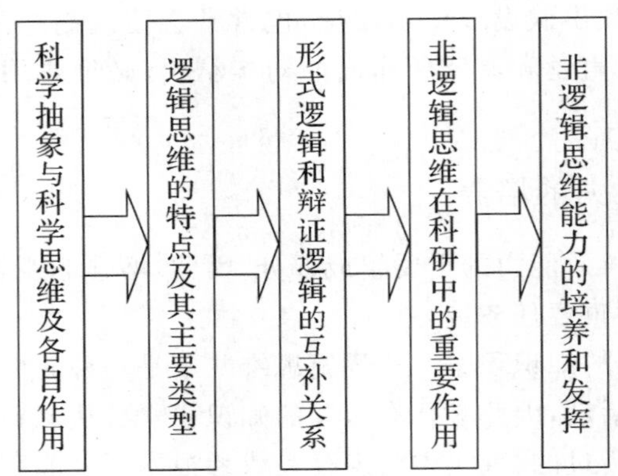

进一步阅读文献

1. 恩格斯. 自然辩证法(第Ⅲ、Ⅳ、Ⅴ部分). 北京：人民出版社，1984.
2. 傅世峡，罗玲玲. 科学创造方法论(第 7、8、10 章). 北京：中国经济出版社，2000.
3. 贝弗里奇著，陈捷译. 科学研究的艺术(第 2、3、6、8 章). 北京：科学出版社，1979.

复习思考题

1. 举例分析形式逻辑与辩证逻辑的关系。
2. 举例分析逻辑思维与非逻辑思维的关系。
3. 举例说明想象在自己学习和研究活动中的作用及局限。

第八章　科学假说与科学理论

重点提示

- 科学假说的形成往往是根据已有的知识和事实，针对问题所提出，并发展演变为理论。
- 对真理性、全面性、系统性、逻辑性的科学理论追求绝不可能达到尽头，而是不断发展成为真理的必要成分。
- 科学假说向科学理论升华，有一个复杂的置换过程。

在科学研究过程中，人们通过观察、实验获得感性材料，然后通过逻辑方法和非逻辑方法进行整理和加工，使之上升为科学的假说和理论，达到揭示研究对象本质及其发展规律的目的。这说明，科学假说和科学理论是科学发展的重要形式，它们不仅是科学研究活动的一般成果，而且也是科学研究过程中的重要环节和科学研究工作的基本方法。

第一节　科学假说

推测和猜想是人类很早就具有的思维形式，但发展为系统而完善的科学假说方法，却是近代以来的事情。科学假说有独自的鲜明特征，它是科学发展的重要形式，是人的认识从已知向未知过渡的桥梁，是形成科学理论的必要环节。

一、科学假说的特征和作用

科学假说是人们根据已知的科学原理和科学事实，对未知的自然现象及其规律性所做的假定性说明，是科学认识发展的重要思维形式。

1. 科学假说的特征

假说特别是科学假说具有以下两个重要特征：

猜测性。假说之所以为假说，就是因为它是在不完全、不充分的经验事实基础上推导出来的一种思维中的想象，是对外界未知现象的一种推测和猜测。假说是否具有真理性，靠它自身无法确定，只有经过实验检验和证明后才能确定。这就是假说具有猜测性的基本特征的原因所在。假说的这一特征也就决定了任何一种假说，在未被实践检验和证明其真理性以前，只是一种推测。

科学性。科学假说虽然具有明显的猜测性特点，但它是以一定的科学事实和已知的科学理论为依据的，它是按照科学逻辑的方法推理出来的，所以，它的立论根据和内容具有一定的真实性、科学性。因此科学假说既区别于毫无事实根据的荒诞迷信和虚伪妄说，也不同于缺乏逻辑基础的简单猜测或随意幻想。虽然科学研究并不排斥富有启发性的猜测、幻想和神话，但它们并不是科学意义上的假说。从这个意义看，有些假说即使后来被证明是完全错误的，在科学史上也仍然是在特定条件下具有科学意义的假说；而有些幻想、神话即使在今天变成活生生的现实，那也不是科学假说。例如，托勒密的地心说虽然后来被证明是错误的，而且被宗教神学所利用，但它却是以日常直观的事实为依据的，有大量的天文观察作基础，在当时可以解释一些天文现象，基本上适应那个时代制定历法的要求。因此，不能因为它后来被宗教利用来反对和迫害日心说及其提出者，而否定它作为科学假说的历史地位。而"嫦娥奔月"的神话虽然具有永久的魅力，而且就人类今天实现了登月的壮举来说，仿佛是神话变成了现实，但它只具有艺术价值，并没有我们所说的科学假说的价值。

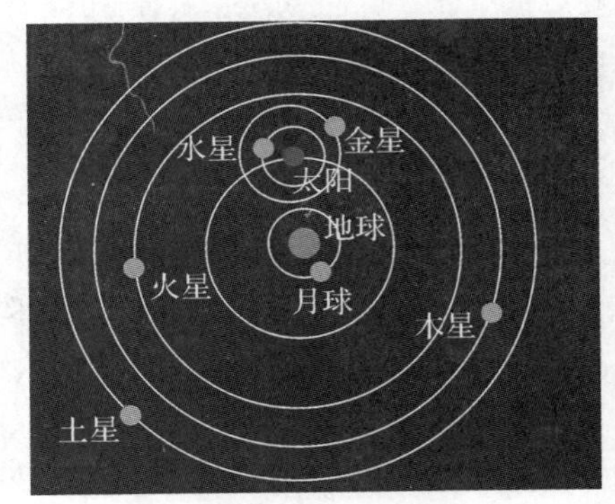

图 8-1　地心说示意图

2. 科学假说的作用

科学假说所具有的上述特点决定了它在科学认识中具有如下三方面的作用。

科学假说能提高科学研究的自觉性，避免盲目性。研究者可以根据科学假说确定自己的研究方向，进行有目的、有计划的观测和实验，充分发挥主观能动性和理性思维的作用。不断开辟研究工作的新方向，寻找新的科学事实。正如贝弗里奇所说："在进行现场考察时，一个用进化论假说武装头脑的人就比没有这种假说武装的人能够作出许多更为重要的观察。"①

科学假说是从认识个别事实向认识一般规律过渡的环节。在科学研究中，当人们发现反常的事实时，以往的理论和说明方式就不适用了，为此要寻找新的理论和新的说明方式。起初这种说明方式是针对个别事实或现象提出的，随着论证的深入开展，很多新的事实又被纳入进来，进而有可能揭示一系列新事实背后的一般规律。

科学假说是科学理论的初始形式或方案，是建立科学理论的必经阶段。科学研究绝不是罗列、堆积事实，而是要从事实的全部总和、从事实的联系中去把握事实，理解事实，说明事实，这就需要理论。但人们不可能一下子就掌握事实的全部总和，一下子能理解事实的真实联系，于是就借助假说。假说像跨过河流的桥梁，引导人们深入地观察、研究、解释事实，导致新的科学理论的建立。值得一提的是，假说也是由一系列概念、判断、推理构成的逻辑体系，在形式结构上与理论一样，只是在内容上未经实践的检验。恩格斯对科学假说的作用

① 毛立新. 侦查假说与无罪推定辨析. 中国刑事警察，2005(4)：40—41.

给予了极高的评价，他指出："只要自然科学在思维着，它的发展形式就是假说。"[1]

二、科学假说的形成和建立

科学假说的实际形成过程是极其复杂的，但就基本程序看，可以分为以下几个阶段。

1. 发现问题

科学研究中会碰到许多现象和事实，其中有的能用现有理论和知识明确地给予说明；有的看上去与现有理论相悖，但经过分析发现加进一些必要的条件，也可以解释；同时确有一些事实用现有理论难以说明，科学理论和科学事实之间出现了困难。出现困难的原因是多方面的，可能是因观察和实验获得的事实材料不准，这就要求核实材料、纯化事实。在此基础上再从不同角度进行分析、比较，从中找出问题。一般说来有下面诸种问题：观察到一种崭新的客体，对于它的结构、属性、本质不能用过去已有的说明方式来说明；在变革已知客体的时候，出现了过去的定律、原理不能解释的问题；一些习以为常的现象和事件，其变化的原因和规律尚未得到揭示；发现理论自身的裂痕、不自洽，导致了说明事实的困难。

2. 针对问题提出假设

为解决问题而提出假设，既超出了现有理论的界限，又没有固定的模式。但在实际科学研究中可借鉴以下基本方法：

分类归纳法。科学研究者可以将围绕某一问题搜集到的资料加以分门别类，分析整理，从中提出假设，或做出对未来的预言。运用这一方法尤其要注意尽可能多的收集事实材料，并且搞清各种事实材料之间的关系。19 世纪 60 年代，在人们初步掌握几十种天然元素的原子量及其性质的情况下，俄国化学家门捷列夫对不同性质的元素进行分类整理，提出了元素的化学性质随原子量周期性变化的假设。分类归纳法是提出假设的一种基础方法，适用于建构理论层次较低的假说，因而在整个科学发展的早期、在一门学科诞生的初期运用比较普遍。

由特殊到一般的方法。运用这种方法提出假设，就是把在特殊情况下已经证明无误的规律，推广到一般。事实上人类关于宇宙天体的研究，相当程度上是以地球上或太阳系所获得的特殊规律为前提的。对于不同学科和不同的研究领域，由特殊到一般的方法往往表现为理论的转移、移植和渗透。

类比方法。科学研究者已经掌握的理论、知识和经验不是各自孤立存在的，而是作为整体的科学知识图景和能力溶于科学再认识的过程中。一旦在科学研究中遇到新的问题，研究者已有的知识和能力就能化为力图克服困难的方法，用现有的知识图景去"框"、"套"新事实，同时想象、类推新的知识图景。类比可以是单一的，也可以是全方位的，一般可以从性质、特点、结构、功能等方面进行。之所以能用类比法提出假设，是因为客观自然界中许多事物和过程，都具有多方面的相似性和对称性，研究者的艺术在于从差异极大的事物和过程中找到共同之处。利用类比方法提出假设在科学史上屡见不鲜。如库仑在研究两个点电荷的相互作用时与牛顿的万有引力定律类比，德布罗意能提出物质波，得益于将物质性质与光子的类比。

---

① 恩格斯．自然辩证法．北京：人民出版社，1971：218.

通过对少量典型科学事实分析，特别是通过对现有科学理论中一些基本原理的研究，经过思维想象甚至直觉的作用，提出抽象程度很高的、具有普遍意义的假设。这一方法的突出特点是，假设的提出主要依赖对基本理论和基本概念的剖析；依赖对理论中裂痕的洞悉和逻辑上的要求；有的甚至来自对思辨性观念的追求或者对科学史上一些基本原则的证明和反驳。例如，爱因斯坦狭义相对论中的光速不变原理和狭义相对性原理，作为最初的假设基本上是应用这一方法提出的。这种方法在理论性愈强、抽象程度愈高的学科领域中运用愈普遍。

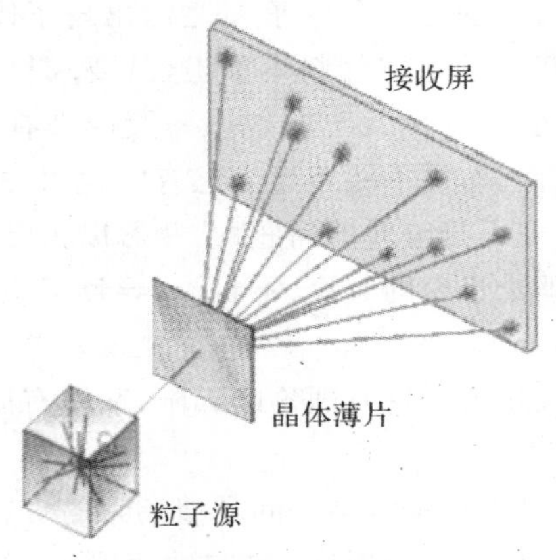

图 8-2 物质波实验

1927 年戴维孙和革末用加速后的电子投射到晶体上进行电子衍射实验，证实了电子的波动性。

在科学研究中，上述提出假设的各种方法一般不是孤立地运用，而需要各种方法的综合作用。归纳、类比、想象、直觉在其中发挥着关键作用。由于运用方法的不同，看问题的角度不同，因此，为解决某一问题提出的初步假设也不是唯一的，而可能是提出几个甚至一连串的可供选择的假设。研究者对一系列的初步假设进行反复比较、论证，最后作出选择。初步假设一旦选定，就成为即将建构的假说体系中的初始假设。

3. 完成假说

以初始假设为基础和中心，应用科学理论进行论证，并搜集经验事实加以充实，形成一个结构稳定的系统，这就是假说的完成阶段。

初始假设是整个假说系统的起点。以初始假设为前提进行演绎推理，可建立起初始假设与有关问题和论点的联系。有关问题和论点包括被说明的问题的产生，该问题在不同条件下可能具有的不同表现，出现问题的原因，以及可能的发展结果，等等。推演和论证初始假设与相关问题之间联系的作用是双向的。一方面可以运用初始假设解释有关问题；另一方面有关问题的论证和解释可加强初始假设。由此可见，初始假设又是整个假说系统的核心，因为在其周围分布着以它为前提推演出来的、说明有关问题的假设性结论，形成了以初始假设为中心，以相关结论为外围的假说框架体系。

作为中心的初始假设经过推演达到假设结论后，意味着它与经验事实更加接近。再以假设性结论为前提，通过一次或几次的推演，便可解释已知的经验事实。假说框架的外围分布着一系列假设性结论，分别以这些结论为前提可形成多条演绎路径，这样推演的结果可以解释一系列有关的经验事实。在有些情况下，推演的结果不仅能说明已知的经验事实，而且可推出未发现的事件。至此，假说已不再只是“框架”，而是包含着丰富内容的体系。

大陆漂移假说的建立能很好地说明假说的形成过程。人们首先注意到非洲西部的海岸线和南美洲东部的海岸线彼此高度吻合，继而提出这两地海岸线为什么吻合的问题，当时的地质科学不能解释。1910 年，德国气象学家魏格纳根据已知的力学原理和海岸线形状、古地质方面的有限科学事实，提出了大陆漂移的初始假设。接着，魏格纳从初始假设出发，论证了大陆漂移的原动力、方向、速度等相关问题，解释了大西洋两岸古生物物种相同等事实，预言大西洋两岸的距离正在逐渐增大，建构起说明地球表面海陆分布现状的假说系统(见图 8-3)。

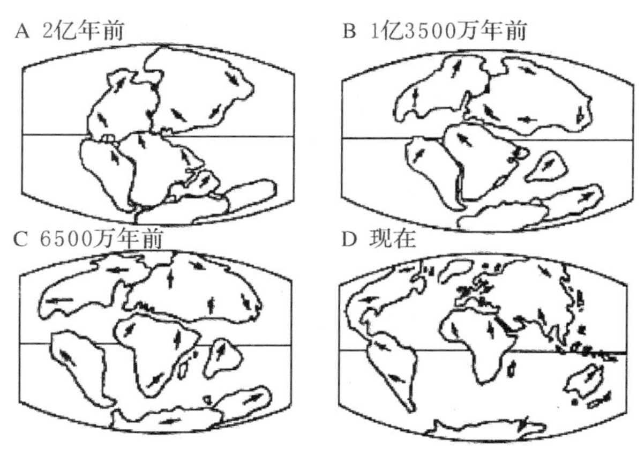

图 8-3　大陆漂移示意图

假说的建立与形成过程需要高度的创造性，是认识中的主体试图反映客体的过程。为了使假说的建构获得成功，思维活动要遵循基本的方法论准则。

既要以经验事实为依据，又不能囿于已有的经验事实。就是说，建立假说必须或多或少地依据经验事实，这是假说赖以形成的客观基础。但是，人们不可能等待事实材料全面、系统地收集、积累后才建构假说，如果这样就等于停止理论的思维活动。恩格斯说得好：“如果要等待构成定律的材料纯粹化起来，那末这就是在此前要把运用思维的研究停下来，而定律也就永远不会出现。”[①]另外，由于观察和实验条件的限制，人们所获得的事实材料也往往带有“水分”，建构假说应排除这一类干扰，不能轻易为个别事例所左右。

必须充分注意以科学原理为指导，但又不为传统的观念所束缚。假说的形成是人类认识的扩大和深化，是由已知向未知探索的过程，毫无疑问，必须以现有的科学原理和科学知识为依据。科学原理的指导作用还表现在，假说不能与已被实践反复证明了的正确的科学理论相背离。但是也必须看到，许多现有的理论并不是完美无瑕的，当现有理论和新的事实

① 恩格斯. 自然辩证法. 北京：人民出版社，1971：218.

相矛盾时，问题可能是由现有理论的缺陷引起的。更有一些观念，虽从未经过论证和检验，但被人们广泛接受而成为“常识”。在假说的构造过程中，要注意对现有理论的科学分析，不能被“常识”所迷惑。在理论与科学事实发生尖锐冲突时，应敢于突破原来理论的框架，以新的假说体系去说明新的科学事实。

不悖原则，即新建假说同研究对象范围内已知科学事实及经实践检验的理论不能相悖。新假说要解决旧假说所面临的矛盾，并同旧理论的不相悖。例如，相对论力学和量子力学的创立，对低速、宏观领域内物理现象的解释同经典力学相比，非但不悖，而且还指明了经典力学的使用条件、范围，又说明了高速、微观领域内的物理现象，并以新概念、新思路优于经典力学，完成力学向深一级本质的飞跃。

可检验性原则，即提出的假说必须能被实践检验。任何不能用观察、实验加以检验的假说，都不是科学假说。因为当新假说同原有的旧假说和理论发生矛盾时，最终判定其真伪标准的只能是实践。假说可以提出当时看来是异乎寻常的结论，但必须包含有可以在实践中检验的推论。例如，1933 年泡利完整地提出了 β 衰变时放出中微子的假说，预言了中微子的存在，直到 1956 年才被证实。1965 年又探测到来自太空的中微子。中微子存在的预言 23 年后被一再证实。这说明假说是完全可以被检验的。

简明性原则，即初始假说的数量必须尽量少，做到言简意赅。能用个别的初始假设构造体系，一方面表明对问题分析透彻，抓住了问题的关键；另一方面说明假说选择得当，从一系列相关的假设中排除了次要的方面。同时，初始假设越少，越有利于保证以初始假设为起点的演绎体系的严谨性。初始假设是整个假说体系的核心和基础，由于其在明确而简单的判断中寓集着大量的信息，人们透过它可以窥测到整个假说的精华，有的初始假设甚至可以上升为一般原理。

三、科学假说的确证和证伪

科学假说向理论转化，是在实践引导下不断向客观规律逼近的过程，这一过程的前期表现为假说的发展。假说的发展可以归纳为两种模式。

1. 个体发展的模式

假说初步形成以后，随着新的事实材料的收集，假说的外围论证更加充分，内容更加充实，整个假说体系不断完善。这是假说个体发展的第一种表现。其次，随着研究的深入，往往发现假说不能圆满地说明问题，于是重新考虑假说的基础——初始假说，从更普遍的意义上提出新的假设以取代原有的初始假设。在新的假设前提下建立的假说比原来的假说具有更普遍的意义。再次，发现假说根本不能解决问题，于是建构新假说以完全取代原来的假说，这也是假说个体发展的表现。

所有假说几乎毫无例外地都要经历个体发展的过程。例如，为了说明地球上海陆分布状况及其原因，继魏格纳建立大陆漂移假说之后，在进一步研究的基础上，赫斯和迪茨又根据海底地貌材料提出了海底扩张假说。20 世纪 60 年代末期，美国的摩根等人又在大陆漂移、海底扩张等假说的基础上提出了板块构造假说。这一假说仍在发展中。

专栏 8-1

科学假说的确证和证伪的逻辑公式

科学假说确证的逻辑公式

H→I(若假说 H 为真,则有推导出的检验项 I) I(I 为真) H(假说被确证)。

科学假说证伪的逻辑公式

H→I(若假说 H 为真,则有推导出的检验项 I) 非 I(I 为假) 非 H(假说被证伪)。

从上面的公式可以看出,检验实际上是通过肯定或否定后者(I)来确证假说的真伪的。就确证的公式而言,我们可以看到,确证的过程实际上是一种归纳论证,而任何归纳都不可能证实假说为真,因为当下为真,并不能排除日后被证伪,因此,确证检验只能确定假说的确证度。

2. 群体发展的模式

群体发展首先表现为关于同一个问题形成不同的假说,并且它们可以各自独立地发展,有的甚至能长期并存。例如,关于光的本性的微粒说和波动说;关于夸克"禁闭"的袋模型和弦模型等等。其次,表现为由一个假说出发,可引申出一系列相关的假说,它们可以分别说明一个领域中相互联系着的问题。这些假说互相依存、互相促进,一个假说的重大变化可能引起其他假说的变化。例如,达尔文在研究生物进化时,必然涉及人,必须回答人类的产生和进化问题。而人类的产生和发展与其他动物是有本质区别的,所以在建构生物进化假说的过程中,又导致了人类起源的假说。再次,假说的群体发展还表现为某一个领域的假说,可用于说明其他领域的问题,在其他领域建构起相关的假说。如人们用现代粒子物理学的一些假说去说明宇宙和天体现象,建构了现代宇宙学的假说系统,这些假说也是相互联系、共同发展的。总之,假说的群体发展离不开个体发展,个体发展是群体发展的基础。同时,假说的群体发展也可以带动和促进个体的发展。

在假说的发展中应注意两点方法论准则。

(1)对已有假说采取既坚定不移、又灵活机动的态度。假说初步建成以后,会受到来自相关学说、对立假说以及反例的反复冲击,在外界的强烈作用下,假说的建构者甚至要承受心理上的巨大压力。尽管如此,只要假说没有直接被佐证否定,就不要轻易放弃,而应以坚忍不拔的精神去发展它、证实它。由于假说的核心是假定性的东西,对初步形成的假说尤其要注意采取灵活的态度。这里的"灵活",指假说应主动向事实靠拢。当假说与事实发生矛盾时,首先应考虑的是假说适应事实的问题。就像赫胥黎所说的,应像一个小学生那样坐在事实面前,准备放弃一切先入之见,恭恭敬敬地照着大自然指的路走。根据新事实修改或放弃原有的假说并不容易,因为假说的建构者往往更多地希望获得成功,而对与自己精心编制的图案不一致的现象不大介意,活跃的思维被先入之见有意无意地束缚着,这种束缚有碍假说的发展。

(2)密切注意相关的假说。由于很多假说是相互关联、相互依赖的,因而假说的建构者要密切注意与自己工作有关的假说的发展。当相关的假说在新的事实面前被证实、修改或证伪时，它一定会对自己的工作产生影响，要根据情况不失时机地修改、完善或放弃自己的假说。在相关的假说中，尤其要注意对立假说的竞争。在竞争中研究者不仅要千方百计地收集新事实以为自己的假说辩护，同时要用新事实去驳斥对立的假说，并且对竞争各方冷静分析，作出合理的评价。这种竞争的精神状态能使观察者寻求与每一种假说有关的事实，并赋予那些看上去微不足道的事实以重要的意义，有利于假说的发展。

专栏 8-2

月球起源的四种假说[①]

历史上有关月球起源的假说，大致可归纳为共振潮汐分裂说、同源说、捕获说和撞击成因说共四种类型。

共振潮汐分裂说

共振潮汐分裂说坚持月球是地球的亲生女儿，即月球是从地球中分裂出来的。坚持这一假说的科学家认为，在地球形成的早期，地球呈熔融态，早期的地球飞快地旋转，地球物质在地赤道面上出现膨胀区，使在赤道面上的这部分熔融物质在地球高速自转情况下从赤道区被甩了出去，甩出去的物质在地球附近的行星际空间凝聚，冷凝后形成月球。一些持这种假说的人还认为，地球上的太平洋就是月球分裂后留下的“疤痕”。不过，由于这一假说与地月系的基本特征不相符，现在已经被大多数科学家所摒弃。

月球起源的同源说

月球起源的同源说坚信月球与地球是姐妹或兄弟关系，月球与地球在太阳星云凝聚过程中同时“出生”，或者说在星云的同一区域同时形成了地球和月球。同源说力图合理解释地球与月球成分差异和月球的核、幔与壳的组成，但其模式与太阳星云的凝聚过程和地月系的运动特征不尽相符。因此，这一假说也不尽如人意。

月球起源的捕获说

月球捕获说认为，月球是地球抢过来的“女儿”，即地球与月球由不属于同一星云团的物质形成，由于地—月轨道的变化，在 1～10 个地球半径范围内，外来的月球在飞过地球附近时被地球的强大引力所捕获，最终成为一颗环绕地球运行的卫星。不过，捕获说只能解释部分观测事实，不能令人满意。因此，不断有人另辟蹊径，提出新的假说。

月球起源的撞击成因说

撞击成因说也被称为“大碰撞分裂说”，是当前较合理的月球起源假说。这一假说认为，地球早期受到一个火星大小的天体撞击，撞击碎片（即两个天体的硅酸盐幔的一部分）最终形成了月球。

假说的发展实际上是不断地经受检验的过程，随着过程的延续，假说中合理的成分愈来

---

① 资料来源：月球起源说，http://baike.baidu.com/view/3871011.html.

愈多。一旦假说运用于实际，如果有越来越多的事实和它相符，并且没有任何已知事实与之相矛盾，证明这个假说反映了客观规律，该假说就转化为科学理论。如果由假说作出的科学预见得到实践的证实，标志着假说也转化为科学理论。假说的预言是以初始假说为前提推导出来的，它既是初始假说的必然结果，也是整个假说体系的有机组成部分。预言被证实说明假说与客观规律是一致的，并且这种真理性的证明比前一种情况更强有力。在有些情况下，一个假说作出的推断跟另一个假说作出的推断相对立，实验的结果支持其中一个推断而否定另一个推断。这种“判决性实验”至少可以证明被否定的假说有可能是错误的，在有的情况下，也可以证明被肯定的假说可能转化和上升为理论。

在科学研究中，成功假说的背后还有大量错误的假说。任何假说都是在特定的条件下形成的，因而难免带有局限性。更何况假说本身就是在事实不十分充足的情况下，对未知现象及其规律的假定性说明，所以也不能保证绝对可靠。故此，在科学研究中出现错误假说是难以避免的。有的假说虽然后来证明是错误的，但在假说建构过程中所收集的事实材料，对事实材料的初步概括和整理、提出的初步概念，等等，对后来科学的发展都是有益的。同时，人们还可以从错误假说中吸取教训，沿着新的认识道路探索。

第二节 科学理论

科学理论不是科学知识的杂乱堆砌，它有自己的结构和功能。一定的科学理论是在特定的社会历史条件下形成的，随着实践的发展，科学理论也会不断发展，这是一个由相对真理向绝对真理发展的过程，这一过程永远也不会完结。

一、科学理论的结构和特征

科学理论是对自然现象的系统说明，是关于研究对象的本质及其规律性的知识体系，是经过实践检验的客观真理，是思维概括反映研究对象的系统形式，是理性思维的最高成果。它借助一系列的概念、判断和推理将事物的本质表达出来，是有规律的知识体系而不是个别、零散的知识片段，是从科学假说脱胎出来的，它在结构、形式上与假说基本一样。但是，科学理论与科学假说有不同的根据、不同的性质、不同的作用。假说的依据是尚不充分的材料，科学理论则是建立在充分而真实材料的全部总和及其内在联系的基础上；假说是真理性未经检验的或然性知识，而科学理论则是真理性已经得到相当程度证实的可靠的知识；假说一般只是给人们的认识提供线索，有启发作用，而科学理论可以指导人们的认识和实践。科学理论与科学假说有很大的区别，其自身特征也与假说有所不同，主要表现在以下方面：

客观真理性。科学理论的对象是客观的，首先必须以客观事物作为前提和基础，而不应该以主观虚构和幻想的东西为出发点。其次，科学理论的内容是客观的。科学理论是对客观事物及其规律的反映，理论体系必须与客观事物及其运动相一致。理论不是将规律强加给自然界，而是反映自然界实实在在的运动、变化和过程。诚然，科学理论的形式是主观的，但内容不应该夹杂主观的东西，理论离开了内容的客观性就谈不上科学。再次，科学理论是经过实践检验的，是在认识和改造客观世界过程中得到证实的东西。它的客观真理性不是以人们的主观想象和是否得到公认为标准。科学理论的客观真理性要求它的概念、原理和定律的建立必须凭借真实材料；在真实材料基础上提出的假设，必须获得实践证明；根据这种理论作出的预言，必须在实践中得到证实。

全面性。科学理论要求从客观事物的全部总和出发，从大量有关现象中进行概括和抽象。科学理论要有普遍性，能说明有关的全部现象，反映对象的各个方面和发展变化的全过程。

系统性。科学理论是由相互关联的内容构成的有机整体，并且这种联系在横向、纵向上都与客观事物相一致。首先，它要求反映客观事物各相关方面和部分的概念、原理、定律不能任意组合或堆砌，而应按客观事物的本来面貌构成一个完整的系统。其次，科学理论中的概念、原理、定律不是全部平行的，它们应依其在客观事物中的地位和作用分为不同的层次，这些层次既相互联系、又相互区别。再次，科学理论应反映客观事物的运动、转化和发展，科学理论的各部分应有因果和导出关系，科学理论不应该是僵死的，而应是活生生的动态系统。

逻辑性。科学理论必须能用明确的概念、恰当的判断、正确的推理以及严密的逻辑加以证明。理论中的概念、判断、推理应该按照逻辑规律构成严密的逻辑体系。在这个体系中，各种命题之间有着一定的逻辑关系，从基本的命题和原理出发可以推出各种具体的命题和结论，这些命题和结论的合理性又可以从逻辑上加以推演和证明。

上述科学理论的特征只具有相对的意义。由于客观事物的复杂性以及人们实践和认识的发展性，具体的科学理论只是人们在一定条件下认识的结果，只能达到特定条件下所能达到的水平。它对真理性、全面性、系统性、逻辑性的追求绝不可能达到尽头。相反，如果将理论绝对化、固定化，便会阻塞科学理论进一步发展的道路。

二、科学理论的功能和评价

科学理论作为相对稳定的系统包括许多要素，概括起来主要由经验要素、理论要素和结构要素三部分组成。它具体表现为理论涉及的经验事实；各种基本概念、基本原理或定律，以及以此为前提推演出的结论；联系原理、定律、结论、经验事实的归纳、演绎、证明等逻辑过程。

一般来说，科学理论中的要素有着不同的地位和作用。经验事实来自观察和实验，它是科学理论得以产生和存在的基础。科学概念是对经验材料的消化和概括，它们是理性思维抽象的结果，反映着事物的本质、凝结着一定的知识。科学概念是科学理论之网上的纽结，也可看做是构造科学大厦的砖石。基本的科学原理或定律，依其对事物本质属性揭示程度的不同，有的来自对经验事实的归纳，有的来自科学抽象和演绎推理。基本原理和定律在科学理论中处于核心的地位，是科学理论之网上的纲，也是科学大厦的中坚。联系原理、定律、结构和经验事实的逻辑过程，必须遵循逻辑规则，这些规则是人类在长期思维活动中形成的，是从发展着的知识整体中升华出来的。科学理论中的上述要素相互联系，形成了结构复杂，和谐统一的理论整体。

科学理论上述结构的建立过程是科学知识的综合过程，在形成过程中所运用的方法主要有以下两种：

(1)公理化方法。所谓公理化方法是指根据某个方面的科学知识,从中抽取出一些基本概念和基本命题作为公理、定义,然后按照逻辑规则推导出一系列其他的命题和定理,从而构成完整的理论系统。公理化方法由亚里士多德首创,欧几里德、牛顿等科学家都先后将公理化方法用于数学、物理学等学科,从而建构了一系列科学理论,深刻揭示了自然规律,成为后来全部自然科学发展的基础。运用公理化方法时首先要注意不要出现相互矛盾的命题,否则公理化系统就是矛盾的。其次,公理化系统必须尽可能完备,即本学科理论的任何定律都可以由这几个公理推导出来。再次,公理化体系中的各公理应当是独立的,即在公理系统中,任何一个公理都不能由其他公理推导出来,否则该公理就丧失独立性而沦为其他公理的推论。在公理体系中,只有公理数达到最少,科学理论才具备最大的简单性。

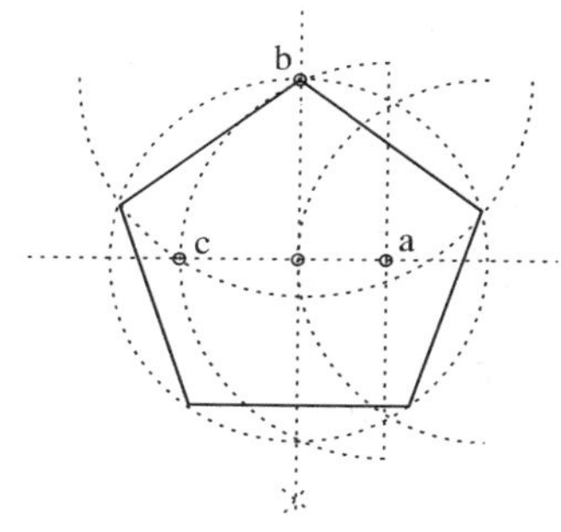

图 8-4 正五边形的作图过程

古希腊欧几里得在他的《几何原本》中描述了一个用直尺和圆规做出正五边形的过程。

(2)逻辑与历史统一的方法。该方法要求科学理论体系再现历史过程。逻辑是指理论对研究对象的发展变化规律的概括和反映;历史则是客观事物发展、运动、变化的历史过程和人类对客观事物认识发展的历史过程。用逻辑与历史一致的方法综合科学知识有两条途径。其一,理论中概念、范畴的逻辑顺序要符合研究对象的历史发展顺序。正如恩格斯所说:"历史从哪里开始,思想进程也应当从哪里开始,而思想进程的进一步发展不过是历史过程在抽象的、理论上前后一贯的形式上的反映。"①理论体系的起点要与事物发展过程的起点相一致。随后,理论体系的逻辑次序逐步展示客观对象由低级到高级、由简单到复杂的历史发展过程。其二,理论体系的展开顺序与人类认识的历史发展过程相符。作为认识和反映事物的概念和范畴体系也应当从最简单、最抽象的概念和范畴到越来越复杂的概念和范畴。随着人类认识的深入,逻辑论断也会越来越丰富和深刻,如此形成的科学理论系统就可能与人类的认识史相一致。

逻辑与历史一致,并不是两者机械的相符,而是科学理论的逻辑性与历史的必然性一致。实际的历史过程包括大量起干扰作用的偶然因素,它们构成无数的细节,使历史过程发生曲折。而逻辑必须是撇开历史行程中迂回曲折的细节,撇开偶然的因素,在纯粹的形态上把握事物发展的规律,是经过思维"修正"的历史过程的再现。

科学理论的结构决定了它具有如下基本功能:

(1)解释功能。解释是科学理论的延伸,可充分地作用受理论支配的现象领域,使理论映射的一系列现象得到统一的说明,从而获得对自然现象的本质理解。解释还可以将描述一事物各种属性的经验定律联系起来,以更深刻的理论说明各经验定律及其相互关系。自然界各事物间基本关系的解释可形成因果解释、概率解释、结构解释、功能解释和起源解释。不同类型的解释有不同的特点,它们共同作用,使科学理论从诸多方面说明事物的本质。

---

① 马克思恩格斯选集(第 2 卷). 北京:人民出版社,1972:122.

(2)预见功能。科学预见是从科学理论合乎逻辑地推导出有关未知事件的结论。这些事件或者已经存在但不为人们所知，或者尚未存在，但将来应当能够产生。也就是说，科学理论能够预测事物的发展趋势和变化结果。由于科学预见建立在科学理论的基础上，因而是理论所蕴涵的。所以理论预见与经验推测和假设不一样，它是可靠的、必然的。科学预见功能是科学理论能动创造作用最鲜明的表现，充分显示了理论思维把握了事物的本质规律以后，能明显地超越经验认识范围。

(3)指导科学实践的功能。其主要表现是：第一，科学理论可为科学实践预设许多可能的理想方案，其中包括实践的目的、途径和方法等。事实上，没有这些方案，科学实践活动根本不可能进行。第二，科学理论渗透在科学实践的各个环节中。观察、实验数据处理、结果分析和评价都离不开科学理论。第三，科学理论可使科学实践活动逐步深化。一方面，在科学理论指导下的实践活动优于盲目或经验性的实践活动；另一方面，建立在一定理论层次上的实践活动必然以更深的未知层次为作用对象，同时，实践自身的形式和内容也丰富和发展了。科学理论对科学实践的指导功能与科学的解释功能和预见功能是分不开的，离开了对事物的科学解释和预见就谈不上科学实践，所以科学理论对实践的指导功能是以科学理论的解释和预见功能为前提和基础的。

专栏 8-3

经典电磁学理论的形成

19 世纪前期，奥斯特发现电流可以使小磁针偏转，而后安培发现作用力的方向和电流的方向，不久之后，法拉第又发现，当磁棒插入导线圈时，导线圈中就产生电流。这些实验表明，在电和磁之间存在着密切的联系。为此法拉第引进了力线的概念，认为电流产生围绕着导线的磁力线，电荷向各个方向产生电力线，并在此基础上提出了电磁场的概念。

19 世纪下半叶，麦克斯韦总结了宏观电磁现象的规律，并引进位移电流的概念。他提出了一组偏微分方程来表达电磁现象的基本规律。这套方程称为麦克斯韦方程组，是经典电磁学的基本方程。麦克斯韦的电磁理论预言了电磁波的存在，其传播速度等于光速，这一预言后来为赫兹的实验所证实。于是人们认识到麦克斯韦的电磁理论正确地反映了宏观电磁现象的规律，肯定了光也是一种电磁波。

三、科学理论的发展

科学理论的发展有两种基本模式。

渐进式的发展模式。该发展模式是指理论的基础和性质相对不变，在这一前提下，对理论作进一步的补充、修改和完善的工作。主要表现为理论的内容不断地调整，结构不断地完善，应用领域不断扩大，对事实的判断更加精确化。在科学理论渐进发展的过程中，理论的核心起着重要的支配作用。它一方面“诱导”着理论的发展，使理论体系逐步完善。另一方面又“制约”着理论的发展必须在一定的框架之内，不能越出它所规定的界限，不允许不符合或有损于核心理论的情况出现，发展必须是与核心理论相容的。

革命式的发展模式。就是一种理论的基础和性质发生了变化，表现为旧理论体系中基本概念、基本原理的变更，导致整个科学理论体系和结构的重建。科学革命不是知识数量简单地增加或调整，更不是仅仅发现一两个新事实、引进一些新的结论。科学革命是扬弃一种旧的、传统的理论观念和方法，代之以崭新的理论和方法，建立新的理论框架，形成新的理论体系。在科学革命的过程中，旧理论的核心将被新的科学理论所淘汰、修正或归并，失去其独立存在的意义。然而旧理论中的某些结论将被包含在新的理论体系中，只是它们被转移到不同的理论基础之上。

科学理论的渐进发展和革命变革在理论发展的总进程中不是孤立存在的。纵观科学理论的发展历史，它总是在渐进与革命的交替发展中行进的。科学理论在渐进发展阶段，理论核心不仅相对稳定，而且得到尽可能地发挥。这种发挥就好像理论向四面八方伸出了无数的触角，对很多有关的事实和现象给以说明，并纳入自己的框架，理论发展处于量的积累过程。但是，已有理论的发展不是无止境的，其触角可能碰到这样的新事实：理论不仅不能说明它，而且在试图说明的过程中暴露出自身存在的根本性问题。于是，旧理论的框架出现了裂痕，科学革命就到来了，科学理论的发展由量的积累过渡到质的突破。经历科学革命以后，建立起新的理论，在新的基础上，科学的渐进发展又开始了。科学理论正是在渐进——革命——新的渐进——新的革命过程中发展的。

科学理论的发展就是科学的创新，发展后的科学理论与旧理论相比有更大的优越性。首先，新的科学理论要能说明旧理论不能说明的自然现象。其次，新理论应比旧理论有更高的逼真度，即应与客观实际更加接近，更加清晰、逼真地反映客观事物。第三，新理论应有更大的预见性。

科学理论的发展是艰难曲折的。这是因为，首先，科学理论的发展实质上是人们认识的发展，而认识的发展又受一定条件的限制，在一定的历史时期只能形成一定的科学理论。这就是牛顿无论如何努力也不可能将自己的力学理论推进到相对论的原因。其次，科学理论的发展过程异常复杂。有人认为通过对假说的不断证实可以发展理论，有人认为通过对理论的证伪才能达到目的，有人认为科学理论的发展是通过范式变化实现的，也有人认为科学理论的发展就是科学研究纲领的发展。由此看来，科学理论的发展没有固定的套路。再次，新的科学理论的确立需要一个过程。新理论的基本概念和原理可能距离经验更远，过度抽象的理论往往使人不可思议、难以理解。尤其是旧理论被人们长期接受，头脑中对新的理论和知识产生了隔离屏障。所以新理论尽管比旧理论优越得多，它却不一定能立即得到公正的评价和认可。日心说、相对论、控制论等理论，无疑都是科学史上重大的理论发展，然而它们在建立的初期，几乎都遭到过冷遇，有的甚至经过血与火的考验后才确立下来。

科学理论的发展过程也就是真理发展过程。理论的每一步发展，都增添了真理的成分，这是一个由相对真理走向绝对真理的永无穷尽的过程。科学认识应该沿着已有理论自身形成和发展的客观根据前进，正是这些根据不仅为科学理论发展预示了灿烂的前景，并且为科学理论的发展开拓出广阔的道路。

四、科学理论与科学假说的关系

科学假说和科学理论，有一个共同的建构基础：科学因素。不论是科学假说，还是科学原理，都是在经过科学分析之后建构出来的。马克思主义理论，是建构在科学基础之上的理论，是建构在深厚的政治学、经济学、哲学基础之上并经过实践验证的科学理论，因此，构成马克思主义学说三大部分之一的马克思关于社会主义的学说，被称为科学社会主义，就其性质上而言，当然是一种科学理论。

科学假说，从一定意义上说，是科学理论的前期发展阶段。任何一种复杂科学理论的建构，都是经过了一个长期的历史和逻辑发展过程的。其中一个重要且必需的阶段，就是科学理论的科学假说阶段。从科学假说发展到科学理论，有以下几种不同的结果：①科学假说经过实践和实验的证实，具备了真理性，上升为科学理论；②科学假说被实践和实验证伪，蜕变成为谬误并被抛弃；③科学假说一直得不到实践和实验的证明，只能一直停留在假说阶段，留待未来科学技术的发展来证明。

科学假说到科学理论的升华，要经历一个复杂的置换过程。这一过程有以下几种维度的差异：①科学假说单一维度的升华：即单一科学假说经过实践和实验的证实后，升华为单一科学理论。这种置换称为简单置换过程。②科学假说多维度的升华：即单一科学假说经过实践和实验证实后，升华为多个不同类型的科学理论。这种置换，需要一个体系庞大、论证完善的科学假说作为基础，较为罕见，称为复杂置换过程。③多个具有相关性联系的科学假说的单一维度升华：即多个具有关联性的科学假说经过实践和实验证实并且分析综合后，升华为单一科学理论，也属于复杂置换过程。④多个具有相关性联系的科学假说的多维度升华：即多个具有关联性的科学假说经过实践和实验证实并且分析后，升华为多个相似类型的科学理论，极为鲜见，属于更加复杂的置换过程。

第三节　科学解释

科学解释是用科学的概念框架（或称模式）解释、阐明、说明事物的含义与原因以及表达理由的意义活动。关于科学解释，西方科学哲学的诸多流派都提出了自己的观点和理论。

一、逻辑实证主义的科学解释观

1948 年，亨普尔和奥本海默在《科学哲学的逻辑研究》一文中提出的“演绎—定律”模型，被看做是科学解释的标准模型。在这个模型中，科学解释除必须包括解释项和被解释项外，还必须满足四个条件：被解释项必须是解释项逻辑演绎的结果；解释项必须包含导出被解释项所不可缺少的普遍律；解释项必须具有经验内容，亦即它必须至少在原则上能被实验或观察所检验；组成解释项的句子必须是真的。

在此，亨普尔把科学解释设定为论证过程，将被解释现象置于覆盖律之下，一方面要使解释的现象具有知识基础，使现象的导出具有逻辑的有效性；另一方面知识与逻辑则使现象的发生表现为天然的。也就是说，它将“现象 E 为什么发生?”这种形式的问题科学地解释为“现象 E 是依据定律 L 和前提条件 C 而发生的”。这使原因得到说明，知识获得统一。

但是，在这个模型中科学解释被视为纯粹的逻辑过程，忽视了具体的人对现象的解释活动，否认科学解释存在评价环节。它将科学解释这一科学活动过程视为一个无主体、无旨趣、无意向的过程。后人对它的批判和重建也都立足于对此。

二、当代科学哲学的科学解释理论

库恩、汉森、图尔明、范·弗拉森等人从科学历史主义、语用学、语境学等角度对科学解释予以了重新论证，虽然很多地方还没有达成一致，但是对于科学解释的以下几个方面已取得共识：第一，强调科学解释的出发点是围绕着“为什么”的中心问题，在包括求释者、解释者的科学背景等相关因素的语境中展开。第二，观察渗透着理论。一方面观察对象的选择及问题的提出，都与观察者的理论兴趣、特定的研究问题、理论的背景有关联；另一方面，观察结果的陈述总要借助于一定的语言来进行，除了日常语言以外，观察陈述离不开专门的概念化的描述语言，这必然带上某种理论的痕迹。第三，科学解释的结果是多样的。范·弗拉森认为，解释的基本关系是“对于人 P 是 X 说明 Y”的形式。它涉及由时间、地点和人的特定性质所构成语境问题。科学解释作为对“为什么”问题的回答，尽管它是针对某一现实的现象的，但是由于语境的不同，答案或解释也会不同。第四，解释的客观性靠主体间性来保证。

由于认识背景不同，对同一问题的解释将出现不同。为防止解释落入相对主义和不可知论，科学解释必须保证其严密性和客观性。只有当某些事件能按照定律或规律性重复发生时，观察在原则上才能被任何人所检验，而主观经验或确信感觉不能证明科学陈述。“客观性依赖于批评，依赖于批评性讨论，依赖于对实验的批评性检查”。把主体间性纳入科学解释活动，一方面彰显个人的主观性，也以主体间的批评和检验来限制了解释中的主观随意性。

由上可知，虽然学者们的科学解释理论或多或少都存在这样或那样的不足。如在科学解释的目的上，逻辑实证主义认为，科学解释是对“为什么”问题的回答，是对原因的说明，反对将科学解释看做是一种与人的需要、目的和心理动机有关的提供理由的活动；历史主义科学解释观却又过分强调科学解释的主体性和相对性，逐渐走向反对科学解释的客观性、真理性与合理性的主体主义；语用学派范·弗拉森等人从语用学的角度批判了逻辑实证主义科学解释理论的狭隘性框架，在使之扩展到语用学的广阔思想领域的同时，模糊了科学解释和其他人类解释活动的区别，最后甚至得出“在科学中不存在解释”的结论。但是从他们的批判中，我们可以推断出：科学解释不能简单说成是对“为什么”问题的回答，有时它可能是对“如何可能”的回答，也有可能是对“是什么”问题的回答。

专栏 8-4

科学大战

1996年5月18日,美国《纽约时报》头版刊登了一条新闻:纽约大学的量子物理学家艾伦·索卡尔向著名的文化研究杂志《社会文本》递交了一篇文章,标题是"超越界线:走向量子引力的超形式的解释学"。在这篇文章中,作者故意制造了一些常识性的科学错误,目的是检验《社会文本》编辑们在学术上的诚实性。结果是五位主编都没有发现这些错误,也没有能识别索卡尔在编辑们所信奉的后现代主义与当代科学之间有意捏造的"联系",经主编们一致通过后文章被发表,引起了知识界的一场轰动。索卡尔本人在他那场"恶作剧"中以嘲弄后现代人文学者对物理学的无知作为开端,主要反对的是相对主义哲学,以及他所理解的社会建构论,由此爆发了一场"科学大战",并演变成科学与人文的公开论战。

进入21世纪,要求超越科学大战,展开严肃对话的论著越来越多。2001年,拉宾格尔和科林斯主编了《一种文化:关于科学的对话》一书,书中总结说,如果这场争论以实质性对话的方式继续下去,人们必须从对这场争论状态的关注转变到对有关研究的重要性的关注上来,在耐心地倾听和理解对方论点的基础上展开充分的交流,求同而存异。

本章框架

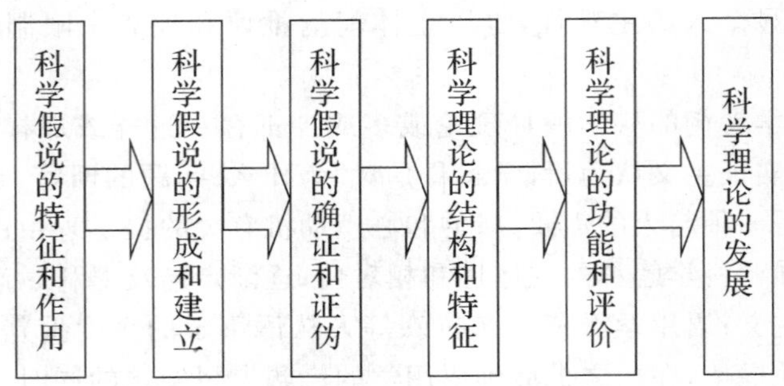

进一步阅读文献

1. 吴寅华,潘世墨. 科学假说(第四章). 杭州:浙江科学技术出版社,1997.

2. 张巨青. 科学研究的艺术——科学方法导论(第一章). 武汉:湖北人民出版社,1988.

3. 徐炎章. 科学的假说. 北京:科学出版社,1998.

4. 曹志平. 理解与科学解释——解释学视野中的科学解释研究(第一章). 北京:社会科学文献出版社,2005.

复习思考题

1. 怎样理解科学假说及其意义？
2. 怎样理解科学假说的检验及其问题？
3. 如何评价一个科学理论？

第三篇 技术观与技术方法

技术是人类改造和利用自然能力的标志，它与人类社会一同产生和发展，体现人的本质力量。技术观是人们对于技术发展规律和技术本质属性的总体认识和基本观点。不同的历史阶段，技术具有不同的自身特征和相应的主导技术。近代科学兴起以后，技术成为自然科学和社会生产的中介，表现出越来越明显的集自然属性和社会属性于一身的本质特征。技术的双重属性反映了技术内在价值与现实价值的辩证统一，它直接影响技术要素的联系方式和技术的体系结构，也影响技术研究方法的选择和应用。

本篇在介绍古代、近代和现代技术演进与技术革命的基础上，讨论了技术本质与技术结构问题，并从技术研究一般过程及其特点出发，介绍宏观层面的技术预测和评估方法，微观层面的技术发明、设计和试验方法，并对认识和解决复杂技术问题的系统方法进行重点讨论。

第九章　技术演进与技术革命

重点提示

- 古代手工技术以材料加工利用技术为主导，经历了原始社会、奴隶社会和封建社会不同技术形态的演进。
- 近代工业化技术以能源动力技术为主导，发生了蒸汽技术和电力技术两次革命，带来机械化大生产，科学—技术—生产的关系日益紧密。
- 现代技术以物理学革命为先导，以信息技术为主导，出现了新技术革命，并与社会革命融合，具有领域不断拓展、体系综合复杂、影响持续深远等一系列新特点。

技术演进的过程与人类社会发展的进程是一致的，技术既创造着文明也表征着文明。不同社会形态下的技术发展表现出不同的特点和规律，技术演进与技术革命交替出现，呈现出波浪式前进和螺旋式上升的轨迹，推动了人类社会的变革和发展。

第一节　古代手工技术的演进

技术的历史与人类社会的产生同步开始。当原始人打制出第一件石器时，人类利用和改造自然的技术史就揭开了序幕。古代技术从远古开始，经过漫长的原始社会、奴隶社会到封建社会，是以人力畜力为基本动力的手工技术时期，主导技术是石器、铜器、铁器等工具的制作加工。器具制造在人类文明史上占据着极为重要的地位，我们现在一直以当时器具的技术水平来划分和命名人类文明的早期时代。

一、原始社会的技术发展

人类的历史从劳动开始。劳动创造了人本身，也造成了人与其他动物的本质区别。劳动需要工具，因此最早的技术就是石器、弓箭、陶器等工具的发明和制造。

石器是古代技术的早期标志。恩格斯指出："动物仅仅利用外部自然界，单纯地以自己的存在来使自然界改变；而人则通过他所作出的改变来使自然界为自己的目的报务，来支配自然界。”[①]后人按加工技术水平把石器社会分为旧石器、中石器和新石器三个时代。旧石器时代早期，典型的石器是用“以石击石”办法敲打而成的石斧和石刀；在距今15000—10000年的中石器时代，石器制造更加精细，并走向复合化，弓箭就在这一时期出现；距今1万年左右，人类进入新石器时代，学会了在石器上钻孔，并创造了石器磨制工艺。

伴随着工具的制造，人类还学会了用火和取火。在旧石器时代后期，人类掌握了“钻木取火”或“击石取火”的技术，获得了驾驭火的自由，第一次支配了自然力。以后人类逐渐学会了用火烧制陶器和冶炼金属，并在火的利用中积累了越来越多的化学知识。中国古代文典记录了发明用火技术的燧人氏故事。《庄子·外物篇》上写道：“燧人氏钻木取火，造火者燧人也，因以为名。”用火技术对人类文明史影响深远。恩格斯指出：“尽管蒸汽机在社会领域中实现了巨大的解放的变革……就世界性的解放作用而言，摩擦生火还是超过了蒸汽机，因为摩擦生火第一次使人支配了一种自然力，从而把人同动物分开。”[②]

在新石器时代，人类从采集和渔猎走向原始农业的种植和畜牧，技术的进步改变了人与自然界的关系，人类开始定居。原始的制陶技术、纺织技术、建筑技术和运输技术出现了，为人类的用、衣、住、行创造了更加方便的条件。

如果说石器是人类有形技术的最早形态，那么，语言则是人类无形技术的最早形态。人类原始部落的迁徙、图腾文化的变化、地理环境的变迁等因素，造成了语言的演变。文字的发明可以看成是信息技术的最早成就。这项发明出现在公元前3000年左右。有了文字，人类才有了更简便的传递和贮存信息的手段，从此也就开始了有文字记载的文明史。以石器、金属工具为代表的有形技术和以语言文字为代表的无形技术成为人类技术演进的基础和先导。原始技术演进的过程，既体现了劳动或工作经验的积累，也反映了原始人类的自然观、世界观和宗教观。

二、奴隶社会的技术发展

在公元前3000年左右，北非的尼罗河流域、西亚的两河流域、南亚的印度河流域、中国的黄河和长江流域，先后进入奴隶社会，产生了新的农业技术、水利技术、园艺技术、金属加工技术、陶器制造技术以及城市建筑技术。各种技术的发展，创造了奴隶社会的文明。

在奴隶社会，青铜冶炼和铸造技术得到更快发展，青铜工具在生产生活中得到广泛应用。随着青铜冶炼的发展，人们又掌握了炼铁技术。铁器迅速普及并最终取代石器，人类又进入了铁器时代。特别是在古埃及、古巴比伦、古印度和古代中国，文明古国的技术得以快速发展，这些地区在兴修水利、修造道路、金属铸造、风车制作、制陶、纺织等方面，都创造了惠泽后世的重要技术成就。

虽然在公元前11世纪到前6世纪，欧洲人以古希腊文明为代表，在自然哲学的研究上取得了辉煌成就，但那时科学与技术的联系较少，古希腊自然哲学对于工匠传统的技术影响不大，欧洲奴隶社会的技术进步主要体现在古罗马时期。由于军事和农耕的需要，古

① 恩格斯.自然辩证法.北京：人民出版社，1971：158.

② 恩格斯.反杜林论.北京：人民出版社，1970：112.

罗马时期的技术发展较快。铁制农具、武器和杠杆、滑轮等简单机械普遍使用，人力、畜力或水利驱动的机械装置得到推广，工匠手艺日益精湛，手工业技术继续发展，在建筑和水利工程方面的技术成就尤为突出，竞技场、神庙、水道等工程达到了西方古代建筑的高峰。中国与古罗马时期大致对应的是春秋战国至南北朝时期，也留下了彪炳千秋的都江堰、长城等工程，体现了人类在技术上的伟大创造力。

图 9-1　古罗马竞技场[①]

三、封建社会的技术发展

一般认为，中国早于欧洲大陆进入封建社会，古代技术的发展也走在世界前列。秦汉到南北朝时期，中国统一了衡器，制订了历法，完成了《九章算术》，发明了造纸术。同时，张仲景的《伤寒杂病论》、贾思勰的《齐民要术》、葛洪的《抱朴子》、郦道元的《水经注》都体现了科学技术的体系化思想，对后世产生了深远影响。唐宋及明代早期中国的经济文化和科学技术更是遥遥领先于世界各国，沈括的《梦溪笔谈》，徐光启的《农政全书》，李时珍的《本草纲目》，宋应星的《天工开物》，在世界科技史上都具有非常重要的地位。我国宋代的火药、指南针和印刷术发明，更是影响世界历史进程的伟大成就，对此马克思给予了极高的评价："火药、指南针、印刷术——这是预告资产阶级社会到来的三大发明。火药把骑士阶层得粉碎，指南针打开了世界市场并建立了殖民地，而印刷术则变成新教的工具，总的来说变成科学复兴的手段，变成对精神发展创造必要前提的最强大的杠杆。"[②]

公元 5 世纪末，随着西罗马帝国的崩溃，欧洲进入了封建社会。封建时代的中世纪由于宗教的局限性，科学技术受到神学的制约，出现了长达千年之久的"黑暗"，在整体上发展缓慢。但由于社会相对稳定，生产技术特别是农业技术与手工业技术也稳步向前。在农业生产中广泛使用铁器，采用轮换耕作法，形成了菜园、果园。手工业进一步分化发展，采用水磨、畜力驱动，发明了染料、玻璃和眼镜，冶铁采用了高炉法，开采了锡矿等有色金属。

当然，就总体而言，在整个古代，技术的发展是相对缓慢的。自给自足的自然经济缺乏技术改革和进步的动力，主要体现在"工匠"身上的技能和技艺也不利于技术的继承和发展。而中国古代技术固然具有注重经验和工艺过程的特点，能够实际操作和应用，但也存在缺少理性分析和逻辑体系、缺少实证研究的不足。技术的长足进步是从进入近代以后开始的。

---

① 图片来源：http://baike. baidu. comview34060. htm.

② 马克思恩格斯全集(第 47 卷). 北京：人民出版社，1979：427.

专栏 9-1

沈括与《梦溪笔谈》①

沈括(1031—1095),浙江杭州人,北宋科学家、政治家。晚年以平生见闻撰写的《梦溪笔谈》包括《笔谈》、《补笔谈》、《续笔谈》三部分。《笔谈》二十六卷,分为十七门;《补笔谈》三卷,十一门。《续笔谈》一卷,不分门。全书共六百零九条,内容涉及天文、地质、物理、化学、生物、农业、建筑、医药等诸多领域。沈括精研天文,所提倡的新历法与今天的阳历相似。在物理学方面,他记录了指南针原理及多种制作法,发现地磁偏角的存在(比欧洲早 400 多年),阐述凹面镜成像的原理,对共振等规律加以研究。在数学方面,他创立"隙积术"、"会圆术"。在地质学方面,他对冲积平原形成、水的侵蚀作用都有研究,首先提出石油的命名。医学方面,对于有效方药多有记录并有多部著作。此外,他还详细记录了活字印刷术、金属冶炼术等中国技术成就。

第二节　近代工业化技术的革命与演进

一、近代技术的三个转变

与古代技术相比,近代技术发生了三个方面的重大转变:

一是手工技术转变为工业化技术。在漫长的封建社会中,产业结构中起主导作用的是农业,其他产业无不以农业为中心而存在,为农业的发展而服务,当时农业生产水平极低,为农业服务的技术也只停留在手工水平上。进入近代以后,特别是随着 18 世纪英国工业革命的兴起,农业在产业结构中的主导地位让位给了工业制造业,近代技术就成为推进工业化发展的重要力量。

二是主导技术从材料加工利用转变为能源动力。工业化生产要求制造更高生产效率的大型工具机,从而对能源动力提出了新的更高要求,仅仅依靠人力和畜力已经无法满足需要,技术体系内在矛盾的焦点由材料技术转移到了动力技术上,能源动力技术自然成为新的主导技术。

三是世界技术中心由东亚转到西欧。欧洲文艺复兴之后,近代科学冲破神学思想的束缚迅猛发展,先进的资本主义生产关系取代落后的封建宗族生产关系,极大地解放了生产

---

① 资料来源:http://baike.baidu.comview38192.htm.

力，也带来了对先进技术的巨大需求，催生了技术革命。而曾经在世界技术领域长期居于领先地位的中国和东亚，由于落后生产关系的羁绊无奈退出了技术先进国家的行列。

这一时期，发生了对整个社会政治经济结构都有深刻而久远影响的蒸汽技术革命和电力技术革命，工业化大生产技术体系同时得以确立。

二、蒸汽技术革命

近代以来的科学发展和工场手工业进步，为蒸汽机问世提供了理论和技术上准备。17世纪意大利的托里拆利证明了大气压力的存在，德国人格里凯成功地进行了著名的马德堡半球实验，英国人波义耳提出了气体压强和体积反比定律，大体上完成了对真空和大气压力的认识。首先利用真空为机械装置提供动力的是法国人巴本，他在1690年制成了第一台带活塞的蒸汽机，把热能转化为机械能。英国工程师塞维利吸取了巴本机的思想，1698年发明了专门用于矿井抽水的蒸汽泵，解决了矿井要靠大量马匹带动水泵抽水的难题，受到矿工欢迎，被称之为“矿工之友”，但它的热效率很低。1705年英国工程师纽可门在巴本机和“矿工之友”基础上制造出性能更优的纽可门机，锅炉更安全，热效率也有提高。

对纽可门机作出革命性改进并掀起蒸汽机革命狂澜的是英国格拉斯哥大学机械修理工出身的瓦特，他在1765年提出单独安装冷凝器的设想，解决了纽可门机因汽缸热冷交替造成热量损失过大的关键症结。1781年瓦特利用飞轮转动装置实现了蒸汽机输出功率的平衡调节。1782年，瓦特又把单向作用蒸汽机改为双向作用机，让蒸汽动力得到充分利用，耗煤量比同功率的纽可门机低6倍。1783年瓦特在蒸汽机上安装了曲柄连杆机构，把气缸活塞的往复运动转变为旋转运动，使蒸汽机成为能够广泛应用的动力机械。瓦特在1788年还发明了离心调节器，实现了最早的机械自动控制。瓦特机用蒸汽动力代替古老的人力、畜力和水力，工厂不必只建在水流湍急的地方，大规模生产变为可能，纺织业、采矿业、冶金业迅猛发展，机械制造业也因大量制造瓦特机得以繁荣发达。蒸汽技术革命从根本上改变了生产方式，提高了科学技术在生产活动中的地位，并为资本主义制度的最终确立提供了强大的物质技术基础。“蒸汽和新的工具机把工场手工业变成了现代的大工业，从而把资产阶级社会的整个基础革命化了”①

三、电力技术革命

蒸汽技术大约经历了一个世纪的黄金时期后，它的热效率不高、作为交通运输动力使用不便、动力传输方式笨重、只能进行热能到机械能的转化等局限性日益显露，社会对于新动力的探索也变得必要和迫切。19世纪上半叶，电磁理论研究取得了重大进展。1820年丹麦物理学家奥斯特发现了电流的磁效应，揭示了电可以转化为磁的科学规律，提供了电动机的基本原理。1831年英国著名科学家法拉第经过近十年的艰苦探索，提出了电磁感应定律，为发电机技术提供了基本原理。1864年另一位英国物理学家麦克斯韦以其杰出的数学天赋把全部电磁学理论概括在一组方程式中，统一解释了各种宏观电磁过程，完成了经典电磁理论集大成的重任。社会需要和科学进展共同成了电力技术革命的“催生婆”。

① 马克思恩格斯选集(第二版第3卷). 北京，人民出版社，1995：611.

电力技术革命首先从电动机发明开始。1800 年伏打发明了电池，但伏打电池费用昂贵，又是直流电，无法实现大规模应用。电动机要取代蒸汽机作为生产动力，需要寻找伏打电池之外的电源。在电磁理论指导下，1866 年西门子研制成功第一台自激式发电机，它依靠发电机自身发出的电流为电磁铁励磁，使得制造大容量发电机进而获得强大电力在技术上成为可能。1882 年德国电气技师德普勒建成了世界上第一条远距离直流输电线路，把远处水电站的直流电送到慕尼黑博览会上，并带动水泵让水升高 2.5 米，造成一个人工瀑布。恩格斯对此给了高度评价："德普勒的最新发现，在于能够把高压电流在能量损失较小的情况下通过普通电线输送到迄今连想也不敢想的远距离，并在那一端加以利用……这一发现使工业几乎彻底摆脱地方条件所规定的一切界限，并且使极遥远的水力的利用成为可能，如果在最初它只是对城市有利，那末到最后它终将成为消除城乡对立的最强有力的杠杆。"①

最早的电动机、发电机、输送电采用的都是直流电技术，但是直流电远距离输送的困难，推动了交流电技术登上舞台。1891 年三相交流发电机、三相异步电动机以及变压器都被发明出来并很快投入使用。

电能最早的用途之一是照明。1809 年英国化学家戴维曾以 2000 多组伏打电池为电源，制成了碳极电弧光灯。1879 年爱迪生在试验了 1600 多种耐热材料和 6000 多种植物纤维之后，最终用棉线烧成碳丝，装进灯泡并抽成真空，发明了白炽灯泡。爱迪生一生获有上千项发明专利，特别在电气应用领域更是功勋卓著，被后人誉为"把电的福音传播人间的天使"。

专栏 9-2

爱迪生与发明②

爱迪生（1847—1931）是"世界发明大王"，一生共有约 2000 项创造发明，为人类的文明和进步作出了巨大的贡献。他除了在留声机、电灯、电话、电报、电影等方面的发明和贡献以外，在矿业、建筑业、化工等领域也有许多创造和真知灼见。爱迪生同时也是一名企业家，1879 年他创办"爱迪生电力照明公司"，1880 年，白炽灯上市销售。1891 年，爱迪生的细灯丝、高真空白炽灯泡获得专利。1892 年，汤姆·休斯顿公司与爱迪生电力照明公司合并成立了通用电气公司，开始了通用电气在电器领域长达一个多世纪的统治地位。

除了电动机、发电机、电输送和电照明的"强电"领域，电力技术革命还有一片宽阔的"弱电"领域，主要是电报、电话和无线电技术，把电能的开发和利用延伸到信息传输技术，对 20 世纪信息技术的发展具有重要影响。

电报是利用电能作为信息传媒的最早技术，美国画家莫尔斯在 1837 年完成了实用电报

① 马克思恩格斯选集（第 4 卷）. 北京：人民出版社，1972：436.

② 资料来源：http://baike.baidu.com/view/2323.htm.

机的研究，并发明了一套莫尔斯电码，使电报成为连接各国的重要通讯工具。1875 年世界上第一部电话试验成功，这是美国人贝尔经过多次实验，利用簧片在磁铁附近振动引起电流强弱变化原理的创造发明。电话的发明很快得到广泛应用，到 1880 年美国就有了 5 万家电话用户。

有线电报和电话的发明带来了通讯方式的根本性变革，但使用时受到通讯线路的限制，因此无线电技术应运而生。意大利工程师马可尼在 1895 年实现了相距 1 英里的无线电通讯，后经不断改进，1898 年实现飞越英吉利海峡 72 千米、1901 年实现跨越大西洋 3218 千米的无线电通讯。与马可尼同时，俄国人波波夫也独立发明了无线电通讯技术，并在俄国得到应用。无线电技术在 20 世纪得到了巨大发展，其基础和发端则是在 19 世纪的电力技术革命时期。

四、工业化大生产技术体系

蒸汽技术和电力技术掀起的两次技术革命高潮，推动了机器制造技术、金属冶炼技术、有机化工技术和交通运输技术的迅猛发展，形成了工业化大生产技术体系。

1.机器制造技术

蒸汽技术革命实际上发端于纺织工具机革命。1733 年英国兰开夏郡的织布工人约翰·凯伊发明了飞梭，它使织布效率提高一倍，原来纺纱和织布之间的平衡关系被破坏，出现了日趋严重的棉纱荒。1765 年兰开夏郡纺织工人兼木匠哈格里弗斯发明出一种新的纺纱机——珍妮机，使纺纱效率提高 8 倍，以后又提高到 80 倍。大型珍妮机需要大的动力，水力纺纱机产生出来了。1779 年康普顿发明了新一代走锭纺纱机——骡机，其效率更高，可装 400 支纱锭，彻底改变了纺纱跟不上织布的状况，反而造成了织布业的滞后。于是在 1784 年依靠水力推动的卧式自动织布机发明出来，织布效率一下子提高了 40 倍。

受纺织机发明中机械化技术思想的影响，净棉机、梳棉机、漂白机等机器不断被制造出来。不但工作机，还有蒸汽机这样的动力机，都需要制造机器的机器。用机器制造机器，需要三个必备条件：一是有机床制造知识和技能的设计、操作人员；二是有驱动机床持续平衡运转的强大动力；三是有能承受加工应力的金属材料。这些条件在近代工业发展初期逐渐达到，机床技术也就迅速发展起来了。1775 年发明的镗床，精度可达 1 毫米。1795 年，英国人莫兹利发明了刀架和导轨系统，工件加工精度大为提高。以后对刨床、铣床等工作母机的一系列改进和对量具、螺丝、螺母、螺栓的统一标准，带来了大机器生产，机械制造技术成为工业化社会最重要的基础技术。

2.冶金材料技术

大机器生产的迅速发展，使钢铁的用量剧增，冶金材料技术也随之得到长足进步。1735 年英国人达比在其父亲多年试验基础上发明了焦炭炼铁法，焦炭炼出的铁水，浇铸机器部件容易，又解决了木炭短缺问题，还推进了采矿技术、蒸汽机排水通风、煤炭运输技术的迅速发展。

为适应制造高负荷机器零件和武器的需要，炼钢技术发展起来了。1750 年钟表匠亨茨曼炼出了较为纯净的坩锅钢，1784 年工程师考特发明了搅拌法炼钢。19 世纪中叶炼钢技术获得突破性进展。英国人贝塞默在 1855 年发明了吹气精炼法，创造了转炉炼钢技术，获得的钢性能远好于生铁。1868 年德国人西门子创造了平炉炼钢法，平炉一炉可炼上百吨钢，原料广泛，质量也较稳定。1877 年英国技师托马斯发明了碱性耐火砖炉衬，炼钢时添加石灰石使炉渣呈高碱性以利脱磷，使得英国和欧洲 90%以上地区的富磷铁矿石得到有效利用。

3. 化学工业技术

棉纺织物后期加工需要大量的酸和碱，刺激了化学工业技术。1736 年英国医生瓦尔特发明了把硫黄和硝石放在密闭玻璃容器中燃烧，产生的气体让水吸收制成硫酸的新制酸法。1746 年英国化学家罗巴克用铅室代替玻璃容器以解决玻璃易碎问题。1827 年法国化学家盖·吕萨克发明了处理铅室法有毒尾气的吸硝塔，形成了脱硝塔—铅室—吸硝塔的硫酸生产完整体系。

制酸工业为制碱工业提供了大量原料，促进了制碱技术的发展。1863 年比利时化学家索尔维发明了可以连续生产的氨碱法新工艺，制碱工业获得大发展。在制酸和制碱工业基础上，漂白粉、芒硝、染料、玻璃等工业技术也蓬勃发展起来。

随着纺织、冶金等工业的发展，化学工业技术的研究日益广泛。冶金炼焦后的副产品煤焦利用的研究直接导致了有机合成化工技术的崛起。1856 年英国化学家珀金在实验室用重铬酸钾作氧化剂处理苯胺硫酸盐，无意中得到了可作染料的苯胺紫，人工合成染料技术的研究一发而不可收，一大批有机合成染料被研制出来。从煤化工技术开始，德国的化学工业走在世界前列，并带动了合成纤维、制药、油漆、合成橡胶、酸碱、造纸等许多工业，德国成为当时的世界科技中心。

4. 交通运输技术

蒸汽机发明后，马上有人想用它作为交通运输工具的动力。1807 年美国工程师富尔顿把从英国买来的一台 18 匹马力瓦特蒸汽机安装在“克莱蒙特号”船上，并在纽约和奥尔巴尼之间行驶取得成功。1837 年英国人史密斯又研制成功用螺旋桨取代明轮的蒸汽游艇，使汽船的航速大为提高，蒸汽机和传动机构在海浪中航行受力不均容易出故障的问题也迎刃而解，在相当长一段时间内，汽船成为西方国家内河和海上航运的主要工具。

图 9-2 “克莱蒙特号”汽船①

与蒸汽机用于水上交通同时，也有人设法使之用于陆地。英国工程师斯蒂文森于 1814 年制造出世界上第一台蒸汽机车在达林顿矿区铁路上试运行获得较好效果。之后他又设法改进太大的噪音和振动，并主持修建了一条从达林顿到斯多克顿的商用铁路。1825 年 9 月 27 日，他亲自驾驶自己设计制造的“旅行号”机车在新铁轨上试车，取得完全成功，平均时速达 29 公里。斯蒂文森使全世界认识到铁路运输的巨大威力，铁路迅速成为世界各国最重要的陆上交通工具。

蒸汽机的成功没有让人类自我陶醉，寻找更轻便更优越动力机械的探索仍在不断进行。

① 图片来源：http://baike.baidu.comview428072.htm.

法国人勒诺于1860年制造出世界上第一台二冲程内燃机，1876年德国工程师奥拓受到法国人德罗夏提出的四冲程理论启发，制造出一台新的四冲程煤气内燃机，热效率从4%一下子提高到14%。19世纪中叶石油的开采和加工提供了汽油、煤油、柴油等新燃料，内燃机从使用煤气发展到使用油料。1883年德国人戴姆莱研制成功汽油内燃机，1892年另一位德国工程师狄塞尔造出用柴油为燃料的高压缩型自动点火内燃机，热效率达到27%～32%，很快成为工业上的主要动力，并直接促进了汽车和飞机的发明。

第三节　现代科学化技术的革命与演进

一、现代技术的科学化特征

首先，现代技术的发展越来越依赖于自然科学研究成果的转化。19世纪中叶开始，技术发展的主要动力和源泉逐步从社会生产需要转向自然科学的研究成果。20世纪初，以物理学革命为代表的科学革命，带来了技术发展的革命性变化，现代技术与科学的关系越来越密切，技术的发展越来越离不开科学的指导。可以说，20世纪出现的所有重大技术，绝大多数来源于长期的科学实验和基础研究。计算机技术、原子能技术、电子信息技术、生物技术等等，无一不是在自然科学突破性发现指引下产生和发展的。

其次，现代技术的发展越来越需要超越技术自身的综合科学理论指导。20世纪中叶出现的系统论、信息论、控制论和后来发展的自组织理论、非线性理论等横断科学、交叉科学，还有其他人文社会科学的新进展，为解决现代技术发展中范围日益广泛、联系日益复杂、影响日益深远的各种综合性技术问题，提供了重要的科学理论指导。

再次，现代技术的发展导致了技术科学的出现。科学的迅速发展，生产技术对于科学的依赖程度日益提高，向人们提出了新的问题：如何把远离生产目的的科学成果更多更快地转变为发展生产力的技术？如何解决技术本身蕴涵的科学问题？这就形成了介于基础科学和技术开发之间具有相对独立性的一类研究即应用研究，产生了技术科学即应用科学。基础科学——技术科学（应用科学）——技术开发，成为现代技术进步的因果链条。

最后，现代技术的发展带来了主导技术的又一次更替。以计算机和通讯技术为代表的信息技术，替代能源动力技术居于主导技术的地位，成为在现代科学化技术体系中起带头作用的核心技术，对整个现代技术系统的发展发生了极大的影响。它的突破，为其他相关技术的变革创造了条件，促使新的技术体系和高新技术群的建立，不仅推动了许多单项生产技术的发展，更是开辟出一系列新的生产技术领域，建立起以前完全没有的新型产业。

现代科学化技术在20世纪40年代和70年代出现了两次高潮，人们曾经把前一个高潮称为继蒸汽技术革命和电力技术革命之后的第三次技术革命，把后一个高潮称为新技术革命。事实上，这两次高潮之间有极大的关联性，而且后一个高潮至今仍在持续。现在人们更多地用高新技术来称呼现代技术，这个“高”字，正是科学化技术的生动写照。

二、"二战"期间兴起的现代技术

第二次世界大战期间，由于军事需要的刺激，发生了一次以计算机技术、原子能技术和航空航天技术迅猛发展为主要标志的技术革命，史称第三次技术革命。

1. 计算机技术

计算机技术是现代技术革命的核心技术，其基础是20世纪发展起来的电子技术。"二战"期间，受到军事需要的强烈刺激，从1942年8月提出方案，到1946年2月15日正式运行，美国研究成功世界上第一台电子数值积分计算机(ENIAC)。ENIAC共采用18000多个电子管，70000多个电阻，10000个电容，15000个继电器，重量达30多吨，每秒运算次数5000次，比机电式计算机快1000倍。在研制ENIAC的同时，美国数学家冯·诺伊曼提出了离散变量自动电子计算机(EDVAC)方案，改10进制为2进制，并实现程序内存，1949年英国剑桥大学造出了第一台冯·诺伊曼机。用电子管制造的第一代电子计算机，从军用扩展至民用，由实验室开发转入工业化生产，并由科学计算扩展到数据和事务处理，表现出巨大的优越性。

第二代电子计算机是用晶体管制造的计算机。1958年，美国的IBM公司制成了第一台全部使用晶体管的计算机RCA501型，计算机速度从每秒数千次提高到数十万次，主存储器的存贮量，从数千提高到10万以上。1959年，IBM公司又生产出全部晶体管化的电子计算机IBM7090。第三代电子计算机是采用中、小规模集成电路制造的电子计算机，1964年出现，60年代末大量生产。第四代计算机是1970年以后采用大规模集成电路(LSI)和超大规模集成电路(VLSI)为主要电子器件制成的计算机。第五代计算机则是把信息采集、存储、处理、通信同人工智能结合在一起的智能计算机系统，也称新一代计算机。

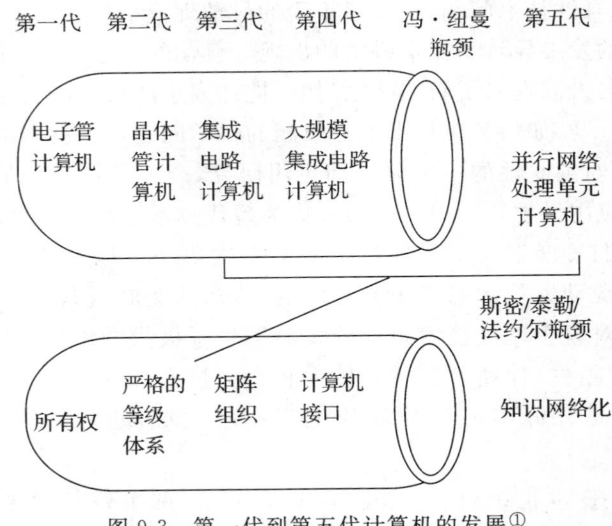

图9-3 第一代到第五代计算机的发展[①]

① 资料来源：http://baike.baidu.comview907756.htm? func=retitle.

2. 原子能技术

19 世纪末物理学的三大发现，20 世纪初爱因斯坦提出的质能关系式，1932 年英国物理学家查德威克发现的中子，1934 年意大利物理学家费米实现的原子核裂变，1939 年德国物理学家哈恩等人揭示的原子核裂变和链式反应理论，为人类打开原子能宝库的大门提供了科学理论依据。

1942 年 12 月 2 日，在美国芝加哥大学体育场的看台下，费米领导的第一个原子反应堆实现了输出能大于输入能的可控链式反应，宣告了人类利用核能时代的开始。匈牙利物理学家希拉德逃到美国后得知纳粹德国正在研究链式反应，并禁止被其占领的捷克出口铀矿石，就与另两位物理学家一起找到爱因斯坦，请爱因斯坦给美国总统进言，抢在希特勒之前研制原子弹。爱因斯坦的信被送到罗斯福总统那里，最后被说服成立一个专门机构实施原子武器计划，这就是"曼哈顿工程"。

为了完成曼哈顿工程，美国政府利用了大批极有才华的欧洲物理学家躲避战乱逃到美国的机会，并动员了包括 15 万科研人员在内的 50 万人力，耗资 22 亿美元，占用全国 1/3 的电力。1945 年春三颗原子弹被制造出来，第一颗在 1945 年 7 月 16 日试爆成功，另两颗被投到日本的广岛和长崎。曼哈顿工程也成为 20 世纪组织科学化大技术系统的典范。

战后原子能大量被用于电站建设。1 千克铀 235 释放的能量与 2400 吨标煤相当，一座 100 万千瓦的火电厂每年需煤 300 万～400 万吨，而同样规模的核电站只需天然铀 130 吨或含铀 3%的浓缩铀 28 吨，因此发展核电在远离化石燃料产地的区域有很大的经济优越性。1951 年美国建成一座试验型增殖反应堆发电，1954 年苏联建成世界上第一座实用型原子能发电站。60 年代原子能发电站全面进入实用阶段。到 2010 年年底，全球有 30 个国家的 430 座核电站在运行，总装机容量 3.27 亿千瓦，核电占全世界总发电量的 16%。

但是核电站也面临着人们关心的安全问题。1979 年 3 月 18 日美国三里岛核电站堆芯熔毁，1986 年 4 月 26 日苏联切尔诺贝利核电站 4 号反应堆发生爆炸，2011 年 3 月 11 日日本因 9 级大地震引发福岛核电站事故。安全事故推动核电站安全技术的研究，已经研制成功的第三代核电站技术，能使反应堆芯熔化的可能性降到十万分之一。专家认为，如果日本福岛用的是第三代技术，就可能避免这一次灾难。我国在 2007 年制订了核电中长期发展规划，提出到 2020 年核电产能达 4000 万千瓦，为 2010 年的 4 倍，占总电量 10 亿千瓦的 4%。目前我国和美国正在合作建设第三代核电站，四套机组中前两套美国负责建造，后两套自己负责并申请独立的知识产权。

3. 航空航天技术

1903 年 12 月 17 日美国莱特兄弟成功进行了人类第一次持续而有控制的动力飞行，宣告飞行器时代到来。第一次世界大战期间，各种侦察机、强击机、驱逐机、轰炸机先后出现，交战各国共生产出 18 万架飞机，飞机改变了战争面貌。第二次世界大战期间，航空发展出现了第二次飞跃，飞机的性能和结构大为改进，出现了喷气式飞机，飞机的数量和空军的规模也激增。1945 年英国的流量式喷气驱逐机时速达到 976 千米，美国空军这一年拥有飞机 11.4 万架。

"二战"期间，德国军方组织了以 21 岁的冯·布劳恩为首的火箭研究小组，于 1943 年造出 V-2 火箭，它重 6 吨，射程达 300 多千米，速度为音速的 6 倍。在火箭上装弹头，附上良好的导向装备，就成为导弹。1945 年德国战败后，美国俘获了以布劳恩为首的 100 多名火箭研究人员，苏联得到了 V-2 火箭和工厂设备。两国激烈的太空争夺战就此展开。

苏联 1956 年发射成功第一枚洲际导弹“苏联 1 号”，领先美国，1957 年 10 月 4 日，“苏联 1 号”三级火箭把第一颗人造卫星送上天，其重仅 83.6 千克，直径 58 厘米，上面主要是两台无线电发射机向地球发射电波。1961 年 4 月 12 日苏联发射第一艘载人飞船，把宇航员加加林送上地球轨道绕行 108 分钟，震惊美国朝野。肯尼迪总统 1961 年 5 月 25 日在国会发誓：美国要“在十年内把一个人送上月球并使他安全返回”。耗资 255 亿美元，200 多所大学、2 万家企业和 80 多个科研机构参与的“阿波罗登月计划”开始实施。计划最终把载有三名宇航员的飞船送上月球轨道，并有两名宇航员于 1969 年 7 月 18 日踏上月球。70 年代以后，航天器中又出现了轨道空间站和航天飞机，空间技术进入一个新的发展时期。

专栏 9-3

中国航天发展史上的大事

1960 年 11 月，P—2 导弹试验发射成功。

1970 年 1 月，中远程火箭飞行试验成功。

1970 年 4 月 24 日，“东方红一号”人造卫星发射成功。

1982 年 10 月，潜艇水下发射运载火箭成功。

1984 年 4 月，第一颗地球静止轨道试验通信卫星发射成功。

1999 年 11 月 20 日，“神舟”一号发射成功。

2003 年 1 月 5 日，“神舟”四号回收成功。

2003 年 10 月 15 日，“神舟”五号发射成功，杨利伟首次实现载人太空之旅。

2005 年 10 月 12 日，“神舟”六号发射成功，费俊龙、聂海胜完成“多人多天”太空探索。

2008 年 9 月 25 日，“神舟”七号发射成功，翟志刚完成“太空行走”。

三、当代高新技术群

20 世纪中叶的技术革命持续影响着现代技术的发展，到 70 年代中期全球又掀起了一场以信息技术为主导的新技术革命。这一次技术革命在 30 多年的进展中，形成了被世界各国认同并列入 21 世纪重点研究开发的高新技术群，主要包括三个方面七大技术，即构筑人类文明的四大支柱（信息技术、新材料技术、新能源技术及先进制造技术），拓展人类活动的两大领域（空间技术、海洋技术），影响人类发展的一个前沿（生物技术）。这里择要介绍信息、生物和纳米三大技术，这三大技术都是在相关科学研究基础上产生的，它们与认知科学一起，被人们称之为 21 世纪的“会聚技术”。

1. 信息技术

一般的，人们比较倾向于把信息技术看做是以电子技术特别是微电子技术为基础，集计算机技术、通信技术和控制技术为一体的总体综合技术。信息技术的前沿带可分为三部分：

一是信息技术的物质基础，以计算机特别是集成电路的发展作支持；二是信息的获取和传输技术，这是显示信息形态的重要手段；三是信息的处理和控制，这是信息技术发展水平的标志。

专栏 9-4

信息技术的 3A、3C、3D

3A：Factory Automation（工厂自动化），Office Automation（办公室自动化），House Automation（家庭自动化）。

3C：Communication（通信），Computer（计算机），Control（控制）。

3D：Digital Transmission（数字传输），Digital Switching（数字交换），Digital Processing（数字处理）。

从广义上说，信息技术包罗万象，无所不及。这三个"3"包括了人类社会生产生活的绝大部分领域，说明信息技术与人类生活的关系极为密切。

20 世纪五六十年代兴起的微电子技术是现代信息技术的基石。微电子技术以尺寸微米级、功耗微瓦级、速度微秒级的"三微"为主要特征，是集成电路的制造技术、应用技术及其产品生产技术的统称。微电子技术最突出的成就是 20 世纪 70 年代 Intel 公司发明的微处理器，它的发展和广泛应用，对人类社会产生了极为深远的影响。微处理器的嵌入式使用现在已经无孔不入，精密科学仪器、数控机床、工业机器人、智能化医疗器械、汽车、电视机、照相机，乃至家庭里的电冰箱、微波炉、洗衣机，处处都可以看到各种大大小小的微处理器。微处理器作为计算机的结构型器件，更带来了计算机产品结构和产业结构的巨大变化。

计算机技术是现代信息技术的核心，它是信息获取、交换、处理、运用的"加工厂"。20 世纪 90 年代以来，世界计算机技术形成了 Downsizing 和 Upsizing 两个相辅相成的方向。Downsizing 是指规模缩小化，原来本是巨型机或大型机固有的技术不断向下移动，机器系统向小型化发展；Upsizing 是由于小机器系统的分布式处理越发展，提出数据共享、信息管理、安全保密等重大问题的要求越强烈，计算机系统、系统软件、网络系统等就向更高层次上的集中统一管理方式发展。另一方面，计算机技术还在向多媒体计算机、智能计算机和光子计算机的领域进军，其发展前景不可估量。

计算机技术与网络通信技术的紧密结合是现代信息技术的最重要特点，是继造纸和印刷术发明以来，人类信息存储与传播的又一个伟大创造。20 世纪 60 年代，数字通信技术兴起，随着计算机等数据业务的发展，全数字网逐渐取代模拟网。与此同时，卫星通信和光纤通信相继出现，为信息的远距离、大容量、高速度传输提供了条件。80 年代初，以数字传输和数字交换为核心的电话综合数字网发展起来，它把计算机和各类终端相互连接，构成共享包括硬件、软件和数据库等资源的互联网，加速了社会信息业务的发展。1988 年，发达国家在电话综合数字网基础上发展起来的综合业务数字网（Integrated Services Digital Network，简称 ISDN）投入使用，并从窄带走向宽带。1993 年美国提出了建设

“信息高速公路”计划，以最新的数字化传输、智能化计算机处理和多媒体终端服务技术为装备，形成地区、国家或国际规模的多用户、大容量、高速度的交互式综合信息网系统。信息高速公路全面涉及通信技术、计算机技术、信息处理技术、数据库技术、软件技术，是当今信息技术的最集中体现。云计算也是这一发展的产物，云计算透过网络将庞大的计算处理程序自动分拆成无数个较小的子程序，再交由多部服务器所组成的庞大系统经搜寻、计算分析之后将处理结果回传给用户。它体现了计算无所不在的弥漫性、分布性和社会性特征，是计算机技术与网络通信技术在社会各个领域更为广泛的应用。

自动控制技术是现代信息技术的重要组成部分。从20世纪40年代的经典控制理论，到50年代的现代控制理论，再到70年代的大系统理论，自动控制技术的发展也相应经过三个阶段。在大系统理论的指导下，计算机技术被大量地引入自动控制领域，推动了综合自动化的快速进展。20世纪80年代分布式控制系统即集散控制系统得到迅猛发展，到90年代成为工业过程控制的主流和发展方向。通过多学科交叉和多技术集成而形成的计算机集成制造系统(CIMS)就是综合自动化的典型模式。

专栏 9-5

信息时代的三大定律

摩尔定律：由Intel公司创办人并后来担任过总裁的摩尔在20世纪60年代提出，指出微处理器的速度每18个月翻一番，即同等价位的微处理器速度会越来越快，或者是同等速度的微处理器价格会越来越便宜。这一定律在今后肯定会被修正，但过去数十年集成电路的发展历程却令人信服地验证了它。

吉尔德定律：提出者是被称为“数字时代三大思想家”之一的美国人吉尔德，他认为：在未来25年内，主干网的带宽将每6个月增加一倍，其增长速度是微处理器增长速度的3倍。该定律预示，随着网络带宽资源的广泛而充分利用，将给人们带来巨额回报。

麦特卡尔夫定律：提出者麦特卡尔夫也是美国人，创办并历任3Com公司主席，他提出：网络的价值与网络用户数量的平方成正比，即N个网络联结将创造出N2的效益。体现出完全不同于工业时代的信息时代新特征，即“物以多为贵”：网络用户群越大，上网人数越多，共享程度越高，产生的效益就越大。

2. 生物技术

生物技术在现代意义上与传统截然不同，它包括基因工程、细胞工程、酶工程和发酵工程等内容，其中，基因工程是现代生物技术的核心。1953年25岁的美国科学家沃森和37岁的英国科学家克里克联合发表了在剑桥大学的合作成果，建立起生物体遗传的物质基础DNA双螺旋结构的分子模型，这是20世纪生物学的最伟大发现，也被认为是分子生物学诞生的标志，基因工程就是在分子生物学理论指导下登上历史舞台的。

基因工程也称体外DNA重组，它是把不同生命的DNA分子提取出来，在生物体外进行剪切、搭配和重新连接，然后经过一定途径转入生物体内，使外源基因得到明确的表达和复制，从而改变生物体的某些特性，或者创造出具有新特性的生物类型和产品。1972 年美国斯坦福大学生物化学家伯格找到一种 DNA 限制性内切酶，能使被切开的 DNA 产生“粘性末端”。用这种酶切开 SV40 病毒的环状 DNA 和外源 DNA 片段，两者很容易黏合成一种杂交分子，即重组体 DNA。这是世界上体外 DNA 重组技术的最早诞生。

基因技术在 20 世纪最大的一项工程是 1988 年由美国政府批准的《人类基因组研究计划——制图和测序》。这项跨世纪的工程组织了包括中国科学家在内的世界上成千上万研究人员，在分子水平上研究人类基因结构和功能之间的关系。它与曼哈顿工程、阿波罗工程一起被列为 20 世纪三项最伟大的工程。就人体细胞 5 万～10 万个基因和约 30 亿碱基对的序列测定而言，这项工程已经取得了巨大的成就，但要把获得的基因信息真正造福于人类自身，其道路将十分漫长，而且绝不可能是一帆风顺的。

细胞工程是在细胞和亚细胞水平上的遗传操作，它只需将细胞遗传物质直接转移到受体细胞中，就能够形成杂交细胞，从而开辟了基因重组的新途径。细胞工程令世界震惊的成果是英国罗斯林研究所 1997 年无性繁殖技术培育的“多利羊”的诞生。克隆“多利”的成功，既给人类带来了福音，也使人类面临十分严峻的伦理学、社会学挑战，如何合理运用克隆技术造福人类并防止可能造成的灾难，是全社会都在密切关注问题。

目前基因工程技术已经发展到更高级的蛋白质工程阶段，并完全渗透到细胞工程、酶工程和发酵工程之中。以基因工程为核心的各种生物工程正在互相融汇和促进，把现代生物技术带进一个崭新的纪元。

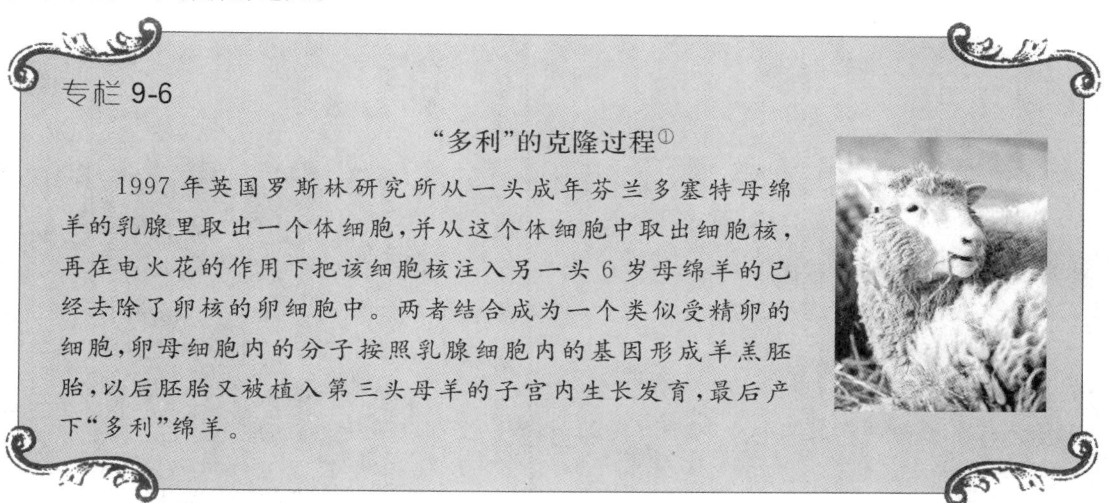

专栏 9-6

“多利”的克隆过程①

1997 年英国罗斯林研究所从一头成年芬兰多塞特母绵羊的乳腺里取出一个体细胞，并从这个体细胞中取出细胞核，再在电火花的作用下把该细胞核注入另一头 6 岁母绵羊的已经去除了卵核的卵细胞中。两者结合成为一个类似受精卵的细胞，卵母细胞内的分子按照乳腺细胞内的基因形成羊羔胚胎，以后胚胎又被植入第三头母羊的子宫内生长发育，最后产下“多利”绵羊。

3. 纳米技术

纳米技术是指在纳米科学的指导下，在纳米尺度（1nm～100 nm）上利用物质特性和相互作用关系的多学科交叉技术。研究表明，当物质尺度小到 10^{-9}～10^{-7} 米时，由于其量子效应、物质的局域性、巨大的表面和界面效应，使物质的性能发生一系列质变，呈现出许多既不同于宏观物体又不同于单个原子的奇异现象。纳米技术就是利用物质在纳米尺度上表现出来的新颖的物理学、化学、生物学特性制造出具有特定功能的产品。

① 资料来源：http://baike.baidu.com/view/127968.htm.

早在1959年著名物理学家费米就提出了按照人们的意志直接排布一个个原子的天才设想。1977年美国科学家第一次使用"纳米技术"的概念，并成立了世界上第一个"纳米科学技术研究组"。研究纳米尺度的物质，必须有观察和排布原子、分子的工具。1981年IBM公司研制成功了世界上第一台具有原子分辨率的扫描隧道显微镜(STM)，它被称为"原子世界的眼睛"。在扫描隧道显微镜下，导电物质表面结构的原子、分子清晰可见。1990年科学家们用STM的探针将原子吸起，把它们逐个放到一块金属镍的表面上，最终以35个惰性气体原子组成了"IBM"三个英文字母，表明人类对物质表面原子的操纵由此开始。

纳米技术作为新材料技术中的尖端技术，有着极为广阔的应用领域。它的发展，对于微电子和计算机技术、环境和能源技术、生物和医疗技术、航空和航天技术、国防军事技术等许多领域，都会带来巨大的促进和推动。美国政府在2000年投资5亿美元实施"国家纳米技术倡议——导致下一次工业革命的纳米技术计划"；日本政府在2000年拿出2.25亿美元设立纳米材料研究中心，把纳米技术列入新五年科技基本计划的研究开发重点；德国也把纳米技术列入21世纪科研创新的重点战略领域，建立了遍布全德的专门研究网，以共同研究作为"21世纪关键技术"的纳米技术。我国的纳米技术研究较早就列入了国家"攀登计划"、"863计划"和"火炬计划"，并取得了一批高水平成果。科学家预言，如同微米技术带来了信息技术革命一样，纳米技术将会给人类带来一场更为深刻而全面的革命。

专栏 9-7

NBIC 会聚技术[①]

2001年12月，美国在华盛顿联合发起了一次由科学家、政府官员等各界顶级人物参加的圆桌会议，首次提出了"NBIC会聚技术"的概念。NBIC是纳米科学与技术、生物技术、信息技术、认知科学四大领域英文首字母的缩写。长达400多页的会议报告《提升人类技能的会聚技术》报告描述了四大领域的互补关系：如果认知科学家能够想到它，纳米科学家就能够制造它，生物科学家就能够使用它，信息科学家就能够监视和控制它。专家认为：这四个领域的技术发展都潜力巨大，其中任何技术的两两或交叉融合、会聚、集成，都将产生难以估量的影响。

---

① 资料来源：http://baike.baidu.com/view/325634.htm.

本章框架

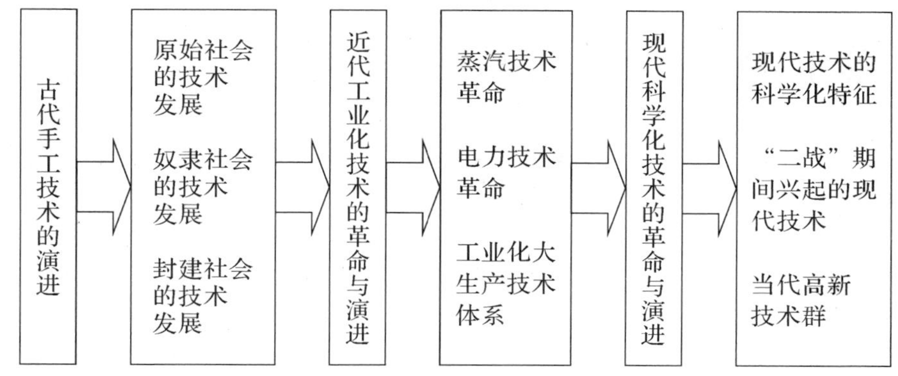

进一步阅读文献

1. 查尔斯·辛格主编. 技术史(工业革命部分). 上海:上海科技教育出版社,2004.
2. 宋健. 现代科学技术基础知识(第1章). 北京:中共中央党校出版社,1994.
3. 倪钢. 技术哲学新论(第1章). 北京:中国环境科学出版社,2009.

复习思考题

1. 古代、近代和现代的技术发展各有什么特点?
2. 什么是技术发展的根本动力和主要源泉?
3. 如何理解技术发展中连续性与阶段性、继承性与创新性的关系?

第十章 技术本质与技术结构

重点提示

- 技术本质可以从不同方面理解,在最根本意义上,技术是人的本质力量的显现方式。
- 技术具有自然和社会双重属性,自然属性主要反映技术的内在价值,社会属性主要反映技术的现实价值。技术的内在价值和现实价值不能绝对分离,两者的联系体现了技术双重属性的辩证统一。
- 技术要素的不同联系方式决定了技术结构的多样性和复杂性。技术体系是一种宏观的社会性的整体技术结构,它的形成和确立,受到各种社会条件的约束。

技术本质和技术结构研究是技术哲学和技术社会学的重大基础理论问题,也是技术实践中的现实问题。技术本质需要联系人的本质进行理解,技术具有自然和社会双重属性,技术的社会属性与社会价值密切相关,是人的本质在技术中的反映。依据不同标准,技术要素可以有不同形态,要素的不同组合形成复杂的技术结构体系。技术本质和技术结构的理论能够深化我们对于技术问题的认识,指导技术实践。

第一节 技术概念和技术本质

一、技术概念的多重定义

技术源于希腊语 techne,本来意指技能、工艺、技艺,中国古代文化典籍中也有大量关于技术的论述。日常用语中的技术意义极其丰富:有时指工具、设备、器具、装备等实体性的事物和设计、程序等非实体性的事物,有时指人的个体具有的知识、技艺等心智和身体的能力,有时也指规则、方法、原则、制度等社会性的规范。总之,技术可以是对象性的、过程性的、规范性的、理解性的、沟通性的。

人类所生存和实践于其中的世界,是一个充满了技能(technique)、工艺(arts)、手工(crafts)、技艺(techne)的世界。旧石器时代、新石器时代、渔猎时代、农业时代,这些"时代"也是以技术命名的。实际上,技术哲学领域关于技术已经有了不下上百种的定义,这主要是定义方法和视角差别造成的。"学术界曾就技术概念以及科学与技术的关系展开过热烈讨论,他们往往集中于对技术概念作哲学规范分析,即分析技术概念应当如何定义,应当涵盖哪些内容等。但结论莫衷一是,而随后也没有新的思考路径来推进研究。"①在学者的研究语境中,技术通常被赋予哲学、史学、心理学、考古学、人类学、自然科学、工程技术等不同的意义,这给一般性的技术定义带来了极大困难。恩格斯曾经分析过概念研究对于科学研究的意义,在他看来,科学研究中的概念定义只有微小的价值,纠缠于概念定义的研究远不如考察所定义事物的客观历史、现实、表现方式、运动过程来得重要。按照恩格斯的思想,技术定义可以从两个方面展开:一是对技术进行科学的思维抽象,二是联系现实进行具体的现象考察。

一些学者主张以"人与自然关系"为视角定义或研究技术。在他们看来,技术哲学研究必须回答人与自然的关系这个根本性的问题,如什么是技术活动主体?机器是不是技术?是否有物的技术,技术物体的概念能否成立?怎样界定技术的一般概念?② 当然,技术的概念分析或解释也在谋求新的理路和框架,历史的、文化的、艺术的、宗教的、美学的等不同类型的理路和框架纷纷出现。正如加拿大学者瑟乔·西斯蒙多所指出的那样:"根据大众和学院的说法,技术常常被看做是相对直接的科学的应用。技术人员发现需求、问题或者机会,并创造性地组合起知识的片断以对付它们。技术把科学方法与具有实践取向的创造力结合起来。严格说来,有关技术,令人感兴趣的问题是它的影响:技术决定社会关系吗?技术是人性化的还是祛人性化的?技术促进了自由还是限制了自由?虽然这些问题很重要,但当把技术看成是一项既成产品时,相关的探讨一般便不怎么去考虑特定技术的建构问题。"③

专栏 10-1

埃吕尔的技术哲学思想

法国人雅克·埃吕尔(Jacques Ellul,1921—1994)是当代最有影响的技术哲学家之一,他一生写了 40 多部著作和 1000 多篇文章,主要有《技术社会》(1954)、《技术秩序》(1963)、《技术系统》(1977)等。埃吕尔在技术哲学方面的独特贡献在于他提出了"技术自主性思想"。埃吕尔认为技术自主性主要体现在以下几个方面:第一,技术发展具有独立性。技术具有内在的逻辑和规律;第二,技术的统治作用越来越明显。社会的技术化过程导致技术摆脱了社会的控制反而控制社会;第三,技术超越了人的控制能力,摆脱了对于人的依赖。技术对人的思想和行为产生重要影响,并引起人的生活方式的改变。对于埃吕尔的思想,应该进行辩证的评价。技术是联结人与自然、人与社会的中介,技术既是属人的又是属物的,因此,不能单纯地把技术当成人的异己力量,而应该把技术理解为人实现其思想和目标的中介。

---

① 陈凡,陈玉林.技术概念与技术文化的建构.科学技术与辩证法,2008(3):39.

② 陈昌曙.技术哲学基础研究的 35 组问题.载:刘则渊.2001 年技术哲学研究年鉴.大连:大连理工大学出版社,2002.

③ 瑟乔·西斯蒙多.科学技术学导论.上海:上海世纪出版集团,2005.

根据学界对于技术概念的研究，我们可以对技术定义大致梳理如下：

第一，总和说。技术是知识、方法、技能、工具的总和。哲学辞典或一般字典没有把技术定义成一个单一的事物或现象，几乎所有的工具书都从不同的方面定义了技术。法国百科全书派的领军人物狄德罗认为技术是“为某一目的共同协作组成的各种方法、工具和规则的体系”。英国技术史专家C.辛格等人也有类似的观点。

第二，应用说。技术是科学知识的运用。近现代科学产生以来，科学渐渐成为技术的先导，于是那种把技术理解为知识、方法、技能、工具的总和的想法被进一步提纯和概括。来自于科学实验和工程实践领域的专家和学者们清楚地看到了技术与科学之间的差别，“技术是科学的应用”的观点曾经流行一时。“技术是人类为满足社会需要，依据自然和社会规律，对自然界和社会的能动作用的手段和方法系统。”技术是“指生产过程中的劳动手段(如设备)、工艺流程和加工方法，属于社会的物质财富和创造物质财富的实践领域，是劳动技能、生产经验和科学知识的物化形态。”①把技术看成知识或方法的体系，强调技术的知识形态，这也是一些技术哲学家们的共识。例如，法国技术哲学的代表人物埃吕尔就认为，技术是在一切人类活动领域中通过理性得到的，就特定发展状况来说具有绝对有效性的各种方法的整体。

第三，能力或行为说。技术是人的技能或人的特殊行为。把技术当成人的技能，这种情况几乎与技术史研究有着同样悠久的历史。在一些古代哲学著作和人类史著作中，技术常常指人的操作能力、方法和技巧。这些技能分别在不同的生产和生活中存在着。例如，陶瓷技术、绘画技术、金属冶炼技术，这些包涵了人类的操作和肢体运动性的技术，以技能或特殊行为的方式被人理解。在很多场合，技能指工匠的操作方法、使用工具、设计制品。现代技术产生以来，技能越来越减少了“手艺”的成分，渐渐地操作机器和进行工业生产联系起来。美国著名的技术哲学家皮特就提出：“技术是人类的活动”，“技术是一种人类行为”，“技术是一种文化活动”。②

第四，工具说。技术是劳动工具或工作手段的复杂体系。由于技术的原始形态是和工具密切联系在一起的，甚至早期的技术直接就是工具，于是，工具论的技术定义也非常普遍。工具论把技术简单化为工具，使技术成了对象性的没有能动性的物体，无法解释技术包含的人性和思想的要素，没有体现技术的能动性和创造性。

第五，过程说。技术是物质、能量、信息的交换结构、过程或环境。技术作为工具、方法、技能、知识、手段的集成性的过程体系，把物质、能量、信息整合为一个复杂的过程，并体现人的意图。技术不仅是对象性的，也是主体性的；不仅是物质性的，也是精神性的；不仅是个别事件，也是过程或环境的集合体。技术是实现人的目的的社会过程。

二、技术本质

技术具有复杂而多样性的本质。不同学术领域的学者将技术本质看成不同的事物：文化、心理机制、工作程序、知识的运用、操作的手段、设计方法、管理的途径、隐喻表现，等等。在哲

---

① 陈昌曙.陈昌曙技术哲学文集.沈阳：东北大学出版社，2002：10.

② 陈文化，沈健，胡桂香.关于技术哲学研究的再思考——从美国哲学界围绕技术问题的一场争论谈起.哲学研究，2001(8)：60—66.

学方面，海德格尔把技术理解为一种"座架"；在社会学方面，埃吕尔把技术理解为"通过理性得到的方法整体"；在人类学方面，梅森把技术理解为"人的解放"；在历史学方面，芒福德把技术看成"机器"；在心理学方面，荣格把技术理解为"心理格式塔的手段"；在工程哲学方面，拉普把技术看成"延长了的器官"；在后现代研究中，波哥曼把技术看成"器具方法范式"；如此等等，不一而足。

虽然，技术本质的理解难以达成共识，但是，各种技术本质的理解总是和人类社会及其文化理解密切相关的。实际上，技术本质可以从多个方面得到确证，"以文化为视角对技术本质进行分析，可以展现技术的文化本质"。[①] 因此，技术本质也可以理解为人的本质的特殊显现过程，技术本质表现了人的本质。

人类学和生物进化论表明：人是技术性的动物，技术表征着人的创造性本质。马克思和恩格斯认为，技术是人的本质力量的实践展示，是人与世界的实践性中介；他们强调劳动创造人的观点，他们把制造和运用技术看成是劳动的主要内容。事实上，只要谈论人和人的活动，就不能不谈论技术。且不说当代人从早到晚都被技术世界所包围，就是古人也同样生活在技术世界中。技术作为人类文化世界的一个客观的符号或者语言中的一个构成性元素，已经成为世界性的概念。

把技术本质看成人的本质的特殊显现的过程，包括如下要点：首先，技术世界与人的世界是契合在一起的。由于技术现象普遍存在于人的生产和生活之中，当代人的思想与行为过程已经无法与技术分开。人的本质在自然和社会中显现，而这种显现的方式又是技术的，离开了技术，人与其他动物就没有了差别。其次，离开人谈论的技术，只能是动物的本能或者没有活力的物质对象。第三，技术不限于工具和机器，任何形态的技术都表现了人的本质的某些方面。第四，人的活动有多复杂，技术就有多复杂，人的感性与理性是可以通过技术表现的。第五，把技术理解为人的本质显现方式，为理解技术的自然属性和社会属性提供了根据。第六，从人的本质角度理解技术，提供了讨论技术管理、技术创新、技术价值、技术文化等方面难题的基本方向。

第二节 技术属性和价值负荷

一、技术的双重属性

技术作为自然界、人类社会和人类思维中存在的现象和事件，必然地蕴藏着物质和精神的双重因素，存在自然和社会的双重属性。

技术的自然属性首先是指人们在运用技术变革和利用自然的过程中，必须顺应自然规律，违背自然规律的技术是不存在的。古代人们对自然规律的认识尽管深度和广度有限，但也离不开对自然规律的不自觉应用。例如一把最原始的粗制石刀就是古人不自觉地对尖劈原理的运用。近代和现代技术更是在自觉的情况下应用自然规律。现代机械制造技术中，无一能够

① 倪钢.技术哲学新论.北京：中国环境科学出版社，2009：16.

离开描述自然界物体机械运动的客观规律。技术的自然属性其次体现在任何物质手段都是天然自然和人工自然的产物，这些物质手段的构成，不管在古代还是现代，都需要自然物质基础，归根结底是大自然所提供、所馈赠的物品。技术的自然属性还表现在技术活动本身。技术活动很大程度上是一个自然过程。如煤的燃烧产生热能，进而可以转变为机械能和电能；同时煤的燃烧会产生CO、CO_2、H_2、S等气体，给大气环境带来不利影响。这些都是在技术活动中必然会出现的符合自然规律的技术后果。人们对技术的利用，都要以相应的自然后果为基础。

图 10-1　夏代陶器①

二里头陶器，成型技术基本上都是轮制，兼有一些模制与手制。

技术的社会属性是指人们在变革和利用自然的过程中，必然受到社会各种因素的影响，社会对技术发展方向、运用范围等诸多方面具有强烈的制约。首先，任何技术都有目的性，这种目的性来自于人类社会，是在社会中产生并随社会发展变化的。不同的社会政治、经济、文化条件，对技术目的会有不同的要求。在粮食生产不能满足国民生活需要的落后国家，提高农作物产量必然会成为重要甚至首要的技术目的。不同国家和地区的自然条件和社会条件造成了独特的“技术土壤”，使技术具有某种民族化的性格。其次，如何实现技术目的，其选择也具有社会性。例如我国南方大部分地区的电能要依靠北方开采的煤炭，选择什么方法实现北煤南运的目的，就受到很多社会因素的制约，需要综合分析和判断。第三，技术的社会属性还反映在技术运用所产生的后果上。汽车、轮船、飞机的出现加速了人员和物质的时空位置变换，缩短了人与人之间的距离，增加了物质流动和人际交流，然而也带来了噪音和大气污染，并引发石油危机等社会后果。

技术的自然属性是由自然规律决定的，它规定了技术构成的科学基础和前提；技术的社会属性是由社会规律决定的，它制约着技术发展的目标和方向。任何一种技术，总是要受到来自自然和社会的双重限制，这种双重限制带来的双重属性，也可以看做是技术的内部特性和外部特性。内部特性表征技术内在的自律要求，外部特性表征技术受外在条件制约和影响的方面。就技术的两重性来看，它们之间的关系是辩证统一的。在当代社会，技术的发展越来越受到外部社会条件的影响，纯粹的技术和自然因素要在社会制约框架之内才能起作用，因此表现出技术社会属性的主导特征，技术自然属性则处于相对从属的地位。

技术的自然属性和社会属性要求人们在从事技术发明或技术创新活动过程中，吸收科学主义和人文主义两方面的认识成果，辩证地批判技术决定论和人类中心主义的观点。在技术发展的过程中，既要考虑以人为本的和谐思想，又要引入生态哲学和可持续发展的观念。

二、技术的价值负荷

技术的自然属性与社会属性关系，其本质涉及学术界激烈争论的技术是否负荷价值的问题。这里主要有两种观点。

一种是技术中立论。认为技术仅仅是方法论意义上的工具和手段，在政治、文化、伦理上

① 图片来源：http://www.guxiang86.com.

没有正确与错误之分,其本身在价值上是中性的,不包含任何价值判断。技术中立论强调技术的三种特征。一是"工具手段"特征,认为技术纯粹是一种手段,可以被应用于任何目的,技术与它所服务的价值目的之间不直接关联,无论是斧头还是计算机,作为工具手段对任何社会都有用处,不会因为社会制度的不同而有差别。二是"因果命题"特征,认为技术的基础在于其普遍的科学规律,在于它是一种可证实的因果命题,这种命题如果是正确的,在任何社会中都有认知作用,不因社会条件的不同而改变。三是"相同效应标准"特征,因为技术具有普遍的理性,同一度量标准可以应用于不同的背景,也就是说,技术对于提高不同时期、不同国家、不同文化的劳动生产率效应相同,所有技术,都以相同效应标准体现其本质。

透过技术中立论的主张,可以看到它所强调的技术特征体现的都是技术的自然属性,这说明,技术中立论是从技术的自然属性角度来理解技术本质的。从技术的自然属性出发,技术显然不存在伦理与政治问题,不负荷价值。自近代工业革命以来,技术中立论一直是一种占据主导地位的技术观。

另一种是技术价值论。认为技术在政治、文化、伦理上不是中性的,任何技术本身都蕴含着一定的善恶、对错甚至好坏的价值取向和价值判断,即技术负荷着特定的社会和人的价值观。随着现代技术的发展,技术价值论受到越来越多人的重视。因为现代技术表现出越来越复杂的特性,使得技术的大部分后果无法预料,特别是技术的生态后果与社会后果在技术使用几十年后仍难以察觉。现代技术已经成为社会秩序的重要组成部分,人们难以把技术本身与它的社会作用绝对区分开来。

专栏 10-2

美国的火星探索计划①

美国总统奥巴马于 2010 年 4 月 15 日公布美国新太空探索计划,表示美国将放弃旨在重返月球的"星座计划",而将火星作为美国载人航天计划的目的地。奥巴马当天在佛罗里达州肯尼迪航天中心表示,美国将投资 30 亿美元研发新型大运载火箭,以便美国宇航员能向近地轨道之外的空间进发。他期待,到 2025 年,美国能对太阳系进行深入探索;到 21 世纪 30 年代中期,美国具有运送宇航员平安往返火星轨道的能力。"我们将在历史上首次向小行星运送宇航员。到 21 世纪 30 年代,我相信我们可以将人类运往火星轨道,并可以让他们安全返回地球。随后,我们将开始登陆火星,"奥巴马告诉在场的近 200 位议员、科学家及太空专家,"我希望能在有生之年看到这一切"。奥巴马公布的计划还有待国会批准。当天的访问是奥巴马上任以来首次造访美国航天飞机的母港——肯尼迪航天中心,也是 12 年来美国在任总统首次访问肯尼迪航天中心。肯尼迪航天中心是美国航天局进行航天器测试、准备和实施发射的重要场所,也是美国唯一可以进行载人航天发射的航天中心。

① 资料来源:http://www.Tianjinwe.com.

技术价值论包括社会建构论(social constructivism)和技术决定论(technological determinism)两种主要观点。

社会建构论认为,技术发展囿于特定的社会情境,技术活动受技术主体的实际利益、文化选择、价值取向和权利格局等社会因素的强烈影响。在现实技术活动中,技术依据的客观基础是主体际的建构事实,技术是社会利益和文化价值倾向所建构的产物。由于技术主体是具有价值取向和利益需求的具体人群,因此与主体相关的技术活动必然存在复杂的社会利益和价值冲突。技术在与社会的互动整合中形成了自身的价值负荷,它不但体现着技术的价值判断,也体现着更深层次的社会价值和主体利益。社会建构论认为技术的变迁不是一个固定的单向发展过程,更不是单纯经济规律或技术内在逻辑决定的开发过程。技术变迁只有依据大量的技术争论才能得到最佳的解释。可见,社会建构论强调的是技术主体对技术的支配和控制方面的主体性地位和责任。海德哥尔、马尔库塞、哈贝马斯等人文主义者和后现代主义者都持这一观点。

技术决定论认为,现代技术已经成为一种自主的技术,它是一种自律的力量,按照自己的逻辑前进。技术的规则支配着社会和文化的发展,技术的发展决定并支配着人类的精神和社会状况。技术决定论强调技术的价值独立性,把现代技术视为一种自主控制事物和人类的抽象力量。技术决定论又分乐观主义和悲观主义。乐观主义的技术决定论认为,技术进步是人性进化的标准,一切由于技术进步所带来的负面影响,最终会为更大的技术进步所克服。悲观主义的技术决定论则认为,技术在本质上有一种非人道的价值取向,技术已经控制了人类,并使人类世界其他非技术的内在价值和意义受到遮蔽。

技术价值论的观点表明,它主要是从技术的社会属性方面来理解技术本质的。社会建构论把技术价值理解为一种由社会建制决定的存在,技术决定论则强调技术自身价值的独立性。两者实际上都把技术的自然属性排斥在技术本质范畴之外。

在技术中立论和技术价值论之间,也有介于两者的观点,即认为技术在某些方面是价值中立的,而在另一些方面是价值负荷的。例如著名技术哲学家拉普就认为技术在方法上是中性的,但在事实上、心理上和社会上不是中立的。这种观点实际上与价值负荷论相当接近。

可以认为,技术中立论和技术价值论的对立,最终是由于技术的内在价值与现实价值分离决定的。技术的内在价值是指客体具有的作用于主体产生某种效应的内在可能性,它规定着技术所表现的自然属性;技术的现实价值是指在现实社会条件下客体作用于主体产生的实际效应,它规定着技术的社会属性。从内在价值看,技术主要表现为价值中立;从现实价值看,技术则表现为价值负荷。但是技术的内在价值与现实价值又不是绝对分离的,它们在本质上统一于技术之中,因此就表现为技术的自然属性与社会属性的辩证统一。如果从技术的内在价值和现实价值统一性上审视,应该说技术最终还是负荷价值的。

课堂讨论

辩题：技术是价值中立的还是价值负荷的？

甲方：技术是价值中立的。

乙方：技术是价值负荷的。

步骤：全班分为两组——每人课前准备——课上分组讨论——每组推选名辩手(4～5名)——课堂辩论——教师讲评。

第三节　技术要素和技术结构

一、技术要素

对于事物的要素研究几乎是人类知识整体的普遍现象。自然科学经常以要素研究为重点，例如，物理学和化学的一个重要目标就是揭示物质的要素构成。自然科学常常以精确的分析和还原性的追问来说明事物的要素。科学式的要素分析经常表现为对事物由外向内"剥皮"式的探究过程。科学家抱着基础主义或还原论的目标，试图把一切自然事物的复杂或简约的要素从整体中分离出来。实际上，所有的自然事物确实都包含着相对简单的微小的要素。例如，漫天的大雪由一个个精致的雪花构成，一望无际的沙漠由一颗颗细小的沙粒构成，辽阔的草原由一株株小草构成，表现力丰富的不同民族的语言也是由一个个单词构成，等等。

图 10-2　分形结构图①

本图说明了结构的自相似性。

那么，技术的要素又该如何分析呢？这是一个复杂问题。一方面，人们不能把技术简单地理解为一把剪刀或一张渔网那样的事物；另一方面，也不能把技术简化为人的具体思想和语言概念。技术作为一个实体性的事物或现象，包含了复杂的物质性要素；技术作为一个无形的思想或知识，又包含了精神性的成分。综合地看，技术的构成性要素蕴涵了宏观与微观、外在与内在、可编码与不可编码的复杂因素。从不同的视角采用不同的方法分析，技术的要素看起来也很不相同。例如，当我们把技术理解为一个锤子时，其要素就包括了两个组成部分：金属锤头、木制的把手。当我们把技术理解为电脑，其要素则包括了两个复杂的部分：硬件和软件，硬件和软件又分别包含了复杂的组成部分，包括集成电路、液晶显示屏、输入键盘、CPU、驱动器、接口，杀毒软件、防火墙、播放器软件、WINDOWS系统，等等。对于一个更加复杂的技术系统，如航天飞机，对其具体要素的分析就相当复杂和困难。如果运用

---

①　图片来源：http://image.baidu.com.

哲学隐喻的方法，我们可以把复杂的航天飞机要素概括为和隐喻对象类似的部分，如精神要素、能源要素、动力要素、信息要素、传动要素、救生要素等。

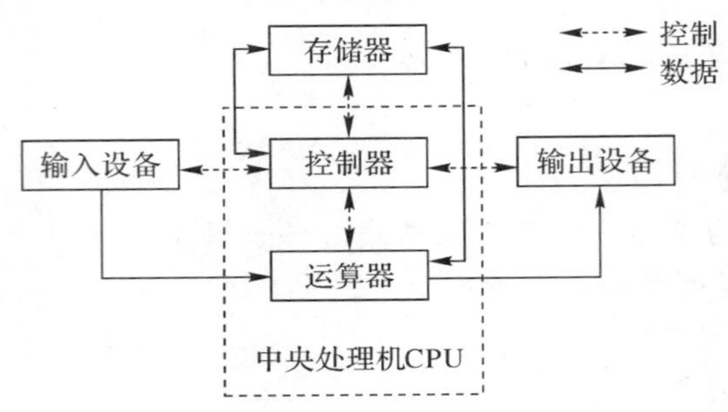

图 10-3　冯·诺伊曼式计算机结构图①

根据不同的分类标准，技术要素可以划分为多种不同的类型。有人认为，"技术具有多种要素，机器、工具、设备、制作、发明、设计、制造、维护、使用技艺、规则、技术理论等。这些要素可以概括为实物形态的技术要素、操作形态的技术要素和知识形态的技术要素。"②也有人认为，"技术具有多种要素，可以概括为：经验形态的技术要素、实体形态的技术要素和知识形态的技术要素。"③实际上，这些技术要素的划分，也是一种高度的抽象，现实中的技术要素总是包括在一个静态和动态结合的复杂体系中，它们往往难以从技术过程的复杂体系中剥离出来。

后现代现象学的研究表明，过去经典现象学的观点和方法需要变化，那种包含主观主义、基础主义、相对主义方法的实体本体论应当为关系本体论所代替。从关系本体论的视角看技术的要素和结构，就不能把技术还原为机械式的零件，而应该把技术看成一个特定时空中存在着的事件或现象，这个事件或现象不单纯是一个物理实体或精神现象，而是一个由人、物、环境、事件、心理和行为构成的复合性的关系网。

这里介绍一种把理论知识、经验技能和物资设备三者作为技术基本要素的观点。三个基本要素又可以分为两大类：一类是人的因素，体现为理论知识和经验技能；另一类是物的因素，主要指物资设备，如工具、机器等。在技术活动过程中，人的因素和物的因素又是相互影响的。我们通常认为人是主要的决定因素，而物是人创造的，是非主要的从属因素。这种认识有一定道理，但并不绝对。事实上技术活动中人的因素和物的因素始终处于不断的相互作用之中。人的因素任何时候都离不开物的因素，并通过与物的因素相互作用而使知识、能力不断增长；物的因素也始终不能离开人的因素，并通过与人的因素相互作用而使物资设备日益精良。两种因素相辅相成，缺一不可，不能笼统地说哪个主要哪个次要，应当具体情况具体分析。例如当有了机器设备而不能发挥作用时，人的知识和能力就是矛盾主要方面；当有了技术人才而不能提供设备条件时，物的因素就成为矛盾的主要方面了。在人的因素内部，知识和技能两者关系也受到大家关注，究竟是科学知识重要还是经验技能重要？这个问题的争论由来已久，双方各执一词，并且直接影响高等教育中人才培养模式和标准的选择。我们的认识同样是不能简单地肯定一方否定另一方，在技术活动的具体过程中，分别有

---

① 资料来源：http://image.baidu.com.

② 谈新敏，安道玉.自然辩证法概论.郑州：郑州大学出版社，2007：194.

③ 徐小钦.科学技术哲学概论.北京：科学出版社，2006：128.

需要强调知识或强调技能的阶段和场合，不同的时空条件下，科学知识和经验技能孰重孰轻一定要具体情况具体分析，不能一概而论。

二、技术结构

结构是指系统中各组成要素之间相互联系与相互作用的方式。系统的结构标志着系统的组织化、有序性的程度。物质系统的结构分为时间结构与空间结构。人们把物质世界的结构思想，推进到相关的研究领域，认为结构与量变和质变相互关联，结构是要素之间相对稳定的联结关系的总和。从马克思主义认识论的角度看，结构一方面是客观世界的特性，另一方面也表征人类对世界图景的一种把握方式。客观的结构是原型，主观的结构是一种观念的创造。客观的结构是事物和过程的集合体，主观的结构是概念和表象的集合体。在客观的结构与主观的结构之间，存在着人的思维结构。

技术结构就是技术现象系统存在的样式或要素联结的方式。技术现象有三种情况：第一是客观的技术现象，如一部电话或电脑，一架飞机或航天器。第二是主观的技术现象，如概念化的经验，被表述的观念形态的方法与知识。第三是不可编码的技术现象，如人们在实际机器操作中表现的技能，人们在思维过程中的认识策略和概念形成过程。技术结构就是这三种技术现象的显现与构造的过程。

对于技术结构的理解，工程师和哲学家会有很大差别。一般工程师或者管理学家是通过对现实技术现象的描述与分析来理解技术结构的，哲学家则从整体的角度理解技术结构，通过构造各种概念来实现对技术现象的表达与解释。哲学语境的技术结构，不单纯指那些可以通过感觉器官观察的事物，还包括可以通过不可见方式表现出来的事物背后的东西。这正如在商业中普遍采用的电子化的技术体系一样，人们可以通过 ATM 机取现或存款，但并没有亲眼见到网线、数据线、数据库或大量的电子软件和硬件系统。人们在飞机上看到它的外在形体结构，却无法看到内在的硬件或软件的架构，更不可能看到红外线和雷达这些电子设备。马克思对技术结构的考察是通过研究资本主义的劳动过程和对工人的剥削过程展开的，是在分析技术与社会的各个方面的关系中体现出来的，“事实上，在马克思看来，技术并非一个独立于社会之外的纯粹领域，作为社会的一个重要组成要素，技术与生产方式和生产关系、技术与哲学、技术与自然科学、技术与道德文化等都处于普遍联系之中，它们之间都存在着作用与反作用的辩证关系。”[①]

图 10-4 中国秦山核电站[②]

三、技术体系与技术结构

“技术体系”概念与“技术结构”概念密切相关，技术体系是一种宏观的、社会性的整体技术结构。要理解技术体系，需要先说明技术系统的概

---

① 乔瑞金. 马克思技术哲学纲要. 北京：人民出版社，2002：50.

② 图片来源：http://image.baidu.com.

念。技术系统和技术体系的英文译名都是 technological system，如果从各种技术之间的联系这个意义上理解，具有相似含义，但在实际使用中，两者还是有较大差别的。

一般的，我们把从工程学或工艺学角度出发，与同一类自然规律及改造自然规律有关的相互联系的技术整体称为技术系统。例如水力发电技术系统就是利用水的势能变为电能的技术过程，它由水坝建筑、水轮装置和发电设备三种主要技术相互联系组合成为一个技术系统。技术系统是由技术要素组成的，不同的技术要素和技术要素的不同组合可以形成不同的技术系统。例如，劳动力、劳动对象、劳动工具三种技术要素组合可以形成经济学技术系统；价值、情报、生产、使用等要素组合可以形成社会学技术系统；主体、工具、控制、动力、材料等要素组合可以形成工程技术系统。由于技术要素的多样性和组合构成的复杂性，就产生了技术系统的复杂性。弄清技术系统及其组成要素的相互关系，有助于揭示技术的内在机制、结构和功能，掌握技术发展的内在规律，为技术规划和技术开发提供理论指导。

但如前面所讨论的，技术不但具有自然属性，还具有社会属性，因此技术之间的联系不可能仅仅是按自然规律建立起来的。这样，我们就需要从自然规律和社会条件两个方面出发考察技术之间的关系，并把各种技术在自然规律和社会因素共同制约下形成的具有特定结构和功能的技术系统，称之为技术体系。技术体系是技术在社会中现实存在的方式，它超出了单一工程学或工艺学的范围，把技术之间的联系同时放到社会条件下加以考察。一项新的技术发明产生后，能否在生产中加以应用，并与已有的技术联系起来构成新的技术体系，除发明自身具有实用性外，还要有一系列其他的技术条件，如与之相应的新材料、新工艺、新动力和新知识等物质上和知识上的前提。但这还是不够的，还需要有社会价值观念、文化基础、经济关系等各种条件的配合。

技术体系的形成和确立，首先会受到国家、民族和地区具体条件的制约。世界上存在共同的科学原理、技术原理，但却没有由各种技术要素组成的完全相同的技术体系，因为所有技术体系都有其赖以确立的生存土壤。比如世界各国生产汽车，汽车的技术原理基本相同，但各国汽车的设计思想、材料结构、外观造型往往差别很大，其中就有深刻的价值观念、风俗习惯、思维模式在发生作用。一项技术原则上可以为各个国家、民族和地区所利用，但利用的程度、效果在不同的地方是不可能有完全一样的情况的。

技术体系的形成和确立，同时受到社会经济水平和能力的制约。有许多技术尽管完全可以投入应用，但因为受到经济能力的限制，或者经济上并不能产生效益，也只好不进入现有的技术体系。例如人们看到炼油厂的烟囱顶上总是燃烧着火焰，会想到能源的浪费，希望能加以利用。虽然，这部分能量的回收技术能够获得，但由于这些烧掉的气体成分变化很大，回收需要采取许多复杂的技术措施，有相当大的投入。从经济学角度看，投入和回报差距悬殊，烧掉是最经济的办法。因此废气回收技术就暂时不能组合到炼油技术体系中。又如炼钢，从化学角度看是从矿石直接还原为含低碳的钢方法最好，这种技术也已经发明，但在经济上却无法承受，所以现代条件下只能先从矿石中炼出含碳量饱和的生铁，再到炼钢炉中脱碳、脱硫，最后铸成钢锭。许多技术体系的形成，都是在社会经济条件制约下的一种特定技术要素组合，往往表现出技术先进性对技术经济性的妥协。

技术体系的形成和确立，还受到社会整体文化知识水平的制约。一个技术体系中，如果主体的文化水平很低，则先进的工具、高度的自动控制、高效的能源动力和优质的材料都不可能被有效利用，即使配备得很完全，也只能闲置、浪费甚至损坏。发达国家的技术体系是与其国民文化和技术素质相联系的，引进国外先进技术必须同步进行人员培训，其原因也在于此。

专栏 10-3

信息行业的技术体系概念①

术语"体系结构"在 IT 行业中的使用日益宽泛。它适用的范围从 IT 管理的抽象概念到卖方产品的物理组成，从信息结构到技术交付，甚至是 IT 解决方案的技术性管理。使用范围如此之广，从而说明该术语的使用确实是非常有效。韦伯词典中对"体系结构"一词的定义如下：作为一种意识过程结果的形态或框架；一种统一或有条理的形式或结构；建筑的艺术或科学。这个定义的关键部分是具有特定结构的体现某种美感的事物以及针对该事物的有意识的、有条理的方法。例如建筑设计源于可靠和有条理的推理。设计师、体系结构的分析员要考虑体系结构开发的方方面面。这包括用户的想法、地基的要求、法律约束、财政约束、技术限制、建筑的用户以及其他与建筑相关却不能立即显现出来的各个方面。从本质上讲，设计师要全面考虑这些因素从而最终实现该建筑结构。

体系结构通常会建立一个共有的远景。然而，简单地设定远景是不够的，必须和构建人员、客户、其他相关人员进行沟通以达成共识。在构建过程中要维护该体系结构。它在一个横跨于客户需求、构建人员的要求以及客观世界约束的沟壑之间架起了一座桥梁。

四、技术联系方式与技术结构

结构是系统内各要素相互联系的方式，技术要素之间相互联系的形式又是多种多样的。这里我们主要从技术目的和技术手段的关系上考察技术之间的联系方式，进而认识技术结构。这是因为，任何技术之间的联系并不是任意的，技术之间的多种结合，都必须在符合自然规律的基础上符合技术目的的需要，离开技术目的的各种技术结合或者是不存在的，或者是没有意义的。

技术目的和技术手段之间联系存在一个目的对应多种手段的情况。比如技术目的是选取铁矿石，手段则有重选法、磁选法、浮选法等多种。重选法利用不同比重实现矿石与废石分离，属于机械技术；磁选法利用铁矿石的磁性使矿石与废石分离，属于物理技术；浮选法则通过不同化学药剂的作用让矿石与废石分离，属于化工技术。这些技术手段既可以单独使用，也可以在一个地方、一个企业、甚至一个作业过程中以不同的组合方式采用。这是基本处在同一技术水平上多种技术手段的联系结合。还有处于不同技术水平上各种技术手段的联系。像控制的技术手段有人工控制、机电控制、电子程序控制和计算机智能控制等各种不

① 资料来源：http://www.baidu.com，技术结构体系介绍。

同层次的技术,但为了达到控制的目的,这些不同水平的技术可以在不同的生产部门或不同企业同时存在并相互联系,构成了现实的技术结构。

技术目的和技术手段之间联系同时存在一种手段用于多种目的的情况。瓦特对蒸汽机的革命性改进起初仅是为了提高纽可门机的热效率,帮助矿工抽取矿井中的水,限于作为采掘生产技术系统的一部分。后来这一动力技术手段被广泛用于其他技术目的,最终导致整个社会技术体系的重大变革。事实上,许多新技术手段刚发明时,其应用范围是难以充分预料的,像电频炉的发明不是为了电炉炼钢,纯氧制造技术也不是因为炼钢要吹氧脱碳而发明的,但是这些手段后来都进入了炼钢的技术系统,成为其重要的结构组成部分。

技术目的和技术手段之间联系还存在一种相互连锁的关系。一项技术总是具有某种特定功能,可用于实现特定的目的。但这一目的很多时候并不是或不完全是人们所期望的最终目的。例如选矿技术是要选别铁矿,但选出铁矿以后还要炼铁、炼钢、轧制才成为钢材,才能用于制造机器的技术目的。这样,各种技术手段和技术目的之间就存在连锁关系,上一道技术过程中的目的会成为下一道技术过程中的手段,从而把一系列技术联系起来。生产过程中,技术目的与手段连锁关系的另一种形式是技术目的引发新的技术手段出现,而新的技术手段又成为一种技术目的,引起其他相应手段的产生。例如由于飞梭的发明,引起了纺织技术、印染技术、动力技术的变革,而印染技术又引起了制酸、制碱技术的发明和应用。生产过程中的不平衡导致了技术目的和技术手段之间的矛盾运动,并推动了技术体系的演化发展。

技术目的和技术手段之间联系还有相互依存和渗透的形式。为了实现一种技术目的,很多情况下仅仅使用单一技术手段难以做到,从而就需要若干种技术手段通过一定的相互依存关系组合起来。例如石油化工生产各种制品,需要有耐高温、耐高压、耐腐蚀的化工机械技术,有温度、压力、流量各参数的计量测试技术,有产量、质量、人流、物流和设备的自动控制技术,等等,只有各种技术手段的有机结合才能达到预定的目的。

技术之间的联系方式决定了技术的结构,而技术结构组成是否合理,存在若干基本的原则,主要有:

目的同一原则。各种不同技术,为了一个共同的目的,结成一个整体、一个体系或一个系统,这里的结合,都必须围绕统一的目的。例如人类要实现开发宇宙空间的目的,就要把火箭技术、人造卫星技术、控制制导技术以及电子、电机、通讯、气象、化工、材料等相关技术组织起来,形成航天工业技术系统。

功能匹配原则。任何一个技术体系或系统,要达到一定的技术目的,需要把各种功能的专门技术,按照它们各自的特点匹配成一个能实现相应技术目的的功能整体。工业机器人实际上是一个能够由电脑控制的多功能机器装置,它需要把机械技术、电子传感技术、电视技术、录像技术、图像识别和处理技术、计算机技术等不同功能的技术按照功能匹配原则组合构成一个技术系统。如果各项技术之间功能不匹配,就难以实现既定的技术目的。

生产平衡原则。技术总是要用于产品生产之中,生产中既有产品质的要求,也有产品量的规定。为了在生产上保持均衡,技术的结构必须与之相适应。生产中因某些技术落后成为制约生产效率提高的“瓶颈”时,就必然促进先进技术的发明、引进和应用,以维持系统的平衡。

社会协调原则。技术结构的形成会受到社会政治、经济、文化、教育、道德、民族传统等方面因素的影响。不能设想，在一个经济和文化处于落后状态的地区，会具有很大高新技术比例的技术结构。任何先进技术的引进和采用，都应当与已有的技术基础、文化价值观念、使用新技术的人员和环境相协调、相适应，否则难以形成合理的技术结构，发挥应有的功能。

技术结构是一种历史形态，技术的构成关系总是反映一定历史时期一个国家、民族和地区的经济条件和生产力发展水平，它是一个动态的结构，必然要在技术内外部矛盾的综合作用下，随着技术整体的发展而不断变化。技术结构是技术功能的基础，技术结构的变化将引起技术功能的变化，从而带来社会生产力的变化。

本章框架

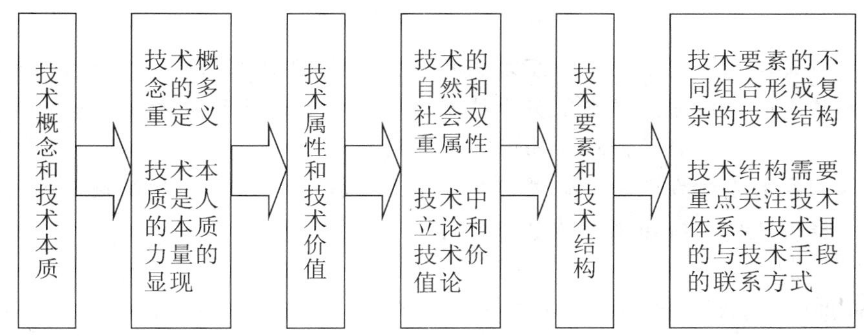

进一步阅读文献

1. 陈昌曙. 技术哲学引论(第一、二章). 北京：科学出版社，1992.

2. 刘大椿. 自然辩证法概论(第九章). 北京：中国人民大学出版社，2008.

3. 张华夏，张志林. 从科学与技术的划界来看技术哲学的研究纲领. 自然辩证法研究，2001(2).

复习思考题

1. 技术本质研究有何现实意义？

2. 试评技术中立论与技术价值论的不同观点。

3. 技术目的与手段之间有哪些联系形式？它们对技术体系结构形成影响如何？

第十一章　技术研究的基本方法

重点提示

- 技术研究过程决定了技术研究方法具有社会性、实用性、经验性、综合性的特点。
- 技术研究的一般方法包括服务于技术决策的宏观层面的技术预测和评估方法，服务于具体研究和创新的微观层面的技术发明、设计和试验方法。
- 技术研究的系统方法是认识并解决各种复杂技术问题行之有效的方法，在现代技术和工程发展中具有越来越重要的作用。

技术研究与自然科学研究的主要对象都是自然客体，因此两者在研究方法上具有许多共性，前面科学篇介绍的科学研究方法基本思想和内容在技术研究中也得到广泛应用。当然，由于科学和技术存在体制目标上的差别，也需要学习并掌握技术研究自身的一些特殊方法。本章以技术研究一般过程的分析为基础，讨论了技术预测、评估、发明、设计和试验的基本方法，并根据现代技术发展的特点，特别介绍了技术研究的系统方法。

第一节　技术研究过程与技术方法特点

一、技术研究的一般过程

一般来说，技术研究本质上是一个不断提出问题并解决问题的创造过程，都要经过提出问题、寻求解决问题的方案或解法、实现解法以及验证等各个阶段。具体过程如图 11-1 所示。

图示的技术研究一般过程，具体分为四个阶段。

第一阶段为课题规划阶段。包括社会需求确立、技术发展预测、技术目的设定、技术后果评估几个步骤。一切技术创造活动，都是为了适应社会的某种需要而进行的有明确目标指向的活动。对实现社会需要的必要性和可能性做出科学估计，就要进行技术发展预测。经过预测，对技术未来发展趋势、可能突破方向、市场实际需要做到胸中有数，就可以明确主攻方向。这个主攻方向就是就是以技术语言表述的技术目的。设定技术目的之后还要从自

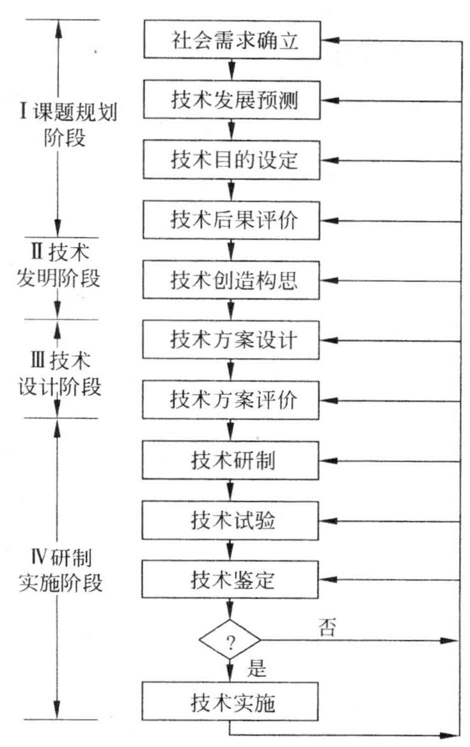

图 11-1 技术研究一般过程

然、社会、经济的各个侧面，估计可能带来的近期和长远、积极和消极的后果。

第二阶段为创造构思即技术发明阶段。这个阶段中主体要充分利用已知的科学规律和技术成果，建立基本原理，是技术创造主体在观念中构建对象性客体的过程。它要寻找能够在既定条件下满足课题要求的新方案，提出技术原理和解决问题的基本思路。这个阶段对人力、物力和时间的有形消耗不太大，但对创造者的创造精神和素质要求极高，是技术创造中最关键的阶段。

第三阶段为方案设计阶段。它要把创造性构思所获得的设想具体化，通过概略设计、技术设计、施工图设计等若干环节，为所要创造的人工系统寻找和确定一种结构形式以达到预期目的。它既是把技术原理付诸实现的过程，也是对技术原理检验和选择的过程。技术方案设计出来后，还要评价其在技术上的先进性、经济上的合理性、工艺上的可行性，以使方案优化。技术方案设计及其评价，是技术创造从观念建构向物化建构转化的关键点。

第四阶段是研制实施阶段。技术设计方案通过评价后，便进入了技术创造的物化研制和试验环节。它根据设计提供的图纸和技术文件进行产品研制、小批量试验以及技术鉴定。鉴定通过的技术成果即可转入实施，实施中还可能出现问题，需要反馈到技术设计阶段，进行方案的调整和改进。

在具体操作层面，技术研究的一般过程也可以用应用研究—技术开发—技术设计—技术实施—技术服务等相互联系和影响的一系列环节加以描述。

应用研究是在基础研究理论指导下，为获取新产品、新工艺、新材料、新方法进行的技术基础和技术原理研究，重点要解决技术应用的方向和适应问题。应用研究需要对已有的科学知识和技术知识进行新的综合，其成果一般表现为发明专利、原理性模型和研究论文，其中发明是应用研究成果的集中体现，它或者具有国内外首先出现的新颖性，或者处于同比领域的先进性，或者具有能够实际应用的实用性。

技术开发是应用研究的进一步发展，是技术发明的推广和应用，是科学技术转化为现实生产力的关键步骤。它主要表现为利用新的材料，生产新的产品，建立新的装置，设计新的工艺，提供新的服务，其成果一般是样品、样机、装置原型和相关的技术文件。同应用研究相比，技术开发在技术的新颖性和先进性方面要求稍低，但在实用性方面的要求更高。

技术设计以具体的产品为对象，解决从样机或原型到实际生产的全部技术和工艺问题，满足正式投产的全部技术需要。技术设计有明确的对象目标，需要综合考虑在现实具体的技术和非技术约束条件下，充分运用相关设计元素，从多种可能性中选择出相对优化的方案。

技术实施是为实际生产运行建立起装备和组织系统，包括硬件方面的车间厂房、生产线、仪器设备、辅助设施和软件方面的组织结构、技术标准、生产计划、人员配置，等等。技术实施是技术设计的系统集成和具体落实，涉及众多因素，会暴露出设计中考虑不周或者错误的问题。实施过程中需要综合考虑进度、质量和投资的相互关系。

技术服务是在市场经济条件下对技术人员提出的新要求，它对生产者提高产品质量、改进产品性能、开发新的产品有重要意义。技术人员配合其他相关部门和人员做好产品的售前和售后技术服务，将使企业赢得更大的市场份额。

事实上，技术研究是一个十分复杂的过程，过程中各个阶段的划分和各个环节的前后关系，并不是绝对的，以上给出的一般介绍，只是一种粗略的进路描述。实际技术研究中，还有各个环节、各种方法之间的横向联系，表现为一个阶段会涉及许多不同方法步骤，或者表现为同一个方法步骤会在不同的阶段多次使用。在每一项具体的技术研究中，虽然总体上离不开一般的逻辑程序，但在每个实际阶段又会有不同的表现。因此，不能把本身丰富多彩、灵活多变的研究创造活动程式化，把技术方法的应用绝对化。

二、技术方法的特点

从根本上说，技术研究与科学研究在许多方面是相通的，因此科学研究的许多方法可以直接应用于技术研究。例如科研选题方法、观察方法、实验方法、逻辑思维方法、非逻辑思维方法、数学方法、系统科学方法等科学研究方法，对于技术研究具有普遍性意义。同时，我们也应该看到，技术对自然规律的运用，有一个从理论到现实的再认识过程，因而技术方法也有自身的一些特点。

首先是技术方法的社会性。由于技术具有自然和社会双重属性，技术的物质形态作为人工自然物要受到自然规律的支配；技术又是社会存在物，要受到社会规律支配。技术方法是实现技术目标、规范技术创造活动的手段，就必须符合技术本身的属性，既要应用自然规律又要应用社会规律，对技术方法的选择，不可避免地要考虑各种社会因素的制约。

其次是技术方法的实用性。与科学知识力求反映客观真理并且越精确越好的要求不同,技术知识主要是解决实际问题,往往越实用越好。因此技术方法更多地体现为实践操作规则或模式。有时为了实用会降低精确性要求而取近似解。

第三是技术方法的经验性。科学研究由于其目的是揭示客观事物发展变化的普遍规律,理论方法的地位更为重要,其成果形式具有抽象特征。技术研究中经验的特征更为显著,不仅古代工匠需要经验和技能,现代技术专家也必须具有丰富的实际经验。例如技术设计中安全系数的确定,尽管有可靠性理论,但仍需要求助经验和试验。

第四是技术方法的综合性。自然科学研究中常常会舍弃一些偶然的、次要的因素,在理想化的条件下进行探索。而技术研究中那些被舍弃的因素又必须在现实条件中被恢复起来。如钢结构强度问题,力学研究可以撇开大气和电化学腐蚀问题,工程技术研究中就必须考虑腐蚀。每一项技术往往都不是仅与一门学科有关,而要运用多学科综合知识,涉及经济、社会、法律、环境、心理、生理各方面因素。

第二节　技术研究的一般方法

技术研究的一般方法包括:技术预测方法,技术评估方法,技术发明方法、技术设计方法和技术试验方法。前两者较多用于政府、研究机构和企业的技术战略和技术决策,后三者主要用于技术和工程研究人员具体的技术创造活动。

一、技术预测方法

1.技术预测及其特点

技术预测在20世纪中叶出现于美国,与现代技术革命的兴起密切相关。由于现代技术知识密集,新产品层出不穷,更新周期快,工艺和管理灵活,竞争相当激烈,为了提高新技术的成功率并使它尽快应用于尽可能广泛的领域,就需要进行技术预测。如果没有必要的预测或者预测不准确,将会导致决策失误而造成损失。如苏联在20世纪50年代把电子管的小型化作为电子技术的主攻方向,没有预见到半导体技术的发展趋势,微电子技术起步迟缓,造成后来计算机工业的落后。又如20世纪90年代,日本致力于模拟电子技术的发展,缺乏对数字电子技术的预见,结果被美国抢得了先机。正确预测所带来的不但有长远社会效益,也有直接经济效益。据估计,科技预测费一般只占研究投资的1%,但每一元预测费可以获得约50元的经济效益。

技术预测通常都是发展预测,要横跨科学技术和社会经济两大领域,与规划、计划、开发、管理关系极为密切。它的基本任务包括:揭示经济、社会、科技、管理的发展趋势;分析决定这一趋势的主要相关因素;把握相关地区、行业某一个时期社会经济和科学技术发展的特点;预计科技研究成果推广应用的远景;提出促进新技术发展的优化方案和途径。

技术预测的上述任务规定了它的一些基本特点:

概率推断特点。在技术研究与开发活动中,由于受到制约和影响的因素很多,预测目标的发展过程具有很大的随机性。要求预测结果的严格决定性是不切实际的,或者说严格决定性事物是不必预测的;另外,充分不定性即完全偶然性的事物也是无法预测的。实际的预测总是具有不定性,这种不定性就是处于严格决定性和完全偶然性两端之间的某种概率,预测所获得的结果实际上是一种概率推断。

结论误差特点。任何预测的结果必定存在误差,没有误差的预测只能是虚假的预测。要使存在误差的预测结果能够使用,就要重视对误差的估计,提供关于结果准确程度和应用范围的偏差数值。结论的误差度与预测期限和精确度要求相关,一般的,长期预测的不定性即误差比中短期预测要大,预测的时间越短误差就可能越小。对预测精确度要求越高,预测结果的正确率也会越低。

可检验性特点。预测获得的预见和推测最终能否符合实际,是否具有客观真理性,有待时间的检验。这里可检验性的含义有两层:一是预测的结果不应是模棱两可的,预测不是算命和巫术,预测得出的结论必须是明确的,能够被检验(包括验证和否证);二是预测所用的方法也必须经得起检验,这样就在预测和幻想之间划出了明确的界限。因为幻想也可能言中未来发生的某种事物,但它没有经得起检验的科学方法支持,言中是一种纯粹偶然的巧合。

技术预测中存在着两对矛盾。一对是连续和突变的矛盾。预测的对象具有连续的变化规律,或者说系统在结构上具有稳定性,是对系统进行预测的必要前提,但当系统的自控力不能克服突变因素影响时,事物的发展方向就会出现突然的转折。预测对于可能出现的转折点也要进行研究,并将其控制在尽可能小的区间内,使预测更接近事物演化的真实规律。另一对是随机与约束的矛盾。预测所能搜集到的大量离散或连续的数据(信息),是预测对象千变万化的实际反映,这些数据和信息的出现完全是随机的,但也必然受到一定的约束,约束所反映的正是事物的稳定的本质属性。预测的根本任务在于从大量随机现象中抓住对象变化必然的、稳定的约束条件。

2.技术预测方法的类型

据不完全统计,目前世界上关于预测的方法不下200种,大多数都可在技术预测中使用。从不同的角度,对技术预测方法可以进行不同的分类。这里按照逻辑学的理论,把预测方法分为类推性、归纳性、演绎性三大类。

类推性预测方法。两个技术系统之间具有相同或相似特征,已知其中一个技术系统的发展变化过程,根据类推原则,可以推出另一个技术系统的发展趋势。例如,军用飞机与民用飞机的速度具有相关性,20世纪20年代,军用飞机的速度领先民用飞机5年,50年代领先11年,70年代领先15年,据此可以由军用飞机速度类推民用飞机速度的变化趋势。类推预测方法的逻辑基础是类比推理,是一种从个别到个别的逻辑方法,虽然有较大的创造性,但其结论或然性也比较大。

归纳性预测方法。是从各种不同的个别预测判断和陈述出发,经过归纳推理的逻辑步骤,概括出关于未来普遍的判断和陈述的过程。归纳是从个别出发达到一般的逻辑过程,由于个别判断和陈述中包含着某种一般性,因此归纳预测所得到的结论具有一定的可靠性。但是必须清醒地看到,由于归纳方法本身的局限,其所得出的预测结论肯定也有一定的或然性。

演绎性预测方法。它的逻辑基础是演绎推理,即根据有关预测对象的历史及现状数据建立相应的数学模型,并运用数学方法求解各种待定系数,从而得到一条预测对象发展趋势的曲线,并进一步外推获得预测对象未来特征的相关参数。趋势外推法、计算机模拟法等是常见的演绎性预测方法。一般地说,如果演绎依据的前提准确性高,使用的规则和程序合理,预测所得到的结论可靠性比前两类要高一些。例如,1953 年美国戴维斯博士在空军的协助下,使用速度趋势曲线预测太空探险发展,准确地预言了人类将在 1957 年和 1959 年分别使火箭达到进入空间轨道和脱离空间轨道的速度。

二、技术评估方法

1. 技术评估的意义

所谓工程技术评估,就是按照一定的价值标准,采用科学的方法,预先从各个方面系统地对技术实践的利弊得失进行综合评价。工程技术评估以社会总体利益最佳化为目标,不仅重视技术实践带来的直接利益,还同时注意潜在的、高次级的、不可逆的消极后果。它着眼于人与技术、社会与技术的关系,着力于长期的、重大的、全局性的问题。

技术评估的产生有深刻的时代背景。首先是技术活动的领域不断扩大,涉及人类活动的每一个领域,技术所造就的大型化、大容量和产品大量普及,使其社会的正面和负面影响日益增大。其次是技术中科学知识因素比重增加,技术从发明到实用的周期越来越短,新技术的迅速实用化和普及化,使人类社会对新技术的适应过程缩短产生了许多问题。第三是技术使用密度大幅度提高后负面效应积累迅速膨胀,从而爆发了一系列的社会和自然环境问题。另外,随着物质生活的丰富,人们在精神上和心理上满足的需要也相应提高,对技术发展的某些不良后果变得越来越难以容忍,对技术提出了更高要求。因此,技术评估应运而生。

技术评估可以为技术开发提供理论依据。层出不穷的新技术为创造相同使用价值的人工自然提供了多种选择可能,选择什么?如何选择?需要我们将各种技术放到社会、经济、生产、环境等大系统中去,进行全面系统的考察评估,从而做出正确的决策,选择出对社会总体利益最佳的技术加以开发和推广。

技术评估又可以提高技术开发的计划性和主动性。对于企业而言,技术开发是知识经济时代生存与发展的动力源,然而技术开发又是具有很大风险的创造性活动。通过技术评估,可以在相当程度上避免技术开发中的盲目性,降低风险,减少失败,实现有计划的合理开发。

技术评估还有利于实现技术先进性和经济合理性之间的统一。从根本上讲,技术的先进性和经济的合理性应当是一致的,但在具体实践中不能否认两者之间存在某种不一致甚至对立。技术评估则要从长期的、总体的、重大的优化出发,把技术的先进性和经济的高效益结合在一起综合考虑,从而促进技术的全面进步。

因此,技术评估是系统的、有序的、期望指导行动和未来的一项活动,与局部的、单项的技术方案评价不同,受到不同国家和地区政治、经济、文化等社会因素的影响,表现出长期性、综合性、社会性、批判性的价值取向。

2. 技术评估的程序

一般的,技术评估包含七个步骤,如图 11-2 所示。

明确评估目的,就是要确定评估报告最终使用者的需求,限定评估范围,过宽则泛泛而论、偏离要求,过狭则容易片面。

掌握技术概要，包括掌握新技术开发目的，对技术性质、产品结构、工作原理、生产方法、服务方式及开发方法等技术内容有深入了解。

了解问题和环境，要求弄清问题产生的原因以及与技术的相互关系、可能产生的后果与社会影响，并要特别关注不同社会价值观带来的认识上差异。

分析潜在影响，这是技术评估核心环节，从寻找显现的正面影响和潜在的负面影响两个方面入手，对影响的性质、程度、条件先作单个分析，进而作相关分析，从整体上掌握该技术造成的影响全貌。

查明非容忍性影响，是对负面影响做出会否带来危害或具有致命缺陷的判断，如果新技术会引起社会恐慌、造成人体伤残或死亡，即可视作存在非容忍性影响。

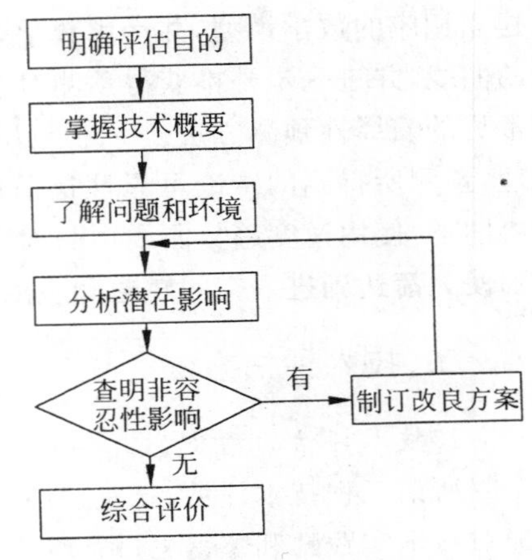

图 11-2　技术评估程序

制订改良方案，针对致命的非容忍性影响展开，通过修正开发方向、补救开发措施、限制使用范围等方法予以改良。如果仍不能解决问题，最终只能停止开发和使用。

综合评价，得出总体的、全面的最后结论，要用系统分析的方法权衡各种利弊，使技术的正效应得以最大限度地发挥，负效应最大可能减少。

上述评估程序在实际操作中，不应当是机械的、一成不变的。由于技术评估对象和目的的差异，也由于技术评估主体的价值观念不同，程序应用会有区别，但总体逻辑过程应该具有客观性。

3. 技术评估的常用方法

20 世纪 60 年代以来，工程技术评估方法发展很快，目前已有数百种之多。这些方法分别适用于不同评估对象和评估阶段。这里介绍几种常用方法。

矩阵技术法。它从系统的整体观念出发，站在事物普遍联系的高度，分析研究对象与各种因素之间的相互关联性。事物之间的相关性有随时间变化和不随时间变化两种，相应有不考虑时间变量的相关矩阵法和考虑时间变量的交叉影响矩阵法。相关矩阵法是把评估对象与各评估因子之间的相互联系和相关程度以矩阵形式表示出来，进而获得各评估值以做出评判。交叉影响矩阵法是从技术之间的相关性出发，考察新技术开发对其他技术促进或抑制的情况，通过多轮的模拟统计，获得各技术发生的最终概率估计，这种方法兼有定性与定量结合的优点，相对比较全面。

效果分析法。这类方法评估重点是对象的未来效果即间接效果，而不是直接的第一次效果，常用的如效果费用分析法、模糊综合评价法。前者根据技术特性和寿命，分析研究开发、投资和实用各阶段所需费用的关联性，做出效果评价。后者是运用模糊数学的方法，借鉴模糊综合审计的成功经验，力图对模糊性事物的评价精确化。

多目标评估法。技术通常是一个多目标的复杂系统，如质量好、成本低、产量高、污染少，都可以成为技术目标，这些目标往往互相矛盾，如何评估十分棘手。折中评价法、化多目标为单目标法、功效系数法等多目标评估法的出现，为此提供了一些工具。

环境评价法。评价对象是生态学、审美学以及人类利益等涉及面非常广的问题，如在大城市近郊建立大型钢铁企业将产生的环境效应问题评价。这种评价发生在技术开发和应用的实施之前，具体按照权重和评价分数分级排序的方法进行。

技术再评估法。评估对像为已开发的或需要推广的技术，如农药、高层建筑、核能炼铁、基因重组等技术都被美国政府以法案形式列为技术再评估对象。技术再评估立足于长期、综合、根本的利益，从人的适应力、自然的吸收力、资源的有限性出发，重视价值观变化，重视技术的副作用和负面效果，把技术本身和社会效应两个最基本方面综合起来做出评估。

专栏 11-1

三门峡工程半个世纪成败得失①

1955 年 7 月，全国人大全票通过了《关于根治黄河水害和开发黄河水利的综合规划的报告》。1956 年，苏联专家进一步完成了《三门峡工程初步设计要点》，建议水库的正常水位 360 米，这意味着必须淹没农田 333 万亩，移民 90 万。1957 年，国家建委会同意了 360 米方案。中国水利史上第一座高坝大库——三门峡水电站开始修建。

2003 年秋，陕西渭河下游 5 年一遇的小洪水，导致了 50 年不遇的大洪灾。中国科学院和中国工程院双院士张光斗与水利部前部长、全国政协前副主席钱正英对此发言：祸起三门峡！三门峡水电站是个错误，理当废弃。

事实上，从三门峡水库规划起就一直存在的上下游利益的对立。如果按照陕西省的要求，三门峡水库全年敞泄，水位大跌后，库区形成已久的供水、灌溉链条就会中断，因此受损的将主要是山西与河南两省。

可见，任何一项重大工程技术的决策，科学预测和评估是何等重要，但又是何等艰难。

三、技术发明方法

1. 技术发明的主要步骤

技术发明的主要步骤一般包括：

提出技术目的。这是进行发明创造的起点。技术目的应有创新性，或者是前人没有提出过的，或者是在前人基础上有新发展的；技术目的要有科学性，以科学理论和知识为指导，合乎客观事物内在要求；技术目的要有可行性，在现存的技术、经济、社会条件下能够实现，并具有经济或社会的效益。提出技术目的首先是确定技术问题，其次是明晰技术要求，再次是分解次级目标。例如提高通信质量和效率的光纤通信技术，可以分解为光导材料、激光发射、接收装置等若干下一层次目标，以利分别攻克技术难题。

构思技术原理。技术原理的形成必须依赖已有的科学知识和原有的实践经验，通过发明者创造性思考提出。瓦特提出提高蒸汽机热效率的分离式冷凝器原理，就是以潜热理论和纽

① 资料来源：http://www.nanfangdaily.com.cn/zm/20031127/xw/tb/200311270688.asp.

可门机为基础的。有了技术原理，还需要提出具体的设想和方案。方案构思越多，技术原理的实现可能性也就越大。

物化技术构思。它通过实践把技术原理转化为实物形态的样品、样机，就一项具体技术发明角度看，这是最终完成的标志。再好的技术原理，在物化过程中都会暴露出开始考虑的欠缺，需要从材料、零部件、工艺参数、工艺过程等方面进行修改、调整和补充。物化过程也是对技术原理和方案科学性、可行性的验证过程。如果最终不能获得实用的物化成果，就不能认为实现了技术发明。

图 11-3　瓦特和他的蒸汽机模型①

2. 构思技术原理的常见类型

技术原理是技术发明的核心，它就像技术系统中的软件，凭借它才能将技术系统硬件的各个部分组成有机统一的整体，完成既定的目的。技术原理的构思方法常见类型有：

原理推演型。这是从科学发现的基本原理出发，推演技术科学的特殊规律，形成技术原理。从科学原理出发，要经过一系列实验研究和构思，才能最终完成到技术原理的转化。例如物理学的受激辐射原理提出后，经过了微波波谱学更为具体的原理阶段，最后才形成微波放大器的技术原理。现代技术发明越来越依赖于科学的进步，原理推演也成为技术构思中最重要和普遍的一种方法。

实验提升型。直接通过科学实验所发现的自然现象，做出理性思维的加工与提升，产生具体的概念或原理，也是技术原理构思的重要方法。例电磁感应实验，产生了电机技术的基本原理；爱迪生效应的发现，成了电子管技术原理的先兆。从实验中提升技术原理，关键是对实验现象的挖掘和提炼，因为实验本身所蕴含的技术原理，大多数情况下是以经验形态表现出来的，没有理论的洞察力和敏锐的创新意识，难以发现经验现象背后的机理，无法获得新的技术原理。

原理改进型。任何一门科学的发展都会经历从实践到理论再到实践的不断循环往复，科学原理在这一发展过程中也表现出不断的改进乃至革命。如传统的材料力学原理对机械结构的强度计算是以材料内部没有缺陷为前提的，这一原理用于技术，在常规压力、温度等条件下不会发生问题，但在特殊环境条件下内部的微缺陷会引起致命性脆断。断裂力学的原理取代传统材料力学原理就成为必然。

生物模拟型。生物界的许多植物和动物，具有小巧玲珑、快速灵敏、高效可靠、抗干扰能力强的特点。生物模拟首先是根据生物的结构与功能特性建立生物模型，进而用数学形式将生物模型变换为数学模型，最后以电子线路、机械结构、化学结构把数学模型发展为具有某种功能的技术模型。这一过程中存在若干反馈环节，以完善技术原理构思。

移植综合型。一类是局部移植，把某一领域技术移植到另一领域，成为另一领域技术系

① 图片来源：http://www.baidu.com.

统的一部分；另一类是综合移植，把若干领域的多种技术综合在一起，产生一个全新的技术应用领域。例如激光技术就是微波技术、光学技术、量子放大技术、真空技术、自动控制技术综合移植的成果。

要素置换型。当技术的基本功能及基本结构保持不变时，对系统中的某个要素进行置换以提高系统的性能或降低消耗，是技术发明中经常遇到的。例如时钟系统中有周期摆动器、连接装置、示数装置几个部分，而摆动器这一部分(要素)就有平衡摆轮、石英晶体，音叉、磁控摆动器等，虽然依据的原理迥然不同，但功能相似可以置换，最终新的要素与时钟系统组合，出现了不同技术原理的钟表新产品。

3.技术发明中利用专利文献的方法

现代专利文献浩如烟海，把具有新颖性、创造性和实用性的最新技术创造囊括无遗。随着各种网络信息技术的迅猛发展，为人们统计、查找、获取并分析专利文献提供了准确、快捷的手段。技术研究人员可以在设定研究主题后，检索相关的专利文献进行定性和定量的分析，了解该技术现在所处的发展阶段，未来的发展方向，与该技术相关联的技术领域。从而选择正确方向进行技术发明创造。

专栏 11-2

专利利用与发明①

例一：1946 年美国一家专业制造照相和复制器材的小企业哈洛依德公司，从 1944 年发表的一件专利说明书中发现了静电复印技术，根据企业经验认识到它的广阔市场前景，立即进行更大规模的专利检索，并投入力量开发，结果研制出世界上第一台商业应用的静电复印机，小企业一举成名。

例二：20 世纪 70 年代，世界上发表了大量关于半导体无触点开关及相关技术的专利文献，我国黑龙江大学半导体敏感器件研究室组织力量，调查了国外从 1971 年到 1980 年长达十年的该技术领域的几乎全部专利文献，并根据国内的技术需要进行开发，研制成功了性能良好的 3CCM 硅磁敏晶体管，获得国家发明三等奖。

例三：日本的丰田佐吉为了寻找对企业有用的技术，订阅了登载全部技术类别发明和实用新型的日本政府专利公报，还购买了其他国家政府的专利公报，如购买了从 1867 年开始的英国专利局专利说明书摘要等。通过持续不断的研读，发现了用蒸汽动力驱动织布机的各种技术手段，获得"蒸汽机驱动织布机"的发明成功。使当时以棉纺工业著称于世的大英帝国不得不向日本购买专利许可。

例四：英国研究发展公司在 1960 年提出了一项材料增强剂碳纤维的发明专利申请，要求保护其由聚丙烯腈制作的碳纤维材料。这份发明专利文献由于申请保护的范围狭窄，为他人提供了进一步拓展发明的技术脉络。结果，许多同行企业竞相投入研究，并申请了用树脂、用人造丝等材料制作碳纤维的专利。

① 资料来源：何润华，马连元. 你想得到专利吗？天津：南开大学出版社，1985：338—341.

技术引进是我国企业走上技术创新道路的一条重要路径。改革开放以来，我国通过技术引进，极大地缩小了与世界先进水平的差距。利用专利文献，可以帮助我们积极慎重引进先进适用技术。在决定引进之前，通过专利文献调查，可以了解希望引进技术自身发展所处的阶段，为是否引进的决策提供重要参考依据。在决定引进之后，通过专利文献调查，有利于谈判过程中掌握主动，选择最合适的技术供应伙伴，避免不必要的损失。

专栏 11-3

专利文献调查避免技术引进和研发的盲目性[①]

例一：我国曾计划引进一批联邦德国的矿用设备，预算订货费将达 4 亿美元。在谈判过程中，我方组织专业人员从专利文献中对德方的矿用设备现状及技术水平进行调查分析和评价，结果发现德方的设备并不先进，尤其是使用性能不适应我国矿区的实际需要。主管部门了解这一情况后，及时终止了谈判，避免了损失。

例二：我国拟引进英国波尔金顿公司的浮法平板玻璃生产技术，英方开口索要的入门费是 2500 万英镑。我方为核实英方索价的依据对专利文献进行全面调查，掌握了该公司实际拥有的专利法律状态，发现我国需要引进的专利技术，许多已经超过保护期限失效了。我方据此与英方重新谈判，最后入门费降到 52.5 万英镑，前后相差近 50 倍。

例三：天津石棉制品厂与美国斯坦高公司洽谈合资生产刹车块布。开始美方提出项目总投资 700 万美元，双方各 350 万美元。同时，中方还要另外支付美方 300 万美元的专利技术入门费。我方委托国家专利局文献中心对美方专利进行调查，发现美方并没有正式申请并获得专利。进一步谈判中我方指出这一事实，美方不得不承认，最后达成中方支付 30 万美元技术使用费的协议，入门费一举降低 90%。

四、技术设计方法

1. 技术设计方法的发展

技术设计方法是随着人类生产技术进步而不断发展的，一般认为经历了经验设计、经验与理论并行设计、现代化设计三个时期。

经验设计时期发生在近代科学产生以前。在古代，设计和生产融为一体，工匠既是生产者也是设计者。设计的主要依据是工匠在长期生产实践中积累的经验知识，设计者并不能解释所设计物品中蕴含的科学规律，也没有复杂的理论计算工具可供使用。成功的制作主要靠经验摸索获得，失败多和效率低是不可避免的。

近代科学产生以后，特别是数学和力学的进展，使得各种结构设计越来越离不开力学理论与精确计算的结合。然而，这一时期由于对载荷不确定性因素尚未认识，对材料的疲劳特性缺乏了解，对复杂结构的应力分析手段不足，还不得不采用大量经验公式和数据，体现经验特征的安全系数有重要意义。技术设计处于半经验半理论的并行状态。

① 资料来源：何润华，马连元. 你想得到专利吗？天津：南开大学出版社，1985：345.

进入20世纪以来,科学技术出现整体化发展,设计进入现代化时期。现代化设计的最大特点是科学理论与科学方法高度综合,运用数学语言和模型,使设计的科学性大为提高,设计质量更有保证。系统设计、功能设计、优化设计,可靠性设计、计算机辅助设计、自动化设计都是现代化设计的重要方法。

2.技术设计的典型方法

技术设计的方法很多,这里介绍几种较为典型的方法。

常规设计法。常规设计法也称形式设计法,它是从现有的技术规范、技术手段、技术信息中寻找解决问题方案的最常见设计方法。常规设计法的最大特点是立足于现有技术思想。大量的设计手册、零部件目录、专利说明书,都是常规设计法的重要工具。常规设计法创新的途径包括:从已有的设计规范中找答案,从已知结构元件组合中寻求设计方案,从前沿技术信息和情报资料中寻找思路。

系统设计法。系统设计法把功能研究作为设计的重要内容,从整体功能出发,辩证地协调结构与功能的关系,从而为设计方案的优化提供了基本保证。系统设计法对于复杂的设计对象特别适用,是现代设计中极为重要的方法。系统设计法的基本步骤包括系统分析和系统综合两个阶段。

价值设计法。这是价值工程提出的设计方法。如果以 V 代表产品的价值,以 F 代表产品的功能,以 C 代表产品的成本,则有公式 $V=F/C$。提高 V 的基本途径有五条:提高功能 F 并降低成本 C;功能 F 不变降低成本 C;成本 C 不变提高功能 F;略为降低功能 F 带来成本 C 大幅下降;略为提高成本 C 带来功能 F 大幅提高。价值设计法通过简化产品结构和加工方法、减少原材料消耗等途径使产品价值提高。

可靠性设计法。可靠性设计法是以20世纪50年代产生的可靠性技术为基础的设计方法。采用可靠性设计法,运用数理统计工具处理含有不确定因素的设计数据,能使所设计的产品在满足给定可靠性指标前提下,做到结构合理、尺寸适宜,避免凭经验选定安全系数的过于保守或过于冒险的偏颇。可靠性设计法的基本措施包括:原材料与零部件有机选配,贮备设计,耐环境设计,人—机系统设计等。可靠性设计法离不开系统的观点,需要统筹兼顾,整体思考。

最优化设计法。最优化设计法以数学最优化理论为基础,在满足各种给定的约束条件下,合理地选择设计变量数值,以获得一定意义上的最佳设计方案。最优化设计法的设计过程主要是两步,第一步先把技术问题转化为数学问题,建立可用计算机求解的数学模型,第二步就是对数学模型求解,寻找最佳方案并进行试验验证。

此外,现代设计中还有考虑人的生理和心理要求的工效学设计法,借助计算机表达设计思想的CAD设计法,等等,技术人员必须关注各种新的现代设计方法进展,并及时学习和使用。

五、技术试验方法

1.技术试验的特点

技术试验与科学实验相比,有许多共同点,也有不小差别。共同之处在于,两者都不是在自然发生条件下进行的,而是利用科学的仪器、设备等物质手段作用于研究对象,对研究对象进行简化、纯化、强化或模拟各种环境条件的处理，从而获取反映事物特性和规律的经验事实。两者的不同点是：从认识关系看，科学实验重在获得关于自然规律的知识，重点表现出从客观到主观的认识过程；技术试验则重在从科学知识到人工物品的过程，是从主观到客观的创建人工自然过程。从活动目的看，实验不考虑直接为生产服务；而试验要求能为生产需要直接服务，要排除科学知识物化的障碍，寻求最佳的物化途径和结果。从对象范围看，科学实验的对象极为广泛，几乎包括自然界的一切事物；而技术试验的对象范围主要是人工自然。从成功概率看，科学实验探索性强，成功概率相对低；而技术试验大多有科学知识和技术原理指导，困难不在于找到合理的试验方式，而在于如何以较少的试验次数和人财物消耗达到预期效果，有较强的验证性质，成功的把握相对较高。

2. 技术试验的基本程序

明确试验目的。技术试验的任务和目标要通过围绕研究对象的调查研究和理论分析予以明确，抓住主要矛盾和主要因素，以避免试验的盲目性。

拟定试验大纲。根据试验目的，对试验所要解决的主要问题的具体环境和相关条件加以分析，据以确定试验内容、类型、方法、仪器设备，提出试验实施的具体技术路线。

准备试验器材。各种技术试验的目的任务不同，对试验结果的准确性和精确度要求也不同，因此对所用的仪器、仪表、设备及各种试验材料就有不同的选配。熟悉所用仪器的基本原理、结构、性能，考虑试验的实际需要与现实可能，是选配器材的基本要求。

进行试验操作。试验操作要求遵循试验大纲和操作规程，密切注视试验进程，系统详细地记录试验数据，并注意记载反映试验条件变化的资料。对于试验进程中出现的意外变化也必须随时记录。试验操作根据研究对象的不同要求多数需要重复进行，特别是有意外变化出现的时候。重复操作的条件如有变化，则结论就会有异，需要格外注意。试验结果的可重复性是试验结论可靠性的基本保证。

处理试验数据。数据处理的数学工具在试验大纲拟定时就应选妥，获得的数据不允许随意取舍和更改，对数据的处理要采取实事求是的科学态度，如果用主观臆想的方法处理数据，用得出的错误结论指导实践，可能会造成有害的后果，那就违背了科技工作的基本准则。

撰写试验报告。完成试验过程后，需要对所得结果有否达到或在多大程度上达到了试验目的进行分析总结。试验报告要求实事求是，有依据，有分析，有结论，不回避存在的问题。

3. 技术试验的常见类型

析因试验。它是根据技术发明中已经出现的结果，通过试验来分析和确定产生这一结果的原因。在许多场合，原因找到了，问题就会迎刃而解。由于技术发明是一个涉及众多因素的动态过程，某一结果的产生往往是若干因素综合作用所致，因而析因试验中能否抓住主要原因是能否成功的关键。

对比试验。它有两种基本形式，其一是在相同条件下比较不同技术的性能优劣，其二是在不同条件下比较同一技术性能异同。确认技术的优劣、材料的好坏、工艺的效果、适用的范围，都可通过对比试验进行。要提高对比试验结论的可靠性，必须严格控制比较的条件。

中间试验。也称试生产试验、半工业试验，是把实验室技术成果推向工业性生产的中间环节。实验室的成果是在条件控制严格、操作比较精细的环境下产生的，一旦扩大规模，条件变化大，就会出现新的情况。通过中试，以接近或相当生产的规模进行，就能掌握可能出现的技术问题，为正式投产提供完备的技术资料。中间试验具有验证性和探索性双重的作用。

性能试验。技术研究中的性能试验目的，主要是检验研究对象是否具有所要求的性能以及如何运用技术措施去提高性能。性能概念的外延广大，材料的强度、韧性、塑性、抗腐蚀性，机械装置的抗震性，电视机的清晰度、灵敏度，汽车的能耗、速度、舒适度等一切工程技术的功能特性都属于性能范围，因而性能试验是技术研究中最基本的试验类型。

模型试验。这是一种间接性的技术试验，它首先在与原型相似模型上试验，再把模型试验结果适当地应用于原型。模型试验有物理模型和数学模型两种主要形式，前者以模型与原型之间的物理相似为基础，如水坝模型、飞机模型；后者以模型与原型之间的数学形式相似为基础，运用的模型是电路或模拟计算机。由于电子计算机技术的高度发展，数学模型试验得到越来越多的应用。

第三节　技术研究的系统方法

现代技术呈现出规模越来越大、层次越来越多、集聚度越来越高、体系越来越复杂的特点，传统技术发展中以单一研究内容为主、以个体发明创造为主的模式越来越不能适应现代技术发展的需要，系统论和系统工程在 20 世纪 40 年代应运而生，为现代技术研究提供了新的思想和方法，

一、系统论与系统工程

系统思想可以说早已有之，我国战国时期秦国李冰主持的都江堰水利工程和北宋丁渭修建皇宫工程，都体现了从整体上统筹安排谋划技术和工程的系统思想。20 世纪初美国工程师泰勒进行的合理安排工序、提高工作效率、探索科学管理基本规律的实践，也体现了系统思想。稍后，美国贝尔电话公司在建设电话网时，一开始就把电话网看做是一个以广大用户为服务对象的统一整体而不是互不相关的独立元件，形成一套独特的系统工程方法，按照时间顺序把工程项目分为规划、研究、开发、开发期内研究、通用工程五个阶段实施，取得了良好的效果。

第二次世界大战期间，军事上出现了许多超出指挥员知识范围的技术问题，军方组织多学科专家进行集体研究，为前线战场和后勤保障提供决策依据。这方面的研究产生了运筹学，它在帮助英军研制和运用雷达系统、攻击德军飞机和潜艇、对日作战的鱼雷最优化投放等方面，起到了重要作用，大大提高了作战效率。

20 世纪 40 年代系统论的发展线索主要有两条：一条是奥地利出生的美国生物学家贝特朗非创立的一般系统论的发展，另一条是来自于工程实践的系统工程。贝特朗非的系统论思想已经在第二章中介绍，他在 1972 年《一般系统论的历史和现状》中重新定义了系统论，认为它应该包括：①关于系统的科学和数学系统论，运用精确的数学语言描述各种系统；②系统技术，包括系统工程、系统思想和方法在科学技术和各种社会系统中的应用；③系统哲学。

专栏 11-4

一举而三役济

北宋真宗年间，都城开封的皇宫着了火，宫室毁坏。右谏议大夫、权三司使丁渭受命重修皇宫。建造皇宫需要砖瓦、石材木材并处理建筑垃圾。丁渭下令就地在城中街道挖河取土烧砖瓦，并引汴水进入新开挖的河中，各种石材木材等物品方便地经这条河运送到工地上。皇宫营建完毕后，丁渭又命人将河水排尽，把拆除旧皇宫和营建新皇宫的建筑垃圾填入其中，重新成为街道。丁渭通过挖河，完成了烧砖瓦、运建材和处理建筑垃圾三项工程，大大节省了经费和时间。史书上称之为"一举而三役济"，体现了"一事多功能"的系统思想。

"二战"以后，运筹学的研究转向民用事业，推动了系统工程的发展。著名的美国研究和开发公司(Research and Development Corporation，简称 RAND，即兰德公司)倡导了系统分析的方法，通过系统考察决策者面临的全部问题，提出解决目标和方案，并组织专家诊断进行决策选择。兰德公司由此成为美国政府的重要咨询机构，也极大地推进了系统思想传播和系统工程广泛应用。1957 年美国密执安大学的古德、麦克霍尔出版了《系统工程学》一书，初步奠定了系统工程的理论基础。1965 年麦克霍尔又编写了《系统工程手册》，论述了系统工程的方法论、系统环境、系统元件、系统理论、系统技术、系统数学等各个方面，形成了比较完整的系统工程学科体系。①

二、系统工程与方法

1. 系统工程概述

系统工程是用系统科学的观点，合理地结合控制论、信息论、经济管理科学、现代数学的最优化方法、计算机技术和其他工程技术，按照系统开发的程序和方法，研究和处理复杂系统并实现优化管理的一门综合性工程技术。

系统工程要求把系统各个组成部分综合起来，研究它们之间的相互关系，研究各个局部对于整体的影响，同时把这个系统作为更大系统的一个子系统，从社会—经济、社会—技术等角度进行考察，规划和设计大系统，使整个工程实现综合平衡。系统工程的实施通常包括四个部分：系统分析，系统设计，系统运行计划，系统管理。系统工程特别注重开始时的系统分析，以确定合理的任务目标，同时采用定量化的标准进行比较，关注系统中部分之间相互作用的各种影响，强调系统的整体最优而不是局部最优。这种思想和方法极大地克服了传统工程中通常关注部分而忽略部分之间联系的弊端，是系统工程得以成功的关键之一。②

2. 系统工程的两种方法

系统工程随着现代科学技术的发展，得到了越来越广泛的应用，各种系统工程的方法也

①② 李佩珊，许良英. 20 世纪科学技术简史(第二版). 北京：科学出版社，1999：508—511，509.

层出不穷，已经成为现代科学技术与工程的重要研究领域。下面是两种较为通用的一般系统工程方法。

(1)三维结构分析法

三维结构分析由美国学者霍尔在 20 世纪 60 年代末最先提出，是世界上影响最大的系统方法之一，它非常清晰地概括出系统工程的步骤和阶段，并与相应的专业知识相联系，成为各种系统工程方法的重要基础。

霍尔的分析结构由时间维、逻辑维和知识维(也称专业维)三维组成，每一维又分别对应7～8 个坐标点。其中，时间维针对某个具体工程项目，按发生的先后次序分为规划、设计、研制、生产、安装、运行、更新七个阶段；逻辑维按照每个时间阶段必须完成的任务列出了摆明问题、确定目标、系统综合、系统分析、系统评价、优化决策、计划实施七个步骤；知识(专业)维则根据定量化的难易程度作纵坐标，按照从下至上的顺序，列出八方面的内容，分别是工程、医学、建筑、商业、法律、管理、艺术、社会。具体如图 11-4 所示。霍尔三维结构把时间、逻辑和知识作为空间向量，清晰地表示了系统工程研究的方法和步骤，充分体现了系统思维的整体性、层次性、动态性的本质特征。

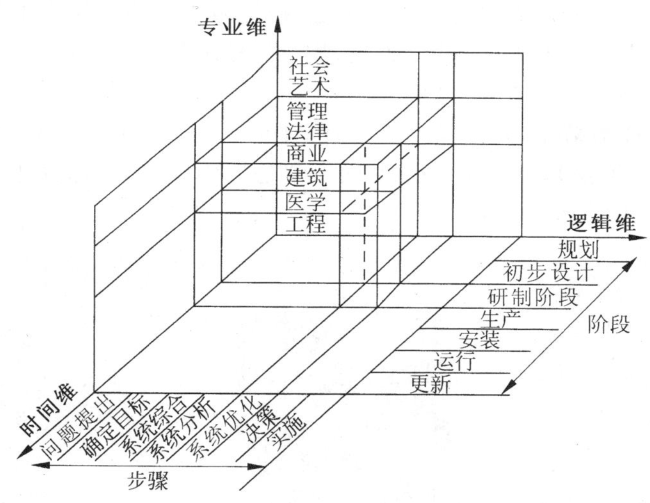

图 11-4　系统工程三维结构

(2)网络分析法

网络分析是系统工程的重要方法之一。一个大系统乃至巨系统，要素众多，结构复杂，物质流、能量流、信息流纵横交错，网络分析方法以图论的有关概念和方法为依据，以系统的各个要素和元素为结点，以结点间的连线作为路径，对各种流量进行描述，作出相应的网络图，揭示出复杂系统要素间相互联系的网络状态，给系统分析和管理带来了极大的便利。

网络分析的技术基础是网络图，典型的网络图如图 11-5 所示。网络图的基本要素是作业、事项和线路。作业是网络图对每项工作在人力、物力参与下经过一定时间完成的活动，用箭头“→”表示。箭头所指的方向为作业前进的方向，水平箭杆上部标记作业的名称，水平箭杆下部标记完成该作业所需的时间。事项是两个作业之间的衔接点，网络图中以○表示，图中①～⑧都是事项，①是作业的总开工事项，⑧是作业的总完工事项，其他既是开工事项，又是完工事项。线路是网络图中从起点开始顺着箭头方向连续不断达到终点的通道，在图中，从起点①到终点⑧的线路有三条，即①→②→⑤→⑦→⑧，①→④→⑦→⑧，①→③→⑥→⑦→⑧。

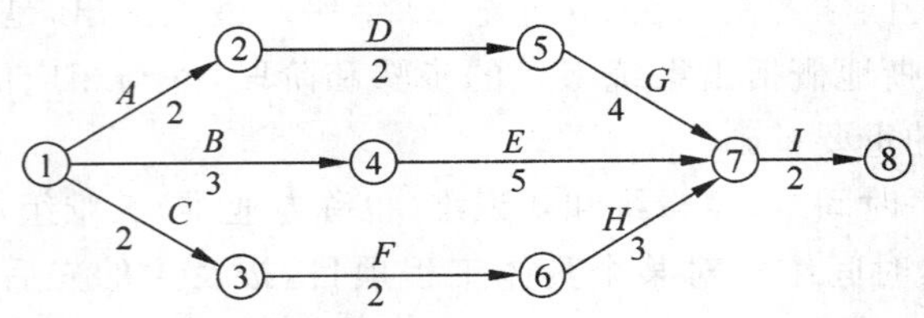

图 11-5　网络分析图

通过网络分析，可以清晰地把握整个工程的全貌，明确对全局有决定性影响的关键路线，及时对工程计划各部分实施、协作、平衡、优化，能够统筹兼顾，保证工程项目又好又快又省地完成。1958 年美国海军在研制北极星导弹潜艇过程中，以数理统计为基础，以网络分析为主要内容，以计算机技术为手段提出了“计划评审法”(Program Evaluation and Review Technique，简称 PERT 法)的新型计划管理方法，使北极星计划提前两年完成。这一方法后来被广范使用。据统计，它可以在同样的人、财、物投入条件下，使工程进度加快 15%～20%，节约成本 10%～15%。20 世纪 60 年代，美国人在制订“阿波罗登月计划”时又把网络分析与概率论、模拟技术结合起来，提出了“图解评审法”(Graphical Evaluation and Review Technique，简称 GERT 法)，克服了 PERT 法主要处理确定性问题的局限，把网络分析的技术推广到了处理随机性问题的领域。

专栏 11-5

阿波罗登月计划

阿波罗计划(Apollo Project)是世界航天史上具有划时代意义的一项成就。它开始于 1961 年 5 月，至 1972 年 12 月第 6 次登月成功结束，历时约 11 年，耗资 255 亿美元。在工程高峰时期，参加工程的有 2 万家企业、200 多所大学和 80 多个科研机构，总人数超过 30 万人。

整个计划的实施过程都采用了系统分析方法。如关于登月方案，美国科学家提出了四种方案：直接登月，地球轨道会合，月球表面会合，月球轨道会合。经过系统分析和比较，最终选择了月球轨道会合方案。该方案只需要一艘很小的航天器降落在月球表面，使返回时在月球上起飞的航天器质量大大减小，同时通过将登月舱一部分留在月球上，再一次减小登月舱起飞质量。在计划进行过程中采用 PERT 和成本相关法，保证了各项工作的进度平衡和指标协调。

本章框架

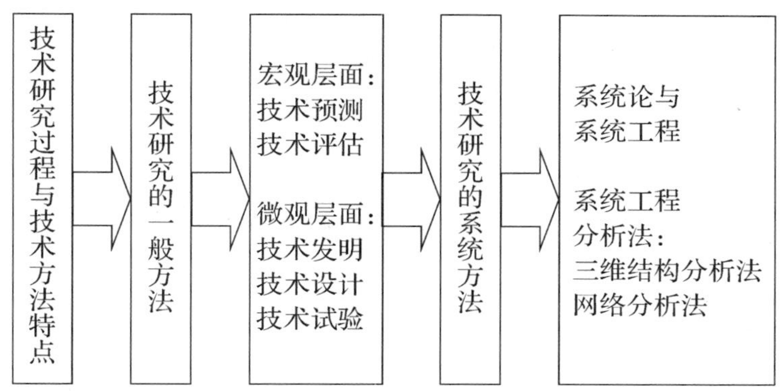

进一步阅读文献

1. 教育部社科思政司组编. 自然辩证法概论(第 3 编). 北京：高等教育出版社，2004.
2. 曾国屏等主编. 当代自然辩证法教程(第 9、10 章). 北京：清华大学出版社，2005.
3. 高志亮等. 系统工程方法论(第 4、5 章). 西安：西北工业大学出版社，2004.

复习思考题

1. 技术预测的特点和理论基础是什么？
2. 技术评估有什么意义，需要遵循哪些原则？
3. 试举技术发明中的实例说明技术原理构思的基本方法。
4. 技术设计、技术试验的作用是什么？它们有哪些常见方法？
5. 系统方法的核心思想是什么？举例说明它在实践中的应用。

第四篇　科学技术与当代社会

科学技术既是人类的智力活动，也是人类的社会活动。要完整地理解科学技术，既要研究科学技术本身，也要研究它们与社会的相互联系和作用。近代以来，科学技术作为一种社会建制，在其体制化的进程中，逐步从社会的边缘走到社会的中心，其作用和影响辐射到社会的所有领域。讨论科学技术和当代社会的关系，已经成为全社会共同关心的话题。

当代科学技术走到社会的中心，表现出日益强大的社会功能，与以职业化为核心的科学技术社会体制化密切相关。在关注科学技术与当代社会相互关系时，我们一方面要看到科学技术一体化的必然趋势，另一方面也要认识科学和技术在体制目标上的差异；一方面要看到科学技术对人类社会进步的巨大推动作用，另一方面也要认识科学技术带来的负面影响和危机。在微观层面上关注科技工作者的伦理道德，在宏观层面上关注创新型国家的建设，是当代社会我国发展科学技术的两个重要问题，也是当代研究生必须认真思考并在实践中予以回答的重要问题。

第十二章　科学技术的社会建制

重点提示

- 科学技术社会体制化核心是职业化，其进程是科学家和技术专家职业角色的演化。
- 科学技术社会组织有实体性和非实体性两类，科学共同体和技术共同体是两种非常重要的非实体性组织。
- 科学和技术由于体制目标的不同，带来了社会规范和奖励制度的差异，表现出不同的社会运行机制。

近代以来，科学技术与社会的互动不断增强，科学技术本身逐渐发展成为一种独特的社会建制。进入20世纪以后，现代科学技术与社会的互动更为频繁和紧密，由此也出现了人们对于科学技术的社会科学研究，产生了一系列新兴学科。科学技术的社会体制化、科学技术的社会组织和社会运行，就是这些学科基于现代科学技术发展背景的研究成果。

第一节　科学技术的社会体制化

一、作为社会建制的科学技术体制

在社会学中，社会建制(social institution)与社会制度基本同义，是指为了满足某些基本的社会需要而形成的相关社会活动的组织系统。一般而言，社会建制主要包括价值观念、行为规范、组织系统、物质支撑四大要素。

价值观念是阐明制度存在价值的理论体系，其作用是向社会成员表明自身存在的意义。科学技术体制价值观念主要体现在一系列关于科学技术社会目标和功能的理论中，特别集中体现在社会的主导意识形态上。在现代，依靠科学技术推动经济增长和社会发展已经成为普遍的主导意识。

行为规范是制度运行过程中起实际作用的要素。作为社会建制的科学技术体制，具有其社会成员特殊的规范系统，反映出对于成员行为的制约性。行为规范不是一成不变的，它要随着科学技术的发展而变化，以最充分地发挥科学技术共同体成员的积极性和智慧，为相应的科技活动开拓新的天地。

组织系统是社会建制的实体部分，是制度及其规范的载体。科学社会建制的承担者是科研组织，有学术带头人、从事研究活动的科学家和其他相关人员。科技组织系统把一定数量的社会成员集中在一个被赋予特定科技目标和职能的组织中，通过科技活动实现社会建制的行为规范，维持秩序和效率。

物质支撑是社会建制运行的基础保障，包括实体性物质保障和象征性物质保障。前者如科研经费、实验室、仪器设备等硬件，后者如丹麦物理学家玻尔以中国传统太极图作为自己思想表征等软件。象征性物质与实体性物质互动互补发挥作用。

作为社会建制的科学技术体制是在一定社会价值观念支配下，依据相应的物质设备条件形成的一种旨在规范人类对自然力量进行探索和利用的社会组织制度。人类对自然力量的探索和利用由来已久，但科学研究和技术开发成为独立的社会活动领域则是近代以后的事。这种科学技术组织制度及其对科学技术活动的社会规范从无到有并不断完善的过程，就是科学技术的社会体制化。

二、科学技术社会体制化的进程

英国科学家、科学学创始人贝尔纳 1954 年在《历史上的科学》一书中描述了科学的多重形象，最早提出把科学作为一种社会建制，“科学作为一种建制而有以几十万计的男女在这方面工作”，从而成为现代社会不可或缺的一种社会职业。[①] 在科学技术体制和组织中，科学家和技术专家是最基本的成员。科学技术社会体制化的核心是科学技术的职业化，其进程与科学家和技术专家的职业化程度密切相关。

1.古代：科学技术社会体制化前史

古代科学活动的主体是哲学家中具有科学气质、渴望了解自然的一部分人。他们对早期的科学发展作出了贡献，通常被称为自然哲学家。虽然他们与现代的科学家角色有相似之处，但并不是具有独立社会地位或身份的科学家。

古代技术活动的主体是生产者以及从生产者中间产生出来的工匠，他们也不是独立的技术专家。古代技术的主要形式是有关手工操作的诀窍和制品的秘方，由于掌握这些诀窍和秘方的工匠一般出身于社会下层，没有文化，技术知识的传授大多限于家庭内或师徒间的言传身教，因此技术进展十分缓慢。

由于古代科学技术的社会功能十分有限，社会对科学技术也少有需求，因此无法形成独立的科学家和技术专家社会角色，但自然哲学家和工匠却是后来科学家和技术专家的雏形。

2.近代：科学技术社会体制化的肇始

(1)近代科学家角色的出现

欧洲中世纪后期出现了大学，起初的任务是培养神职人员、法官和医生，课程也围绕神学、法学和医学设置。后来逐渐有一些教师对科学问题发生兴趣，如逻辑学教师开始讨论数学和物理学问题，医学教师开始研究生物学问题，慢慢地出现了靠教授自然科学课程得到工资的专门教师，教授自然科学的大学教师成为一种社会职业，这种社会职业孕育了未来科学

---

① 贝尔纳.历史上的科学.北京:科学出版社,1981:6.

家角色。形成近代科学家社会角色的还有另一类人员，就是以达·芬奇为代表的艺术家和工匠。这些人没有上过正规大学，书本知识不多，但受到工匠传统的训练，具有尊重经验、擅长观察和实验的探索精神。当大学教师的学术传统和工匠的实验探索精神结合起来时，便产生了近代意义上的科学研究，出现了近代科学家的社会角色。

英国在近代科学家社会角色形成过程中迈出了第一步。1644 年开始，一批崇尚培根实验哲学的人物开始每周在伦敦聚会讨论科学问题，这一活动最终导致世界上第一个有影响的科学家组织——英国皇家学会在 1660 年宣布成立并于 1662 年获得英王的特许状。皇家学会的成立宣告了科学活动和科学家角色在英国社会中得到正式承认，在皇家学会的早期会员中有著名的大科学家牛顿、波义耳、虎克、哈维等人。他们位居当时的社会上层，不需要依靠从事科学研究活动维持生计，从现代的职业观念看，属于业余科学家。

法国在英国之后迈出了第二步。1666 年法国建立了巴黎科学院，它是科学家的专门学术机构。虽然科学院院士仅限于少数专职从事科学活动的高级精英人物，但是可以从国家得到丰厚的年薪，还配有助手。所以，巴黎科学院的成立和领取国家薪俸的院士制度出现，是科学家社会角色形成过程中的重要一步。

科学终于发展成为一种专门的职业是在 19 世纪的德国，它和高等教育、工业生产的发展密切相关。大学教育和工业研究为科学家提供了职业岗位，使科学家成为社会中一种新型的角色。科学家的社会角色首先在研究型大学的教师身上实现，企业建立的工业研究实验室也为科学家提供了职业岗位，从而开创了工业科学家的社会角色。

1834 年，英国哲学家惠威尔在英国科学促进协会成立大会上首先提出了“科学家”一词，以区别于“太广泛太崇高”的哲学家这个传统词汇。惠威尔的提法开始受到人们的质疑，但很快就被越来越多的人接受了，至此，近代科学家群体的社会角色真正诞生了。

(2)近代技术专家角色的出现

近代技术专家角色即工程师的产生也有一个长期的孕育过程。从 16 世纪起，欧洲开始出现土木工程师，主要指从事测量和道桥建设的人员。以后随着生产的发展，又相继出现了采矿、冶金、机械、电气、化工和管理等一系列专业工程师。

工程师角色的出现还与工程技术教育的昌盛密不可分。产业革命晚于英国的法、德两国，工程技术教育却走在英国前面，在世界上首先创办了有相当规模的技术学院。高等工程技术教育的发展，不仅培养了大批工程师，还催生了技术科学。技术科学和工程师互为因果的推动，导致近代工程师队伍不断壮大，并逐渐取代传统工匠地位成为近代技术专家的社会角色。

3. 现代：科学技术社会体制化的确立

(1)现代科学家角色的确立

进入 20 世纪以来，随着科学对技术和生产指导作用日益显著，科学在现代社会中的重要性被普遍认识，成为对人类历史发展前途和现代国家兴亡起决定作用的力量，科学事业成为社会和国家的事业。这时科学家的社会角色稳固地确立了起来，美国的情况最具代表性。

在美国，科学家社会角色的确立主要表现在三个方面：一是大学教学和科研体制的改革，特别是系的建立和研究生院制度的形成，训练了大批高质量研究生，毕业后大部分加盟到科学家队伍中。二是企业中工业实验室大量涌现，成为吸收科学家和博士学位获得者的重要机构，并产生出工业科学家。三是国家级科研机构兴起，聚集了大批既进行基础研究也进行应用研究的科学家，还有进行科学政策咨询和研究的软科学专家，他们在完成国家重大科学研究任务、影响政府科学决策方面共同发挥了举足轻重的作用。

(2)现代技术专家角色的确立

在现代，由于技术科学的发展，科学与技术的边界已经变得模糊不清，传统的科学与技术两分法被"科学技术连续统"概念取代。这个连续统的一端是纯粹的基础科学，另一端为纯粹的实用技术，中间部分则很难说是科学还是技术。由此，人们已经很难通过对其所从事的研究工作本身来严格区别科学家和技术专家，科学家可能常常要做一些传统意义上属于技术性质的工作，而技术专家也会在从事技术活动过程中做出一些科学发现。这种科学与技术相互交织的结果，使得科学家和技术专家职业岗位相互交叠。因此，在科学家的职业岗位上，实际上也有大量技术专家存在，加上企业中在生产第一线处理日常技术问题的人员，就构成了庞大的现代技术专家队伍，他们在社会生产中具有比科学家更加直接和显见的经济功能，从而确立了在社会中的地位。

专栏 12-1

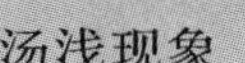

汤浅现象

日本学者汤浅光朝通过大量统计分析，提出重大科学成果或科学家的数目超过同期世界总数25%的国家可以称为世界科学中心。他的研究表明，近代自然科学产生以来，有五个国家成为过世界科学中心。科学中心从意大利(1540—1610年)开始，经英国(1660—1730年)、法国(1770—1830年)、德国(1810—1920年)至美国(1920—)，经历了四次转移，平均周期约80年。这一研究被称为"汤浅现象"，反映了科学技术发展与社会经济、政治、文化、教育状况的密切关系。

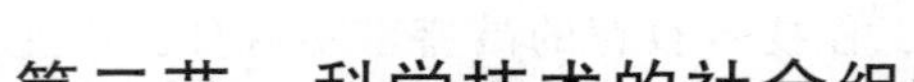

第二节　科学技术的社会组织

一、科学技术界的社会分层和互动

1.科学技术界的社会分层

源于地质学的分层概念被引入到社会学，反映的是社会成员之间先天和后天的差异，它们反映了社会的等级结构和不平等性。科学技术界也具有特殊的等级体系和分层现象，它主要不是由权力和财产差别形成的，而是由社会承认不同形成的。这种社会承认主要通过学术职位承认和学术声望承认表现出来，在本质上是一种权威结构。

学术职位承认是有形的社会承认，学术声望承认则是无形的社会承认。由于后者是同行自愿做出的，不受非科学因素的影响，是科学技术界社会分层一个更重要的维度。学术声望的大小在相当大程度上可以用"知名度"来反映。首先，科学技术人员所在机构的知名度会影响其学术声望。一般认为，在高声望机构工作的科学家更容易被关注，更容易获得学界的高评价意见，反映了所在机构声望的光环效应。其次，根据一位科学家所获得的奖励的声望，可以间接地显示出他的知名度，例如杨振宁、李政道的学术声望对于绝大多数人来说，是因为他们作为诺贝尔奖获得者而认同的。第三，科学家发表的论文数量及其被引证的次数是其学术声望的主要依据，也是知名度高低的测量指标。美国学者洛特卡在研究科学生产率的分布时发现，发表了不同数量论文的科学家人数与论文数量之间有一个平方反比规律。即对某一科学领域来说，产出 n 篇论文的科学家人数约为发表一篇论文的科学家人数的 $1/n^2$。这说明，科学技术的分层是一个金字塔式结构。

科学技术的分层，与一般的社会分层有很大不同。现代社会分层结构一般是两头小中间大，而且社会越是发展，中间层次的比例越大。但是科学技术的分层却始终保持了越到底层人数越多的金字塔结构。当然，由于科学技术在深度和广度两个维度上的快速推进，这种不平等性在一定程度上为当代科学技术发展所必需的科学家团队合作精神所消解。在杰出科学家领导下，依靠众多普通科学家通力合作的科研组织形式，已经成为推进科学技术迅猛发展的有效途径。

专栏 12-2

科学分层的金字塔结构①

美国学者朱克曼的研究表明：相对于美国的每一个诺贝尔奖获得者，有 13 名美国科学院院士，2400 名有博士学位的科学家，2600 名小有成就的科学家，4300 名国家科学基金会认定的科学家和 6800 名在人口普查时自称的科学家。科学分层的金字塔结构反映了科学研究的艰巨性，正如马克思所描述的那样，在科学的入口处好比在地狱的入口处，必须根绝一切犹豫和怯弱。在科学上只有艰苦奋斗勇往直前，才有可能取得成功。

2. 科学技术界的互动

互动是人与人之间的交互作用，是人的社会行为和社会生活的基础，也是科学技术研究活动的基础。科学家和技术专家的互动有学习、交流、合作与竞争、冲突等形式。互动的正功能是提高效率，使研究传统得以延续，推动科学技术的发展。背离科学精神的越轨行为是不良互动，它会阻碍科学技术的进步。

学习包括知识的传授、模仿和暗示。年轻人跨入科学殿堂之初，除了学习具体的知识之外，实际上还在模仿成名科学家的研究方法，接受导师从行为习惯到思维方式乃至情感取向等方面的暗示。即使对于成熟的科学家，模仿和暗示的互动依然存在。因为当一位科学家的研究成果发表时，他实际上是在暗示：我的选题是有意义并可以解决的，我依据的理论是有效的，我采用的研究方法是合理的，我作出的结论是科学的和可检验的。这可能带来其他科学家的模仿和加入。

---

① 资料来源：[美]H. 朱克曼. 科学家的精英. 北京：商务印书馆，1979：14.

交流是现代科学技术最重要的互动形式。科学交流不仅是学术思想的传播手段,也是科学家获取学术承认的基本途径。科学家提供给学术期刊论文,期望得到的回报是学术承认,科学技术成果只有在交流中才能得到评价和承认。交流包括正式交流和非正式交流。正式交流主要指在正式出版物和会议上发表、报告学术成果,它体现为个体与群体的互动,受群体研究范式的制约比较大,因此频率较低且缺乏弹性。非正式交流是科学家通过个人通信和非正式讨论交流信息,具有专门、迅速、双向反馈等正式交流不可替代的优点,还会导致科学家中非正式群体即"无形学院"的出现。现代计算机和互联网技术的飞速发展,为各种非正式交流提供了极为快捷和便利的手段,受到科学家广泛青睐,并在科学研究中发挥越来越重要的作用。

竞争与合作构成了相反相成的科学技术互动形式。竞争是由于资源有限造成的,科学研究资源的短缺需要通过竞争来进行有效配置。科学竞争在新的研究领域或研究刚刚开始的阶段表现得尤为激烈,此时范式初建,新问题层出不穷,为创造发现提供了众多的可能性。谁能抢得先机,谁就会在激烈竞争中脱颖而出,占据获得研究资源的有利地位。合作是与竞争相伴的互动,特别是在科学研究的规模和复杂性急剧增加的今天,合作的重要性越来越被有远见的科学家所认识。各种学术刊物上几位甚至十几位作者共同发表学术论文情况不断增多。当代社会,合作已经与竞争一起成为资源优化配置的有效手段。

互动中的冲突可以分为学术性和非学术性两类,不掺入个人社会属性偏见的学术性冲突即学术论战,能够促进对学术问题更为全面的考察,是有利于科学发展的。但科学家是现实社会中活生生的人,民族的、宗教的、政治的各种社会因素不可避免地会影响他们,由此产生的非学术性冲突负功能居多。某些过分激烈的冲突甚至还会导致严重的学术越轨行为,例如科学研究活动中各种形式的欺骗行为,借用科学技术以外的非学术力量攻击竞争对手,等等。这需要科学技术界内外共同的协调来设法消除。

二、科学技术的社会组织

科学技术的社会组织是由科学家和技术专家组成的群体,这个群体是个体之间通过互动形成的有机系统。根据互动的空间范围和组织化程度,可以把科学技术组织分为实体性和非实体性两大类。这里首先讨论实体性组织。

1.科学技术的社团组织

真正意义上的科学技术社会组织是近代以后出现的,成立于1560年的意大利那不勒斯自然秘密协会被认为是最早的科学社团,但是会员少且持续时间不长。1660年英国皇家学会成立后,期间经过许多变迁,但一直持续自今,是历史最悠久也最负盛名的科学社团。随后,德国柏林学会于1700年、俄国圣彼得堡学会于1724年分别成立。1743年本杰明·富兰克林倡导的美国第一个著名的科学社团"美国增进有用知识哲学学会"在费城建立,它的名称反映了美国强调科学在实际方面应用的传统。进入19世纪后,影响较大的有1831年成立的英国科学促进会,1848年成立的美国科学促进会,1872年成立的法国科学协会。现在,科学技术的社团组织已经不计其数,它们为科学家和技术专家之间的互动提供了重要平台。

图 12-1 英国皇家学会①

1660 年 11 月某日伦敦科学家在格雷山姆学院一次讲课后开会，提议成立一个促进物理—数学实验知识的学院。两年后查理二世颁发许可证，正式批准成立“以促进自然知识为宗旨的皇家学会”。

2. 科学技术的学术阵地

科学技术社团经常组织规模盛大的学术会议，并在此基础上创办了各种学术期刊，传播新理论，报道新发明，促进科学技术的交流。各种学术杂志的出版数量也是随着科学技术迅猛发展而不断增加的，1750 年为 10 种左右，1800 年前后达 100 种，19 世纪中叶又增加到 1000 种，20 世纪初达 10000 多种，平均每 50 年提高一个数量级。20 世纪以来，学术期刊的数量增加更为迅猛。

针对科学家无法全面阅读如此众多学术刊物的困难，各种摘要类、索引类的杂志也应运而生。最著名的如《科学引文索引》(SCI)，收录了世界上数千种重要的科技期刊，能够提供全世界最重要和最有影响力学术文献。20 世纪 90 年代以来随着国际互联网的出现，科技交流又出现了一个全新的阵地。科学家和技术专家通过互联网，一方面可以利用各种功能强大的搜索引擎，快速、便捷地获得来自全世界同行发布的各种学术信息，另一方面又可以及时发布自己的研究结果与同行交流讨论。互联网使科学技术交流的广度、深度和频度极大地增加，推动了科学技术社会组织的变革和创新。

3. 科学技术的教育机构

科学技术的教育机构主要是大学与专科院校，它们为科学技术事业提供源源不绝的智力资源。科技教育进入大学最早始于法国，1747 年，法国建立了以培养土木工程师为主的桥梁道路学院。1794 年，又设立了中央社会活动学校，并于次年改名为巴黎综合技术学校，建立起国家层次的综合性科学技术教育机构。

德国紧随法国之后，在著名教育家洪堡的领导下，1809 年创办柏林大学并设立工学院。根据“教育同科学研究相统一”的原则，德国的大学通过对旧制度的一系列改革，大大增加了实验科学和技术教育的内容，迈出了建设研究型大学的第一步。

研究型大学后来在美国进一步发展。美国大学制度改革主要是系的建立、研究生院制度的形成和以课题为中心的研究组织产生。系的建立突破了德国大学中教席的限制，扩大

① 资料来源：http://baike.baidu.com/view/11021.htm.

了教授的容量，从而使新的学科和新的人才得以迅速成长。研究生院制度的形成，训练了一大批高质量的研究人才，为科学技术研究活动输送了源源不断的后备力量。以课题为中心的研究组织克服了德国大学中把全部学术权力集中于教授一人的弊端，提高了科研活动的灵活性，使美国的大学成为科学研究特别是基础研究的重要阵地。

4. 现代社会的科研组织

随着科学技术的发展，职业化的科学技术体制逐步确立，专业科学技术组织作用不断增大，并且成为主流。与此同时，也对科学技术组织本身的革新提出了新的要求，使科学技术组织系统变得越来越复杂。除了科研院所、企事业单位研究机构外，还出现了各种各样官产学研相结合的研究中心、科学技术联合体、科学技术服务机构等组织形式，科学家、技术专家和其他相关的人员被组织到这些机构中从事科学技术研究和推广活动。这其中，工业实验室、国家科学实验室、科技中介服务机构等组织尤其值得关注。

工业实验室是在 19 世纪末发展起来的，美国的通用公司实验室、贝尔实验室等都始建于这一时期。第二次世界大战后，工业实验室更是大量涌现。这些实验室中的研究课题大都与企业生产紧密相关，也少量从事与工业生产有关的基础科学问题研究。工业实验室的研究花费了企业大量资金，同时也为企业赢得了更大的利润，它在推动科学技术向现实生产力转化中具有举足轻重的作用。

国家实验室是另一类科学研究组织。在美国，政府中约有半数以上的行政机构管理着事关国家安全和国计民生的重要科学研究机构，它们在第二次世界大战中兴起，聚集了大批科学家和技术专家，既进行基础性研究，也进行应用研究。国家实验室的建设和运行，对于保持美国在世界科学技术各个领域的领先地位具有决定性的意义。

图 12-2 美国阿贡实验室①

美国阿贡国家实验室（Argonne National Laboratory，简称 ANL）是美国政府 1946 年特许成立的第一个国家实验室，是美国最老和最大的科学与工程研究实验室之一，也是美国能源部所属最大的研究中心之一。

科技中介服务机构涉及科技创新活动的各个环节和方面，如提供科技信息与咨询的信息中介服务机构，提供技术诊断、技术管理、技术贸易的技术中介服务机构，提供专利、品牌、标准的知识产权中介服务机构，提供风险投资融资的科技金融中介服务机构，提供科技政策法规咨询和战略规划研究的法律中介服务机构，提供科技人才招募、管理和培训的人才中介服务机构，等等。科技中介服务机构是市场经济条件下实现产学研结合的重要桥梁，它在科

① 图片来源：http://bbs.tiexue.net/post2_3565287_1.html.

技活动中，特别是在科学技术成果产业化过程中的作用越来越受到人们的重视。

三、科学共同体与技术共同体

除了实体性组织，科学技术还有非实体性组织，这就是科学共同体和技术共同体。从内涵上讲，科学技术共同体的概念，与各类科学技术社会团体有许多重叠之处，但两者也有区别，主要表现在，前者是一个社会学概念，以成员的互动作为存在的基础；后者更多地是为了专业管理和协调方便而建立的。非实体性组织由于成员互动的范围往往超越了某个研究机构，也可以称为实体间组织，这种超越实体机构的互动方式在现代科学技术活动中非常普遍。

1. 科学共同体与“无形学院”

共同体(community)这个概念在普通社会学中译成“社区”，通常指与某一个地域范围相联系的人群。但在科学社会学中，科学共同体这个概念却突破了地域范围的限制，强调科学家群体所具有的共同信念、共同价值、共同规范。科学共同体中的科学家具有特殊的体制目标、行为规范和精神气质，其任务是在科学范式指导下，根据共同的实践规则和标准，从事科学研究。所以，科学共同体是以共同的科学范式为基础形成的科学家群体，是科学社会组织的基础和核心。科学范式是科学共同体存在的依据，科学共同体的形成与解体和新旧范式的更替密切相关。

美国科学史家库恩 1962 年发表《科学革命的结构》一书之后，科学共同体成了科学界普遍使用的概念。库恩的贡献在于把科学发展的认知过程和社会过程，通过科学共同体的概念有机地结合起来，同时成功地解释了科学发展的规律问题。

图 12-3 库恩《科学革命的结构》2003 年中文版封面

库恩提出了“前科学→常规科学→反常和危机→科学革命→新的常规科学→……”的科学发展模式。其中，常规科学和特定的范式以及科学共同体联系在一起。所谓范式，就是科学共同体全体成员所共有的东西，包括共同的信念、共同的价值标准、共同的理论框架和研究方法、公认的科学成就和范例，等等。在库恩的理论中，范式和科学共同体这两个概念是融为一体的，他把范式在常规科学和科学革命两个阶段的运动转换成科学共同体在这些发展阶段上的运动，并通过科学共同体及其成员之间的互动，来揭示知识增长和科学发展的特点和规律。这样，传统的认识论问题变成了社会学问题，对知识的哲学分析变成了对科学认识主体的社会联系或互动的社会学分析。

科学共同体内部成员间互动的一种主要方式是科学交流。科学交流把分散的科学家的认识汇聚和统一起来，形成不同的研究领域、专业和学科，形成不同层次的科学共同体。科学交流使科学家获取学术承认。对于科学共同体的不同成员，由于其贡献大小有别，所获得的承认也程度不同，从而导致了科学共同体的分层结构。

在科学共同体中，“无形学院”是受到关注的重要形式。科学史家普赖斯在研究现代科学学术交流的社会网络时发现，现代科学即使是最小的分支也有成千上万的同行，所以真正有学问的人就会分裂为非正式的小团体。他认为，任何一个大学科中都有这种小规模的优秀人员构成的“无形学院”，其成员通过互送未定稿、通信等迅捷的非正式交流与合作，形成一个强有力的、高产的团体。后来，社会学家克兰通过实证研究，说明了“无形学院”与科学共同体的关系。她认为，科学交流系统分为两类：一类是变化不大的正式的学术交流系统，任何一个成熟的学科都拥有正规的学术会议、学术期刊、学术专著、文献摘要和目录索引等，通过这种交流形成庞大的科学共同体；另一类是迅捷的、非正式的学术交流系统，常常出现于学科的前沿和几个学科的边缘，为了尽快获得新的信息，研究人员大多通过直接交谈、通讯等个人联系的方式进行非正式的交流，这就成了“无形学院”。所以，在科学的前沿，往往是由“无形学院”通过少数人的非正式交流系统创造出新知识，然后由大范围的正式交流系统来评价、承认、推广和传播。

2. 技术共同体与“创新者网络”

模仿科学共同体和科学范式的概念，美国技术史家康斯坦于 1980 年首先提出了技术共同体和技术范式的概念。此后技术经济学家多西又进一步分析认为，技术和科学在发展机制上和程序上有大致相似的性质，所以存在着类似于科学范式的技术范式。技术范式可以定义为：根据一定的物质技术以及从自然科学中推导出来的一定原理，解决一定技术问题的模型或模式。以共同技术范式为基础形成的技术专家群体便是技术共同体，其任务是在技术范式指导下从事技术的解题活动。技术共同体内成员之间的互动方式，要比科学共同体成员的互动复杂得多。以知识交流为例，在科学活动中新知识的发现者出于获得同行承认和优先权的考虑，通常会尽快将其细节无偿地向同行公开，因而交流渠道畅通无阻；但在技术活动中，技术知识的交流方式则要复杂得多，可能是通过申请专利有偿地公开，也可能通过出售许可来保证有偿使用，还可以不公开即保密或部分保密。由于互动方式不同，技术共同体的结构也与科学共同体的结构不尽相同，有关这方面的深入研究，将是技术社会学的重要课题。

技术共同体有一种重要形式叫“创新者网络”，它提供创新者非正式直接互动的机会，从而提高创新活动的效率。“创新者网络”这个概念原出自技术创新经济学，意指一种特殊的创新者组织形态，即网络组织，它介于市场和企业组织之间，是两者互相渗透的产物。与市场或企业组织相比，网络组织是一种松散联结的组织，但成员组织之间有一种合作的关系作为网络组织的联结机制。这种“创新者网络”与技术共同体的关系，颇似“无形学院”与科学共同体的关系。“创新者网络”也可以视为技术共同体中的子团体。它与一般的通过创新者（如企业）之间正式的交流（如技术报告、技术资料、杂志书籍、专利转让等）而形成的技术共同体的不同之处，在于它提供了创新者进行非正式交流的机会，使其发生直接的互动，从而提高创新活动的效率。

第三节　科学技术的社会运行

一、科学技术的体制目标

传统的观点把科学和技术都看做是知识体系，前者是普遍的、基本的、理论的知识，后者是特殊的、派生的、实际的知识，这不能合理地解释科学和技术的本质差别。如果把科学技术看作某种特定的社会体制，两者的差别就立刻显示出来了，其中最重要的差别，就是体制目标的不同。

科学的体制目标也就是科学家从事科学活动的动机。爱因斯坦把从事科学的人分为三类。第一类人爱好科学，是因为科学给他们以超于常人的智力上的快感，科学是他们的特殊娱乐，在这种娱乐中能寻求生动活泼的经验和雄心壮志的满足。第二类人之所以把他们的脑力产物奉献在祭坛上，为的是纯粹功利的目的。还有第三类人，这类人有消极和积极的两种动机。消极的动机是要摆脱人们自己反复无常的欲望的桎梏，积极的动机是这类人总想以最适当的方式来描绘出一幅简化和容易领悟的世界图景，渴望看到一种先定的和谐，这种渴望是无穷毅力和耐心的源泉。[①] 这第三类人的观点也就是爱因斯坦自己的人生观，他们从事科学的动机，不是为了金钱和自己的利益，而是为了追求客观知识本身，即为知识而知识，是一种非功利的动机。

1942 年，科学社会学之父默顿发表了《论科学与民主》一文（该文在 1973 年汇编收入默顿《科学社会学》一书作为第十三章时，使用了一个更为贴切的标题：《科学的规范结构》，因此后人在介绍时都习惯直接使用后一个标题），明确指出："科学的制度性目标是扩展被证实了的知识。"[②]也就是要求科学家作出独创性的贡献，从而不断增加科学共同体和社会的知识存量。当然，这并不意味着科学对知识的实用价值毫不关心，科学家也确实常常会带着某种应用的意图去从事研究。但是，归根到底，科学的终极目标在于获得关于自然的知识，以及这种知识在进一步认识自然时的作用。科学的这个体制目标，对于理解科学的社会规范至关重要。

与此形成鲜明对照的是，技术的体制目标则是功利的，是要利用科学发现，进行技术发明，并应用于社会经济的发展，产生直接的社会经济效益，也就是要利用知识来谋利。首先，这里的"知识"可以是技术专家自己创造的，也可以是科学家创造的。其次，这里的"利"对发明者来说是一种经济收益，而对社会来说能够享受由技术发明所带来的好处。所以，尽管谋利作为技术的体制目标，其出发点不一定是公益的，但它的结果却同时提高了整个社会的福利水平。在这个意义上，技术的体制目标与整个社会的利益是一致的。

科学与技术的体制目标不同，对科学和技术的活动及其成果评价的依据也就不同。科学的评价标准是独一无二的创造性，注重科学发现的优先权；技术的评价标准却是经济性，

---

① 爱因斯坦文集（第 1 卷）．北京：商务印书馆，1976：100．

② 默顿．科学社会学．北京：商务印书馆，2003：365．

重在技术发明的经济效益和价值。

二、科学技术的社会规范

科学和技术在体制目标方面的差异，导致了两者在社会规范上具有不同的表现和特点。

1. 科学的社会规范

科学的社会规范以普遍主义、公有性、无私利性、独创性和有组织的怀疑(UCDOS)为标准。这是由默顿在1942年提出并于1957年充实的理想模式，也被默顿确立为现代科学的精神特质。五条规范反映了科学社会规范最基本的内容，是科学家现实行为的重要参照系，它的经典地位至今没有在根本上被动摇过。

普遍主义(universalism)强调所有科学真理，不管它的来源如何，都服从于不以个人为转移的普遍的客观标准。科学发现的评价是根据理论本身固有价值来进行的，与国家、种族、阶级、宗教、年龄等无关。自然界的规律是普遍的，科学表述的真理与价值和提出表述的个人属性没有关系。

公有性(communalism)规范要求科学家公开发表自己的研究成果，并对成果不具有独占权。因为科学研究是建立在前人知识积累之上的，所有重大发现都是社会协作的结果，属于"公共知识"的一部分。任何以个人命名的规律和理论都不归于发现者和他的后嗣所有，也不给这些人以使用和支配的特权。科学发现要得到及时承认和适当评价，就必须尽快完全公开发现以取得优先权。

无私利性(disinterestedness)规范要求创造科学知识的人不以科学谋取私利。它主要不是对科学家的道德要求，而是科学体制的制度性约束。科学家从事科学活动的唯一目的是发展科学知识而不是其他，科学家不能因为自己个人的原因接受或拒绝某种思想或观点，也不应以任何方式从自己的研究中谋取私利。从事科学活动的人应该依靠内在兴趣的强烈驱动投身于探索和发现。

独创性(originality)规范是默顿在1957年补充的，他说："正是通过独创性，知识才会以较小或较大的增幅得以发展。"[①]独创性要求科学家依靠自己，独立思考，对于自己所提交的学术论文必须提出新的科学问题，公布新的数据，论证新的理论或者提出新的学说。独创性是科学进步的发动机，科学论文的审稿人经常会拒绝没有引证前人相关成果的论文，这促使科学家聚焦研究兴趣，持续关注相关领域先前的全部研究和飞速增长的新文献。

有组织的怀疑(organized skepticism)规范预设了任何科学知识都是可错的前提，强调科学永恒的批判精神。它认为所有的科学知识，不论新的还是老的，都要经过仔细的检验；无论哪个科学家作出的贡献，都不能未经检验而被接受。科学家对于自己和别人的工作都应该采取有根据、有组织的怀疑态度。有组织的怀疑有利于科学家的创新。

2. 技术的社会规范

目前，对技术的社会规范研究还非常少，因此这里的讨论是很初步的。由于科学和技术体制目标的不同，它们的社会规范也有很大差别。

首先，技术具有以应用、能用为原则的精神气质，用以评价技术的标准，不仅是技术的合

---

① 默顿. 科学社会学. 北京：商务印书馆，2003：395.

理性，而且是社会的合意性，后者显然不是普遍主义的。其次，与科学的公有性规范完全相反，技术服从非公有规范即独占性规范，具体的制度安排是保密和专利制度。再次，无私利性规范对技术也完全不适用，按照技术的体制目标，追求利益正是技术进步的激励机制，技术发明的成果在一定时期内归发明者或其所在集团单独所有。第四，技术的独创性要求比科学可以低得多，运用科学原理进行技术创造，虽然有技术原理的构思，但往往是局部性的，不必追求理论的普适性。最后，在技术体制中，对旧有技术的挑剔和寻找替代技术虽然经常发生，但对怀疑和批判精神的要求不如科学体制那样强烈，因为批判和怀疑并非是实现获利目标的唯一途径。

英国科学社会学家齐曼在1998年提出了所有者的(proprietary)、局部的(local)、权威的(authoritarian)、定向的(commissioned)和专家的(expert)的技术社会规范特征(简称PLACE以与UCDOS相对应)。他认为，技术即产业科学产生的是不一定公开的所有者知识，往往集中在局部的问题而不是总体的认识上，技术研究者是在权威的管理下做事而不是作为个体做事，他们的研究被定向到实际利益的目标而不是一般地追求知识，他们作为专家被聘用是为了解决各种实际难题，而不是研究自己选择的问题。[①]

三、科学技术的奖励制度

1. 科学奖励制度

科学社会规范的公有性、无私利性要求，是实现科学体制目标所必需的，那么科学体制又如何鼓励科学家获得不断创新的持久动力呢？默顿等人通过对科学发现优先权的研究，剖析了科学中的奖励制度，正是这种奖励制度实现了对科学家行为的社会控制，成为科学创新的体制动力。

默顿的研究发现，科学家通过长期艰苦的独创性研究，其结果是为增进科学知识的存量作出了贡献，而不是个人对知识的独占。科学共同体对于他的最高报偿就是给予承认，承认被认为是科学王国里的“硬通货”。这种承认主要表现为对科学家职位和名望的承认，由承认而来的科学奖励制度成为对科学家个人收益的特殊的“制度化补偿”。

科学奖励在本质上是对科学家的科学贡献和科学能力的承认。承认有各种类型，包括荣誉性承认、建制承认、职业岗位承认等。荣誉性承认是科学奖励最重要的特征，体制化的荣誉奖励有命名、奖章、社团荣誉成员、各种荣誉称号、奖金等形式，其中奖金起增加庄重性和扩大影响的象征性作用，不是荣誉性承认的主要形式。建制承认的主要形式有研究成果在较高级别科学刊物上发表，研究论文被同行引证和评价，研究方法被共同体成员模仿等，建制承认是科学家受到科学共同体关注、知名度提高的最基本路径，因此知名度高低也成为在多大程度上获得承认的标志。职业岗位承认是一种更为广泛的承认形式，比荣誉性承认具有更重要的意义，对于大多数普通科学家来说，获得正式荣誉奖励的机会相对较小，产生激励的作用也有限，而获得一个从事科学研究的职位，特别是进入有声望的科学研究机构任职，本身就是对科学成就和才能的一种有形承认。科学奖励制度中的各种承认，不管是荣誉性承认、建制承认还是职业岗位承认，都是科学家能够持续承担其社会角色的保证，因此成

---

① 约翰·齐曼.真科学.上海:上海科技教育出版社,2002:95.

为整个科学体制正常运行的“能源”。

专栏 12-3

科学研究中的荣誉性奖励——命名法

命名法是以科学家的名字命名他们的成就，是一种声望最高也最持久的科学荣誉奖励。主要形式有：用科学家的名字命名他们的发现，如哈雷彗星，布朗运动，胡克定律等；用科学家的名字作为科学单位，如伏特，安培，欧姆，库仑等；称学科创始人为学科之父，如称居维叶为古生物学之父等；用科学家名字命名学科，如牛顿力学，布尔代数等；以科学家名字命名时代，如爱因斯坦时代等。

2. 科学研究中的“马太效应”

“马太效应”是默顿研究科学奖励中发现的一种现象。1968 年默顿在《科学界的马太效应》一文中指出：“非常有名望的科学家更有可能被认定取得了特定的科学贡献，并且这种可能性会不断增强；而对于那些尚未成名的科学家，这种承认就会受到抑制。”[①]马太效应在合作研究和重复发现的科学活动中表现最为明显。

在合作研究中，几个声望不同的科学家共同发表研究成果时，其中最著名科学家总是得到最多的赞扬，而不管其名字排在前面还是后头。人们总是倾向于认为著名科学家在其中起主要作用，不出名的科学家贡献被淹没了。另外，当原来不出名科学家出名后，又会追溯他以前参加过的合作研究，并给予很高的重新评价。前者是过去的荣誉对后来的荣誉分配起了放大作用，后者则倒过来，是后来的荣誉放大了对以前荣誉的分配，实质都是荣誉与贡献的不一致。

在重复发现中，当几个声望不同的科学家分别独立地作出相同科学发现时，通常是最著名的科学家得到首先的和主要的承认。他的论文容易获得审稿人和编辑的信任，会较快地在重要的核心刊物上发表；发表后的论文也更容易引起科学同行的重视，阅读人多，传播也广。因为在海量的科技文献中，人们倾向于用科学家声望作为选择阅读的线索，以便捷可靠地获得需要的信息。

马太效应造成了科学奖励中富者越富、穷者越穷的现象，其本质是荣誉作为背景产生了增强和放大作用。它有可能提高研究成果的能见度，提高研究资源的利用效率，但对于已出名的科学家也可能成为负担，对于未成名科学家的成长具有严重的负面影响。

① 默顿. 科学社会学. 北京：商务印书馆，2003：614.

课堂讨论

科学研究中的"马太效应"

《圣经·马太福音》中说:"凡有的,还要加给他,叫他有余;而没有的,连他所有的,也要夺过来。"人们经常可以看到,在同一个项目上,声誉通常给予那些已经出名的研究者,例如,一个奖项几乎总是授予最资深的研究者,即使所有工作都是一个研究生完成的。"马太效应"造成了强者越强、弱者越弱的两极分化,其本质是荣誉作为背景的放大,对科学研究既有积极作用也有消极作用。

讨论:你能列举科学研究中的"马太效应"现象吗?它有哪些积极作用和消极作用?

3.技术专利制度

如果说科学奖励的核心是发现的优先权,那么技术奖励的核心就是发明的专利权。技术专利制度"为天才之火添加利益之油",为技术创新成果权益的有序扩散和转化提供保障。专利制度具有鼓励发明创造、提升技术水平、推动发明应用、提高创新能力、促进科技进步和经济社会发展的功能。

技术发明一般都是智力形式的成果,一旦以信息方式公之于众,就失去了私人财产的特点,会被许多人"搭便车"使用而无需研发,如此就没有人愿意投资开发新技术。专利制度根据发明人的请求,给予技术发明者一种排他权,保障其在一定期间内的合法垄断。技术发明者及其被授权者有了这一权力,可以安心投资生产专利产品,获得效益后可以收回投资并为进一步研发积累资金。在这个意义上,专利制度又成为鼓励科学技术投资和公平竞争的重要政策支柱。

专利制度是对技术发明的社会承认,是技术社会运行的重要润滑剂,其完善与否是衡量技术创新体系是否健全与有无活力的标志。与科学发现优先权的承认不同,专利制度无需组织评比,专利的评判权在市场,市场可以通过专利制度对技术活动的方向和节奏进行调节,激励发明者根据市场需要开发新技术和新产品,促进科学技术与生产的密切结合。

本章框架

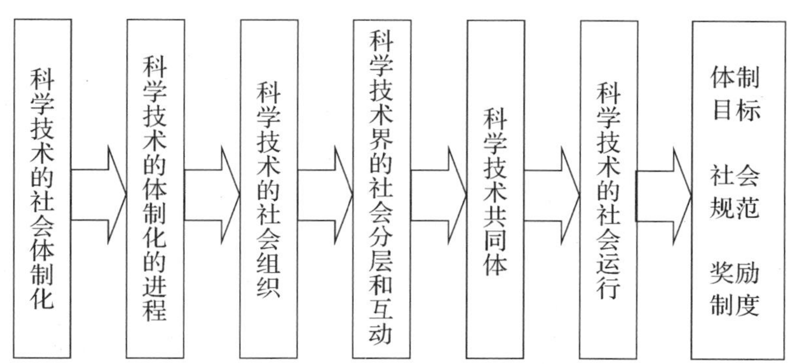

进一步阅读文献

1. 默顿. 科学社会学(第 13、14、15、20 章). 北京:商务印书馆,2003.

2. 加斯顿. 科学的社会运行(第 1、7、9 章). 北京:光明日报出版社,1988.

3. 曾国屏等. 当代自然辩证法教程(第 12 章). 北京:清华大学出版社,2005.

4. 何亚平主编. 科学社会学教程(第 4、5、6、7 章). 杭州:浙江大学出版社,1990.

复习思考题

1. 科学技术社会体制化对科学技术的发展有何意义?

2. 试述科学共同体与技术共同体社会规范的主要区别及其原因。

3. 科学家行为有时会偏离默顿规范,既然如此,你认为默顿规范是否还有理论价值和实际意义?

4. 马太效应的本质是什么? 其消极作用当如何应对?

第十三章　科学技术与社会的互动

重点提示

- 现代科学技术已经从社会的边缘走到了社会的中心，表现出日益重要的认识功能、物质生产功能、教育功能和政治功能。
- 经济、教育、文化和政治等社会因素对科学技术发展的影响越来越综合和深刻。
- 科学技术的应用给社会发展带来了负面影响和危机，必须深刻反思和认真应对。

今天，科学技术和社会的联系日益密切。一方面科学技术为社会的发展提供知识、方法和物质手段上的帮助，不断改造人的思维，重视人与自然、人与社会之间的关系；另一方面社会也为科学技术的发展提供了各种保障，包括科学技术政策的制定，财力、物力上的支持和科学技术人才的培养。科学技术从过去处于社会的边缘在今天走到了社会的中心，同各种其他社会因素紧密结合，相互影响、相互制约，形成了一个复杂的动态系统。

第一节　科学技术的社会功能

2000 多年前，阿基米德（公元前 287—前 212 年）第一次发现了杠杆的原理，他说："假如给我一个支点，我就能撬动地球。"近代以后，恩格斯更为明确地指出了科学、技术对社会生产力和生产关系所起的杠杆作用，他说："分工，水力、特别是蒸汽力的利用，机器的应用，这就是从 18 世纪中叶起工业用来震撼旧世界基础的三个伟大的杠杆。"①

一、科学技术的认识功能

1. 科学技术提供认识和改造自然的知识

如果把科学理解为一种系统地说明自然规律的理论知识，那么科学发展本身就标志着人类认识能力的进步。技术是人类对自然规律的运用，技术的发展也不断积累人类改造自然的知识和技能。因此，科学技术的社会功能首先表现在用以认识和改造世界的知识生产

---

① 恩格斯. 英国工人阶级状况. 载：马克思恩格斯全集，北京：人民出版社，1960：300.

上。随着知识的不断积累，人类对客观世界的认识越来越深刻。1976 年 7 月 28 日，我国发生了唐山大地震，由于当时知识和技术积累不足，震后四五个小时还没有找到震中位置，给救灾工作造成了很大障碍。而 2008 年 5 月 12 日，汶川发生地震后，数字化地震台网发挥了重要作用，实现了 3 分钟上报初步结果、10 分钟出正式结果。地震发生后，国家还应用遥感技术评估地震破坏程度，首先是利用遥感技术分街区搜索建筑物倒塌情况，并通过模型估算人员伤亡情况；其次是衡量烟囱、储油罐等构筑物倒塌情况；第三是分析水、电等生命线工程破坏情况；第四是衡量出现滑坡、泥石流、地震裂缝等灾害情况；第五是评估震后次生灾害。这五个指标为指导汶川抗震救灾发挥了重要作用。①

2. 科学技术有利于提高人的认识能力

科学技术不仅是揭示认识和改造自然的知识，还可以不断提高人的认识能力。自然科学家在探索自然的过程中总要运用一定的研究方法，如天文学家用观察、比较的方法探知天体的生成和演化，物理学家运用实验、数学等方法探求物体运动的规律，生物学家用分类方法寻求生物的种类，等等。同时，科学观察和实验所需要的设备和手段需要技术来提供，正如没有望远镜就不能有效观察星空、没有显微镜便无法探知细胞、没有粒子加速器便不能进行微观世界的研究一样，技术的进步增强了科学家认识自然的精度和广度，提高了科学家乃至全人类的认识能力。

3. 科学技术促进了思维方式的变革

科学技术研究讲求理性、尊重实践，不断推动思维方式的更新和新型价值观的塑造。

首先，科学技术发展的历史反映了人类摆脱愚昧、走向文明的进程。通过科学，人类不断从客观必然性的"奴役"中解放出来；近代科学和技术革命摧毁了旧的生产方式，消除了地域的狭隘，扩大了人的交往，开阔了人的视野，使人的思维逐渐摆脱传统的狭隘性、落后性，使人的认识活动出现了数学化、模型化、系统化的趋势。

其次，科学作为一种特殊的精神产品，在其研究过程中还形成了诸如怀疑、求实、奉献、诚实、谦虚等精神财富，这些精神不断地通过教育的形式向一般社会人群传播，帮助人们树立追求真理、探索规律的理想，起到了改善人的价值观的作用。这些科学精神还不断促进人类社会道德准则的更新，教育和培养一代又一代青年人，是帮助青年人从学校走入社会、从个体走向群体，从而认清社会目标、实现社会价值的精神保障。

二、科学技术的物质生产功能

马克思主义认为，生产的要素包括生产资料、劳动者，生产力水平就是生产资料同劳动者的结合方式和结合程度，生产资料包括劳动对象和劳动资料，都是人类认识和改造自然的结果，认识自然需要科学研究，改造自然需要技术的支持，因此科学技术的发展有利于生产力的提高，正如马克思和恩格斯在《共产党宣言》中指出的："资产阶级在它的不到一百年的阶级统治中所创造的生产力，比过去一切世代创造的全部生产力还要多，还要大。自然力的征服，机器的采用，化学在工业和农业中的应用，轮船的行驶，铁路的通行，电报的使用，整个大陆的开垦，河川的通航，仿佛用法术从地下呼唤出来的大量人口，——过去哪一个世纪料

① 中国新闻网，2008-05-13；世界科技报道，2008-05-15.

想到在社会劳动里蕴藏有这样的生产力呢?"①

现代社会使得科学技术在社会物质生产中的作用越来越明显,表现为以下几个方面。

1. 科学技术是第一生产力

20 世纪 80 年代后期,邓小平高瞻远瞩、审时度势,进一步作出了"科学技术是第一生产力"的论断,他说:"马克思讲过科学技术是生产力,这是非常正确的,现在看来这样说可能不够,恐怕是第一生产力。"②这一论断成为 20 世纪 90 年代以后中国经济和社会发展的战略性指导。

此后,中国学术界对邓小平的这一论断作了多方面的论证,其中一个共同的思想就是把科学技术渗透到生产力的诸要素即劳动者、劳动工具、劳动对象、生产管理中去,提出科学技术是生产力诸要素的一个公共因子或共同指数,用数学公式表示就是:

$$\text{生产力}=(\text{劳动力}+\text{劳动工具}+\text{劳动对象}+\text{生产管理})\times\text{科学技术}$$

或者

$$\text{生产力}=(\text{劳动力}+\text{劳动工具}+\text{劳动对象}+\text{生产管理})^{\text{科学技术}}$$

这表明,科学技术已经成为生产力中占主导作用的因素,其与生产力诸要素的结合可以形成先进的生产工具,提高劳动者的生产经验和劳动技能,扩大劳动对象的范围,提高劳动对象的质量和利用率,并能形成更为合理的组织和管理方法,提高劳动生产率,从而真正体现科学技术第一生产力的功能。

2. 科学技术促进经济的发展

从总体上看,随着科学技术与经济一体化趋势的不断增强,科学技术的经济功能逐渐成为科技社会功能的核心。

一般来说,科学技术对经济的作用主要表现为:①促进社会经济结构的变革,世界经济的总体趋势就是从第一产业(农业)和第二产业(工业)向以科学和技术为核心的第三产业(服务业)转移;②科研活动成为独立的知识产业,每次科学技术革命,都增加了商标和许可证贸易在国际贸易中的比重;③科学技术的发展促进了劳动力结构的改变,在当代社会物质生产部门,操作工人、科技人员、管理人员的比例关系发生了明显变化,以日本为例,1975 年同 1950 年相比,加工工业的人员增长了 109%,工程技术人员增长 263%,管理人员则增长 253%,白领阶层的崛起代表了今天生产关系的新内容。

科学技术对社会经济的促进作用最典型的莫过于它们对技术创新所起到的源泉作用。

古典经济学家亚当·斯密在《国民财富的性质和原因的研究》第一章中就谈到技术变革和经济增长的联系,开始认识和密切关注技术变革与市场之间的关系。而马克思则最早认识到了技术创新对经济发展与竞争的重要推动力,他指出:"资产阶级除非对生产工具,从而对生产关系,从而对全部社会关系不断地进行革命,否则就不能生存下去。"③马克思的远见卓识不仅奠定了马克思主义生产力经济学的基础,而且深刻影响了一大批经济学家。熊彼特正是从马克思有关技术进步在长期经济增长中的核心作用和有关技术进步的连续性以及

---

① 马克思,恩格斯.共产党宣言.载:马克思恩格斯选集(第 1 卷),北京:人民出版社,1995:277.

② 邓小平.科学技术是第一生产力.载:邓小平文选(第 3 卷),北京:人民出版社,1993:275.

③ 马克思,恩格斯.共产党宣言.载:马克思恩格斯选集(第 1 卷),北京:人民出版社,1995:275.

演进性的思想中，得到了有关技术创新的最初启示。①

熊彼特的技术创新概念属于经济学理论的范畴，为此他特别对发明创造和技术创新作了区分。他写道："发明创造只是一个新概念、新设想，或者至多表现为试验品，哪怕是为人类的知识宝库作了巨大贡献的伟大发明也不例外。而技术创新则是把发明或其他科技成果引入生产体系，利用那些原理创造出市场需要的商品。这种科技成果的商业化和产业化过程，才是技术创新。"②

专栏 13-1

熊彼特关于技术创新的定义③

熊彼特(J. A. Schumpeter，1883—1950)在 1912 年《经济发展理论》中指出，技术创新是指把一种从来没有过的关于生产要素的"新组合"引入生产体系。这种新的组合包括：①引进新产品；②引用新技术，采用一种新的生产方法；③开辟新的市场(以前不曾进入)；④控制原材料新的来源，不管这种来源是否已经存在，还是第一次创造出来；⑤实现任何一种工业新的组织，例如生成一种垄断地位或打破一种垄断地位。

重大的技术创新会导致社会经济系统的根本性转变。今天，人们把技术创新定义为一个从新产品或新工艺设想的产生，经过研究、开发、工程化、商业化生产到市场应用完整过程的一系列活动的总和，这样就把科学研究、技术发明同财富的创造、经济的发展紧紧联系在了一起。

在确定科学技术与社会经济的关系——特别是基础研究的作用方面，1945 年美国科学发展局主任万尼瓦尔·布什提交给美国总统杜鲁门的科学技术政策报告《科学——没有止境的前沿》无疑具有代表性，他在给杜鲁门的呈文中写道："科学的进步是我们国家的安全、我们身体的更加健康、更多的就业机会、更好的生活水准以及文化进步的一个重要关键。"④随后在报告中他又指出："基础研究导致新知识。它提供科学资本。它创造储备，知识的实际应用必须从中提取。……今天，基础研究是技术进步的先行官，这一点比以往任何时候都更确实。一个在基础科学知识上依赖于其他国家的国家，他的工业进步将是缓慢的，它在世界贸易中的竞争地位将是虚弱的，不管它的机械技艺多么高明。"⑤

3. 科学技术改变了现代人的生活方式

科学技术在现代社会除了促进生产力和经济的发展外，还极大地改善了现代人的物质生活条件，提高了生活质量。今天的科学技术为人们的衣、食、住、行、用等方面提供了多种

---

① 赵建春等. 技术创新原理及体系构建. 郑州：河南人民出版社，2002：3.

② 姜彦福等. 企业技术创新管理. 北京：企业管理出版社，1999：2.

③ 资料来源：http://baike.baidu.comview332418.htm.

④⑤ [美]V. 布什著. 范岱年等译. 科学——没有止境的前沿，北京：商务印书馆，2005：41，64.

多样的选择。

科学技术还加快了社会生活的节奏,特别是互联网技术全方位地改变着人们的交往方式、学习方式、消费方式、娱乐方式,家庭信息系统化和家家务活动自动化正在变为现实,在家办公、电子商务已司空见惯。在庞大的互联网下,物联网的发展还将使现代人的生活更加便捷、高效。

三、科学技术的教育功能①

自近代自然科学诞生以来,科学与教育逐渐形成了相辅相成、互相促进的关系。社会教育对培养人才、提高科学技术研究能力和水平有重要作用;同时,科学技术又促进了社会教育的发展。科学技术对教育事业的促进作用主要体现在如下方面。

1.科学技术促进了教育内容的变革

近代以来科学技术的发展,促进了大学发展并使学校的教育内容发生了根本的变化,科学技术本身成了教育的主要内容。不仅以传授科学技术知识为主的理工大学纷纷涌现,在文科大学中也引入了越来越多的自然科学内容。科学技术的不断分化和综合,导致教育内容、专业设置、院系结构的深刻变革,如原来电类学科中已经独立和分化出计算机科学和技术等一系列新学科,而另一方面又不断涌现出如环境科学、能源科学、材料科学、海洋科学、空间科学等综合学科,大学的专业教学内容不断受到挑战,也由此不断更新。

2.科学技术带来了教育手段的革新

多频道的家用电视系统同计算机辅助教学系统、情报检索系统、大型计算机网络系统的终端相连,扩大了人们受教育的机会。无线电广播、电视、录像、幻灯等和卫星通讯形成电化教育系统在教育领域中的应用,使教育打破了空间和时间的局限。互联网将全世界的学校、研究所、图书馆和其他各种信息资源联结起来,建造了一个取之不尽、用之不竭的信息资源库,使任何有知识需求的人都可以随时随地通过网络学习,形成了一对多或多对多的教学模式。现代信息与通讯手段的发展,不断冲击着传统教育思想和方法,推动教育模式的改革。

3.科学技术促进了教育观念的变革

随着现代科学技术发展速度的提高,人才在社会经济、政治、军事、文化等领域竞争中的关键作用日益凸显;科学技术的发展也使知识更新的周期大为缩短。大学学习已经不再像过去那样是为一个人的一辈子准备所有知识的场所,终身学习成为适应社会发展的必然需求。今天,越来越多的在职人员选择了重新回到学校或采取其他形式接受再教育和培训,从而适应工作所提出的新要求。

四、科学技术的政治功能

马克思主义认为,科学是一种在历史上起推动作用的革命力量②。科学技术的进步不仅极大地推动了社会生产力的发展,而且推动了整个社会形态的转变。

1.科学技术进步推动社会制度的变革

分析生产力和生产关系、经济基础和上层建筑的矛盾运动过程可以看出,社会发展总是

① 本目内容主要参考:胡春风.自然辩证法导论.上海:上海人民出版社,2007:412—413.

② 恩格斯.在马克思墓前的讲话.载:马克思恩格斯选集(第3卷),北京:人民出版社,1995:777.

从生产力的变化开始的。生产力的提高迟早要引起生产关系的变革，进而引起上层建筑的变革，推动整个社会从一种社会形态向另一种社会形态的转换。在现代社会，科学技术已经被公认为推动社会生产力发展的首要动力，这就必然引起生产关系以及整个社会制度的变化，从而不断调整由生产力的发展所带来的社会生产和分配关系，最终使社会制度趋于合理化。

2. 科学技术发展成为国家的政治目标

现代科学技术从社会的边缘走到社会的中心，对社会经济的作用越来越重要，因此当今世界各国特别是发达国家，无一例外都把促进科学技术发展作为国家最重要的战略任务之一。早在第一次世界大战期间，英国教育大臣就向议会提出《科学与工业研究的组织和发展计划》，这一被称为"历史性文件"的著名白皮书明确指出："如果我们要提高或维持我国的工业地位，就必须将科学与工业研究的发展立为国家目标。"①于是英国开始以政府文件的形式把发展科技和教育事业确定为"国家目标"。

到了 20 世纪 90 年代，美国克林顿政府于 1994 年发布了科学政策报告——《科学与国家利益》，这既是冷战后白宫颁布的第一份对国家科学政策的评论，也是自 1979 年以来第一份有关科学政策的正式总统报告。该报告再次强调："科学——既是无尽的前沿也是无尽的资源——是国家利益中的一种关键性投资。"②"增进基础研究与国家目标之间的联系"被作为其科学政策的核心目标之一。

3. 科学技术促进决策的科学化和民主化

现代社会是一个越来越复杂的大系统，对于决策的科学化也提出了越来越高的要求，科学技术为决策科学化提供了重要的思想和方法。例如以系统建模、系统仿真、系统分析、系统优化等定量化研究技术见长的系统工程，就成为各类科学决策中普遍运用的方法。科学的决策过程还包括民主化，要深入了解民情，广泛集中民智，充分反映民意。现代科学技术对于广泛听取专家意见、深入了解社会民情，从而抓住问题的本质，制订科学的方案，发挥着非常重要的作用。

尤金·拉宾诺维奇在《改变世界的 10 年中》中说："相信人类正在不知不觉地进入一个充满空前毁灭危险的一个新时代……这一信念使得一些科学家设法——也许这在历史上是头一遭——以科学家的身份干预国家的政治与军事决策。"③例如，爱因斯坦曾经带头敦促罗斯福政府开展原子弹的研制工作，奥本海默被誉为"原子弹之父"，他却又建议美国停止氢弹的研究。丹尼尔·贝尔也说："科学的不断发展壮大和科学家进入政府行政和政策圈子，带来了我们现在仍无答案的一些问题……这不再是一个性格问题（虽然主要人物和高层集团总是起决定性作用），而是体制安排和责任分工的问题。"④

① A. H. Dupree. *Science in the Federal Government*. Cambrige，1957：360.

② ［美］威廉·J. 克林顿，小阿尔伯特·戈尔. 科学与国家利益，北京：科学技术文献出版社，1999：13.

③ 转引自［美］丹尼尔·贝尔. 后工业社会的来临. 北京：商务印书馆，1984：433.

④ ［美］丹尼尔·贝尔. 后工业社会的来临. 北京：商务印书馆，1984：441.

第二节　社会对科学技术发展的影响

恩格斯说:"社会一旦有技术上的需要,这种需要就会比十所大学更能把科学推向前进。"[①]这是有关社会因素对科学影响的经典表述。恩格斯还在《自然辩证法》中追溯了古代科学的起源,提出天文学、力学、数学之所以首先产生,原因就在于这几门科学知识与当时的生产发展状况关系最为密切。

一、经济是科学技术发展的动力

1. 经济需要是科学技术发展最重要的推动力

从科学发展看,正如恩格斯所说:"科学的产生和发展一开始就是由生产决定的。"[②]"经济上的需要曾经是,而且愈来愈是对自然界的认识进展的主要动力。"[③]近代科学在16、17世纪的欧洲兴起,与近代资本主义刚刚登上历史舞台、急切希望发展社会生产力密切相关。当代科学计量学证明,一些国家在某些学科具有相对优势,也与这些国家的主要社会需求相一致,也可以说,一个国家的主要社会需求会决定这个国家在相应领域具有某种优势。例如,美国、瑞典、日本等一些发达富裕国家,国民对医疗卫生健康有着强烈的需求,使得它们在与医学有关的科研领域具有突出的相对优势;中国目前处在工业化发展的中后期,对工业特别是制造业的发展有着很强的社会需求,所以在物理、化学、工程技术等应用科研领域投入较大,表现出相对优势。

从技术发展看,经济需求也是最重要的推动力。恩格斯说:"几乎一切机械发明都是由于缺乏劳动力引起的。"[④]也就是说,对劳动力的需求导致了社会大量进行替代劳动力机器的发明。马克思主义经典作家在《共产党宣言》中还曾经论述说,由于市场的扩大,需求的增加,推动了蒸汽和机器的运用,引起了工业生产革命。"世界市场使商业、航海业和陆路交通得到了巨大的发展。这种发展又反过来促进了工业的扩展。"[⑤]

需要强调的是,虽然经济被称为科学技术发展的社会动力,但经济主要是制约科学技术发展的目的、方向和水平,并不能决定科学技术发展具体的知识内容。科学技术在知识层面的内容仍然是科学家和工程师完成的。

2. 国家经济发展水平决定了对科学技术的投入

科学技术的发展需要经济支持。一个国家对科学技术的经济资助,可以用两个指标来反映,一是全社会R&D经费的投入,二是全社会R&D经费占国内生产总值GDP的比例,也称R&D强度,第二个指标更受到人们关注。据统计,发达国家R&D强度,一般在2%～3%之间,而发展中国家一般低于1%。

---

① 恩格斯.致博尔吉乌斯.载:马克思恩格斯选集(第4卷),北京:人民出版社,1995:732.

② 恩格斯.自然辩证法.载:马克思恩格斯选集(第4卷),北京:人民出版社,1995:280.

③ 恩格斯.致康拉德·施米特.载:马克思恩格斯选集(第4卷),北京:人民出版社,1995:703.

④ 恩格斯.政治经济学批判大纲.载:马克思恩格斯全集(第1卷),北京:人民出版社,1956:624.

⑤ 马克思,恩格斯.共产党宣言.载:马克思恩格斯选集(第1卷),北京:人民出版社,1972:252.

研究表明，一个国家的R&D强度，与人均GDP的水平相关。西方发达国家的人均GDP高于1.5万美元，其R&D强度普遍高于2%；中等发达国家的人均GDP在1万～1.5万美元之间，R&D强度在1%～2%之间；发展中国家人均GDP低于1万美元，R&D强度也普遍低于1%。R&D强度的发展轨迹还有一条类S曲线的规律。大约是R&D强度为1%时，进入快速增长期；大约为2.5%时，进入成熟期。即R&D强度从很低的水平增长到1%时是一个较为漫长的过程，过了1%之后则进入一个较快的增长阶段。美国用了15年左右的时间实现了从1%到2.5%的增长。

我国的R&D强度，经过多年徘徊，在20世纪末出现了持续的增长势头，2000年首次达到1.0%，2008年则达到1.54%，标志着我国R&D经费已经进入一个高速增长期。这是促进我国科技发展、深化科技体制改革的一个历史性机遇。当然与发达国家相比，差距还不小，如日本、韩国、美国和德国2007年R&D强度分别为3.40%、3.01%、2.67%和2.53%。[①] 我国特别在科技成果转化为产品和商品阶段的投入不足，真正的高技术风险投资严重缺乏等问题尤为突出，需要通过深化科技体制改革加以解决。

3. 经济体制深刻影响科技体制

在一个国家各种体制中，经济体制是本源，科技体制是经济体制的派生物。经济体制在很大程度上决定着科技体制，这在科技管理体制上表现得尤为明显。目前，在一些主要发达国家，科技管理体制大致有三种情况：美国是多元化的科研组织体系，市场导向是它的主要特点，没有强有力的全国统一的严密组织制度和中央协调机构，政府的总统科学顾问名义上是国家科学组织的最高行政领导人，但并不直接负责全国研究与发展事业的计划与管理；法国属于比较集中的科技管理体制，国家对于科学技术研究的战略和计划有明确的目标要求；英国、德国、日本等则大致居于两者之间，他们在发挥市场对于科学技术发展导向的功能同时，也注意了政府宏观的协调作用，以避免单一市场导向的弊端。

我国的科技管理体制在改革开放以前是与计划经济体制相对应的。20世纪80年代，与经济体制改革的需要相呼应，我国开始进行科技体制改革，核心思想是"依靠"和"面向"：一方面强调"经济建设要依靠科学技术"，全面激发经济对科技的强烈需求；另一方面强调"科学技术要面向经济建设"，科学技术研究要走出"象牙塔"，满足社会发展对适用科学技术成果的需求。在科技管理体制改革中，宏观层次是转变国家科技管理部门职能，从原来的具体项目管理变为间接服务管理，工作重点主要放在科技发展战略规划和政策法规的研究制定方面；微观层次是推动科研院所进入市场，逐步成为享有充分自主权、实行科学管理的独立法人。经过20多年的努力，我国的科技体制改革已经取得了一定成果，但改革的任务还没有最终完成，仍需要继续推进和深化。

二、教育对科学技术发展的影响

在《科学——没有止境的前沿》中，布什强调："在可以合适地称为'科学'的整个领域的每一方面，其限制的因素是人。我们在某个方向进展的快慢取决于从事所说工作的真正第

---

① 科技部. 国际科学技术发展报告2010. 北京：科学出版社，2010：317，287.

一流人才的人数……所以归根结底，我们的基础教育政策将决定这个国家科学的未来。"[①]

这里所说的教育既指广义的社会教育(即学校以外的社会文化教育机构对青少年及成年人的教育)，又指狭义的学校教育。教育的主要任务是使受教育者进一步确立符合社会要求的思想品质和世界观，普及科学文化知识，增加和更新人们头脑中储存的知识和信息，引导人们从事有效的经济、社会活动和健康的文化生活，使受教育者成为合格的公民。

教育对科学技术的影响具体表现是：各类学校教育是培养知识生产者的基地，学校的招生数量，教育的普及程度，直接关系到知识生产者的数量；教育和教学的质量又直接关系到知识生产者的质量；教育可以在全社会普及科学技术知识，提高公民的科学素养；教育场所也是知识生产的重要基地，特别是 19 世纪以后，科学研究和研究生教育在德国的大学中实现了制度化，并一直影响到今天世界的高等教育。

在教育对科学技术的影响中，专业技术教育尤为突出。马克思说："技术教育，这种教育要使儿童和少年了解生产各个过程的基本原理。同时使他们获得运用各种生产的最简单的工具的技能。"[②]旧的分工使体力劳动与脑力劳动分离，马克思认为综合技术教育可以弥补分工造成的这种缺陷。恩格斯也论述了技术教育的作用："如果技术教育能够一方面设法至少使那些最富有生命力的最普遍的工业部门的经营比较合理，另一方面又对儿童事先进行普通技术训练，使他们能够比较容易地转到其他工业部门，那末，技术教育也许就能够最快地达到自己的目的。"[③]

三、文化对科学技术发展的影响

任何科学技术活动都是在一定的文化氛围中进行的，从事科学技术研究的人也是在特定的文化背景中实现其社会化过程的。

社会文化对科学技术的影响是通过文化的价值、行为、制度、器物等层次发生的。历史上，科学革命之所以发生在 16、17 世纪的欧洲，一个重要的原因是欧洲的文艺复兴运动、宗教改革运动、新教伦理运动为近代科学的诞生准备了文化条件。而在中国历史的大部分阶段，知识体系中"人文文化"大多居于至高无上的地位，社会弘扬的是"学而优则仕"的价值观，科学技术的社会地位相对低下，这是我国科学技术在近代落后的重要原因。除了社会价值观的因素，还有封建社会强大的中央集权统治制度、重综合轻分析的思维方法、重人伦轻自然的儒家思想传统等，都成为国内外学者讨论的重点。可见，文化对于科学技术发展具有深层次、多方面、综合性的影响。因此，高度重视文化对科学技术的影响，努力营造有利于科学技术的文化氛围，应该成为中国社会文化建设的重要内容。

---

① [美]V. 布什著. 范岱年等译. 科学——没有止境的前沿，北京：商务印书馆，2005：71.

② 马克思. 临时中央委员会就若干问题给代表的指示. 载：马克思恩格斯全集(第 16 卷)，北京：人民出版社，1972：218.

③ 马克思. 致敏·卡·哥尔布诺娃. 载：马克思恩格斯全集(第 34 卷)，北京：人民出版社，1972：428.

专栏 13-2

李约瑟难题

英国科学家和科学史家李约瑟(J. Needham,1900—1995)在研究中国古代科学技术史中提出了著名的"李约瑟难题"。他问道:"欧洲在16世纪以后就诞生了近代科学,这种科学已被证明是形成近代世界秩序的基本因素之一,而中国文明却未能在亚洲产生与此相类似的近代科学,其阻碍因素是什么?""为什么近代科学,亦即经得起全世界的考验、并得到合理的普遍颂扬的伽利略、哈维、维萨留斯、格斯纳、牛顿的传统——这种传统注定成为统一的世界大家庭的理论基础——是在地中海和大西洋沿岸,而不是在中国或亚洲其他任何地方发展起来呢?"①

对李约瑟难题的回答涉及许多方面,包括:思想上,中国哲学家没有像西方哲学家那样建立一种适合科学技术发展的自然观念;科学上,中世纪以来中国的发现纯粹以实用为目的,没有理论科学;政治上,受到"亚细亚官僚制度"的严重制约;文化上,"学而优则仕"的科举制度影响;等等。

四、政治对科学技术发展的影响

政治是上层建筑领域中各种权力主体维护自身利益的特定行为以及由此结成的特定关系,是人类历史发展到一定时期产生的重要社会现象,对社会生活各个方面都有重大影响和作用。

政治制度是特定社会中统治阶级通过组织政权实现其政治统治原则和方式的总和。任何国家的政治制度都是该国统治阶级意志的表现。它由统治阶级确立,并为该阶级的利益服务。政治制度总是直接或间接地反映社会各阶级的地位以及社会实际生活中各种政治力量的对比关系,它的实质是特定形式的民主和专政的统一。任何国家的政治制度都必然与它所代表的阶级本质和经济基础相适应,国家通过发挥政治制度的作用来实现其职能,完成一定历史阶段的总任务。这其中必然包括会对科学技术产生影响,一个国家总是会通过制定各种法律法规来设定一套科学技术发展的体制和目标。

英国科学家普雷费尔就认为,科学的前途不仅仅只是科学问题,而且更多的是政治问题,科学的前途取决于形成正确的政治判断和取得执行这种判断的政治权力。政治因素会直接影响国家科学技术目标的确立。例如,"二战"中美国制造原子弹的"曼哈顿"计划、"冷战"时期的"阿波罗"登月计划和"星球大战"计划等,其主要目的就是出于政治和作为政治集中体现的军事的需要。

---

① [英]李约瑟著,王玲译.中国科学技术史(第一卷).北京:科学出版社,上海:上海古籍出版社,1990:27,43.

专栏 13-3

任鸿隽论中国学术的弊端[①]

中国几千年来求学的方法，一个大毛病，就是重心思而贱官感。换一句话说，就是专事立想，不求实验。这专事立想，不求实验的结果，又生几个大弊病。简略说起来：

(1)因为不用耳目五官的感触，为研究学问的材料，所以对于自然的现象完全没有方法去研究。……对于自然界的现象，如日蚀彗星雷电之类，始终没一个正当解说，其病是偏而不全。

(2)既然没有方法去研究自然界现象，于是所研究的，除了陈偏故纸，就没有材料了。……因为没有新事实来作研究，是永远不会发见的。其病是虚而不实。

(3)用耳目五官去研究自然现象，必定要经过许多可靠的程序和方法。……专用心思去研究学问，就没有这些限制，其病是疏而不精。

(4)既没有种种事实作根据，又没经过科学的训练，所以有时发见一点哲理，也是无条贯、无次序，其病是乱而不秩。

一般来说，政治影响科学有三种方式：一是资源分配，通过控制投入来影响科学技术的发展；二是科技政策与计划的制订，通过政策和计划来调节、控制科学技术的发展方向；三是意识形态影响，通过社会政治氛围影响科学技术运行。其中，意识形态是一个值得深入思考的方面。意识形态不但可以节约交往中的信息费用，而且可以降低强制执行法律或实施其他规定的成本。意识形态不仅蕴涵着伦理规范、道德价值观念、风俗习性等内容，而且可以在思想上形成某种正式制度安排的“先验”模式。因此，意识形态可以成为促进科学技术发展的重要力量。当然，错误的意识形态观念也会成为科学技术发展的阻力和障碍。

第三节　科学技术的负面影响及其反思

一、科学技术对人类社会的负面影响

科学技术在一定意义上讲是一把“双刃剑”，它们在为人类服务、给人类带来福祉的同时，也会对人类社会带来负面影响，正如物理学家薛定谔所说：“在自然科学突飞猛进的推动下，技术与工业的不断发展，是否增加了人类的幸福？对此，我深表怀疑。”[②]科学技术的负面影响一般包括人与自然、人与社会、人与自身等关系上出现的矛盾与冲突，它直接造成了人类生存和发展的危机。

---

① 资料来源：樊洪业，张久春选编. 科学救国之梦——任鸿隽文存. 上海：上海科技教育出版社，2002：240—241.

② [奥]埃尔温·薛定谔著，颜峰译. 自然与古希腊. 上海：上海科学技术出版社，2001：95.

1. 人与自然关系方面的危机

迄今为止，人类创造的许多技术成就都是在大量消耗自然资源基础上取得的。科学技术的进步以高效率为手段，以生产更多产品为目的，而更多产品的制造需要耗费更多的资源，这无疑加大了对资源的压力，产生一系列的资源短缺问题。不管是可再生资源还是不可再生资源，特别能源资源，现在几乎全都处于供应紧缺的状态，使人深为忧虑。

现代科学技术对自然的破坏和影响也越来越大。一切与技术进展相伴的成果几乎都有其消极的副产品，化学工业带来了化学污染，核工业带来了核污染，电子工业带来了电子污染和电磁污染，等等。随着人类社会经济规模、工业规模的不断扩大，对自然界带来的污染已经超过了生态系统的自我净化和调节能力。特别是还在不断发展的臭氧层破坏和温室效应，对人类的生存带来了威胁，人类赖以生存的地球生病了，人类生活处于恐慌之中。

这样，人与自然的关系不再和谐，两者之间的矛盾与冲突越来越尖锐，其后果是造成人类物质生产和生活环境的恶化，生活质量下降，严重阻碍了物质文明的进一步发展。

2. 人与社会关系方面的危机

现代科学技术缩短了人与人之间的空间距离却拉远了心理距离，交往的情感因素被滤去，温暖的友谊变成了“公关”和“交际”。在世界范围内，科学技术与权力结合在一起，掌握着科学技术优势的国家寻求对其他民族的控制，产生了以科学技术为后盾的新霸权主义和新殖民主义。

在国际关系中，由于科学技术水平的差异，发达国家和发展中国家在经济上的差距越来越大。先进技术同时也给发展中国家自身带来了新的贫富差距：一方面，发展中国家的现代化过程必须依靠科学技术的进步，但是另一方面，科学技术的应用又会给发展中国家带来各式各样的后果，由此形成了科学技术发展的“悖论”。例如广为人知的农业增产计划“绿色革命”，在为某些发展中国家带来粮食丰收的同时，也使当地贫苦农民的生活境况变得更加糟糕。

专栏 13-4

绿色革命的“悖论”①

绿色革命是实施系统的、大规模的种植改良计划，旨在提高亚洲国家稻谷和小麦的产量，解决发展中国家的饥饿问题。该计划由美国福特基金会和洛克菲勒基金会资助，1962 年在菲律宾组建的国际稻谷研究所，开发出了高产水稻系列，实现了产量翻番。增产要不断使用化肥，要保证充足的人工灌溉。但是绝大多数农户没钱买化肥，也没钱购买抽取地下水灌溉农田的水泵所需的柴油。绿色革命的新技术只给富裕的农场主带来了效益，他们更愿意用化肥和农业机械，需要雇用的劳动力越来越少。最后的结果是，在印度、巴基斯坦等第三世界，成千上万的佃农被他们赖以为生的土地甩了出去。绿色革命虽然达到了粮食增产的目的，却使得许多农民的生活变得更为艰难。

① 资料来源：布里奇斯托克等著，刘立等译. 科学技术与社会导论. 北京：清华大学出版社，2005：288—289.

技术本身的发展,自动化智能化水平的提高,会造成劳动者的去技术化,对人们的就业也会产生一定影响,生产的发展并不需要更多的人力,机器取代了人类的工作,许多人会无法就业。马克思指出:“机器具有减少人类劳动和使劳动更具有成效的神奇力量,然而却引起了饥饿和过度的疲劳。……技术的胜利,似乎是以道德的败坏为代价换来的。随着人类愈益控制自然,个人却似乎愈益成为别人的奴隶和自身的卑劣行为的奴隶。”①

另外,核武器、化学武器、激光武器、生物武器和电子对抗武器的出现使得人类拥有越来越“全面”的自我毁灭能力。2011 年 3 月 11 日在日本东北部发生的里氏 9 级地震,引发强烈海啸,导致局部地区火灾和福岛核电站机组相继发生爆炸,造成放射性物质泄漏,这场灾难不仅给日本民族带来了巨大的人员伤亡和财产损失,而且在全世界相继引发“社会地震”,核废料处理成为巨大的社会安全隐患。

3.人与自身关系方面的危机

科学技术发展还出现了某种“异化”。如同主体创造出客体、客体反过来却支配着主体,人创造了“上帝”、“上帝”却在宗教中支配着人,人发明了货币、货币却成了主宰人们行为的主人一样,人类通过科技发明创造了许多自然界原本不存在的事物,这些人造物有的也造成了对人类自身的危害和威胁。例如,在机器工业时代,生产的质量、速度和精确度都由机器来决定,而工人则必须使自己的动作适合机器的运转,在这种情况下,工人成了机器的“奴隶”,成了自己劳动的异化物。信息技术的发展使得计算机渗透到我们工作和生活的各个方面和几乎所有过程,一旦计算机出现问题,我们的工作和生活过程就将中断和受到影响。人在科学技术的进展中有时逐渐忘记了自己是谁,在迷恋技术创造物的时候,把自己也“物化”了,就像海德格尔所说,在现代技术中,不是人控制技术,而是技术控制了人。

专栏 13-5

居里夫人对镭的担忧②

1905 年 6 月 6 日,居里夫人在诺贝尔奖颁奖大会上曾经语重心长地说:“可以想象到,如果镭落在恶人的手中,它就会变成非常危险的东西。这里会产生这样一个问题:知晓了大自然的奥秘是否有益于人类,从新发现中得到的是裨益呢,还是它将有害于人类?诺贝尔的发明就是一个典型的事例。烈性炸药可以使人们创造奇迹,然而它在那些把人民推向战争的罪魁们的手里就变成了可怕的破坏手段。”

对科学技术的不当利用还对人的生理健康产生了诸多负面影响,不管是城市还是乡村的居住人群,都无一例外地受到各种污染的影响:转基因技术的不当应用对人类本身产生了直接的负面影响;克隆技术的不成熟及其本身可能存在的固有缺陷,对包括人类在内的所有

① 马克思.在《人民报》创刊纪念会上的演说.载:马克思恩格斯选集(第 1 卷).北京:人民出版社,1995:775.

② 资料来源:诺贝尔奖获得者演讲集:物理学(第一卷).北京:科学出版社,1985:70.

动物的健康生存和成长构成了严重的威胁；人工合成化学物质已经对人类健康产生了严重的危害，各种添加剂的使用造成人们始终处于缺乏食品安全的怀疑情绪中；人工授精、基因剪切等新技术的成功，更使人们面临像器物一样被组装和制造的命运；医学上人工干预人类繁殖过程（如体外受精、借宫生育）和生命过程（如器官移植、安乐死）所造成的伦理道德冲突、财产分割继承、社会关系归属等社会问题，使人类面临着相当困难的选择。

科学技术给社会带来负面影响是一个复杂的社会问题，特别是科学技术的发展"悖论"越来越关系到发展中国家的社会稳定问题，需要科学家、技术专家、社会学家、经济学和政治学家的共同关注和行动。

二、对科学技术负面影响的反思

目前，人们逐渐达成了一个共识，即科学技术所带来的负面影响并非科学知识的产物，而是科学技术组织和应用活动中人类的盲目性所致。有学者指出：科学"有对错之分，没有好坏之别。人们通常所说的'负面影响'是应用造成的，而不是科学造成的。至少到目前为止是这样的。"[①]因此，当科学的客观内容与人的价值观念有信念冲突的时候，应该修正的是人们的价值观念而不是科学知识[②]。

解决科学技术的负面影响不仅仅是简单地追究科学家和技术专家的道德责任，而要同时考量科学技术组织者和研究者以致全体公众的道德责任。一般的，科学家和技术专家在科学技术的决策和组织中主要起建议作用，他们很少同时是科学技术的决策者和组织者，因此在政治上的地位并不比一般公众特殊多少。对于科学家和技术专家而言，对科学技术成果的滥用有提出正义主张的资格和权力，这是他们对社会所负道德责任的最重要表现形式。爱因斯坦曾经在建议美国政府研制原子弹方面得到了政府的认可，但是他却没能阻止战后美国政府继续从事核武器研制工作。奥本海默被誉为"原子弹之父"，在个人声誉和社会地位上有举足轻重的影响，但是当他反对和拒绝继续从事原子弹研究时，则被政府解除了职务，并受到极端分子的攻击。他在自述中曾经总结了原子武器作为摧毁工厂和杀戮平民的工具、在战争中用于战术方面、仅仅构成威慑因素的三种使用形式，但他最后说："我痛苦地知晓，这三种用法中究竟哪一种事实上会发生，并不完全取决于我们。我也同样知道，这并不仅仅、也不首先是原子弹的问题。但它部分是一个国家的问题，部分是一个公众的问题，部分是一个有关原子弹的问题。"[③]

在今天，由于科学技术和社会的密切联系，决定科学技术发展和运用的主体几乎涉及整个社会和全体社会成员。在这个意义上，最终获得进步的就不只是科学技术本身，它实际上意味着整个人类的进步。因此，要实现这种进步，必须依靠整个社会及其全体成员的共同努力。恩格斯曾经指出："只有一个在其中有计划地从事生产和分配的自觉的社会生产组织，才能在社会方面把人从其余的动物中提升出来，正像生产一般曾经在物种方面把人从其余的动物中提升出来一样。"[④]他的这一观点无疑具有深刻的洞察力和启发性。

---

① 金吾仑.科学研究与科技伦理.哲学动态，2000(10)：4.

② 张华夏.科学本身不是价值中立的吗？自然辩证法研究，1995(7)：12.

③ [美]罗伯特·奥本海默.真知灼见——罗伯特·奥本海默自述.上海：东方出版社，1998：179.

④ 恩格斯.自然辩证法.载：马克思恩格斯选集（第4卷），北京：人民出版社，1995：275.

本章框架

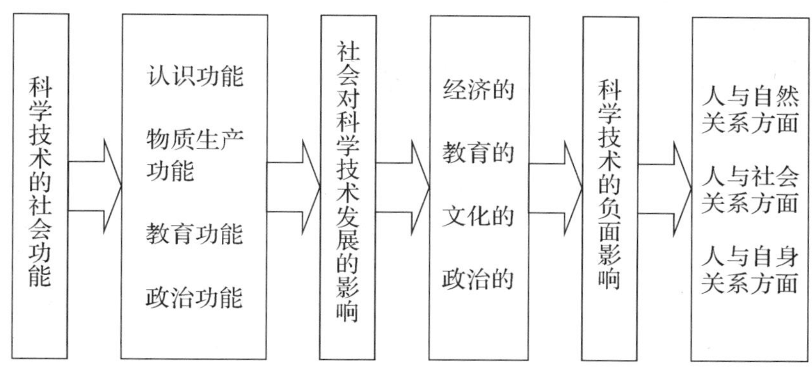

进一步阅读文献

1.[英]贝尔纳.科学的社会功能(第1、16章).北京:商务印书馆,1986.

2.[美]V.布什.范岱年等译.科学——没有止境的前沿(第一、四、六部分),北京:商务印书馆,2005.

3.[美]默顿.十七世纪英格兰的科学、技术与社会(第1、7、8、11章).北京:商务印书馆,2000.

复习思考题

1.如何全面理解科学技术在社会发展中的重要作用?

2.为什么说科学技术是一把"双刃剑"?

3.什么是"李约瑟难题"?你如何分析?

4.试分析科学技术负面影响的产生原因和消解途径。

第十四章　科学技术与伦理道德

重点提示

- 科技工作职业道德的两大基本原则是追求真理、造福人类。
- 科技工作者应加强社会责任感，遵守职业道德，注重科技行为的道德选择与评价，积极而又慎重地从事科学研究，发展科学技术。
- 核伦理、太空伦理、网络伦理、基因伦理是现代科技伦理的重要研究领域，需要予以特别关注。

现代科技带来了人类社会的巨大进步，同时也使得科技与伦理的关系问题日益突出，越来越引起全社会的关注和思考。作为科技活动主体的科技工作者，应加强社会责任感，遵守职业道德，注重科技学术行为的道德选择与评价，遵守现代科技伦理规范，积极而又慎重地从事科学研究，发展科学技术。

第一节　科技工作的职业道德

一、科技工作职业道德的原则

在科技工作中，必须建立职业道德的基本原则。我国学者普遍认为，科技工作职业道德有两大基本原则，即追求真理和造福人类。

首先要追求真理。从事科学研究的人应该是追求真理、为真理而贡献自己毕生心血的人。爱因斯坦曾说：对真理和知识的追求并为之奋斗，是人的最高品质之一。真理和谬误是认识过程中的一对矛盾。真理是主观对客观的正确反映，谬误是主观对客观的歪曲反映。在认识过程中，就确定的对象和范围而言，真理和谬误的对立是绝对的，两者的界限是确定的。但是，在这一领域之外，真理和谬误的对立是相对的，两者在一定条件下可以互相转化。真理和谬误都是具体的而不是抽象的，两者互相转化的情形和条件复杂多样，需要进行具体的分析。辩证唯物主义反对混淆真理和谬误界限的相对主义观点，也反对把真理和谬误的界限凝固化的形而上学观点。

从事科技研究工作的任务在于追求真理，这是一个需要反复实践和不断探索的艰难过程。因而追求真理，一是要有热爱科学真理的感情。科学是崇高的事业，要求人们去献身，真理是圣洁的化身，值得人们去追求。这种追求真理的感情和愿望是人类一切努力和创造的动力。列宁也强调过，没有人的感情就从来没有也不可能有人对真理的追求。二是要求主观认识符合客观世界及其规律。追求真理的过程是主观见之于客观的过程，只有主观认识符合客观世界及其规律，才能反映客观的真实情况。对于科技工作者来说，就是要实事求是，来不得半点虚伪和骄傲，应当谦虚谨慎、老老实实。科学本身是同迷信、虚假、偏见不相容的，只有科学的态度和实事求是的品格才能获得客观真理。三是要有无所畏惧、百折不挠的勇气。追求真理需要有坚持真理、修正错误的胆识和智慧。爱因斯坦自己痛苦的切身体会是，科学研究是一种十分艰难严肃的事业，探索的道路是不平坦的。也正如马克思所说的，科学上没有平坦的大道可走，只有那些不畏劳苦沿着陡峭的山路攀登的人才有希望达到光辉的顶点。

专栏 14-1

科学家追求真理的案例

英国化学家纽兰兹提出了“八音律”，已接近发现元素周期律，却经不起权威人物的讽刺挖苦，缺乏勇气而放弃了真理。可是年轻的门捷列夫以不可压抑的勇气顶住了权威们的嘲弄，坚持科学的探索，终于发现了元素周期律。英国人类学家古道尔，为了弄清楚猩猩的行为，冒着随时可能遭受猛兽侵袭的危险，独自在人迹罕至的原始森林里过了整整 10 年，终于如愿以偿。俄国科学家里曼为研究雷电现象，在把闪电引入室内时被雷电击毙。滑翔机的发明者里利塔尔在狂风中机毁人亡。居里夫人长期研究放射性物质而使自身血液受到严重损害，以身殉职……正是无数科学家这种追求真理、献身科学的精神，才推动了科学事业不断向前发展。

其次是造福人类。追求真理的目的在于实现真理的价值。追求真理的最高价值目标就是服务于全人类、为人类造福。科学技术是适应人类改造世界以满足自身生存和发展需要而产生和发展的，是为人类争取良好的生存条件即谋取幸福服务的。在和平与发展成为世界主题、经济全球化的历史条件下，科学技术要服务于世界和平、发展与进步事业，而不能危害人类自身。为人类服务、为人民造福作为科技伦理的根本原则，主要是指科技人员在科研活动中涉及个人与人民群众的关系时，要以最广大人民群众的利益为出发点和归宿，并把能否为人类造福作为评价自己科技实践善恶、正邪的最高道德标准。在科学技术史上，不同专业、不同国别的科学家可以选择各种各样的科技实践行为，但指导行为的为民造福、为人类服务的道德最高要求都是相同的。以自己的科技成果服务于全人类，服务于世界和平、发展与进步的崇高事业，是科技伦理的根本要求。

造福人类，要求科技工作必须遵守人类社会的基本法则，服从最大多数人民的最大利益。比如，一个科技人员在科学技术成果面前作出何种选择，唯一的标准就是看它能不能服务全人类，造福全人类。科技以服务全人类为最高宗旨，体现了科技应融入人文精神，以人为本。所谓人文精神，是指蕴含在人文科学中的共同的东西——对人类生存的意义和价值的关怀，是一种以人为对象、以人为主体的思想。人文精神虽不能直接改变世界，但却可以为可能改变世界的人提供内驱力。科技一旦与人文分离，将会造就出只懂科学而灵魂苍白的“空心人”，他们自以为掌握了科技，其实是被科技所掌握，感情干瘪，思想空洞，不知道为什么活着。因此人类必须把人文精神融入21世纪的科技之中，对于背离人性，有损人类尊严的一切科技活动应严格禁止，防止科技变为异化人类的工具。

二、科技工作职业道德的规范

科技伦理规范是科技伦理原则在某一侧面和特定范围的道德关系中的表现、展开、具体化和补充，是科技人员在从事科技活动中应当遵循的行为规范。科技伦理规范是动态发展的，在每个时代，针对不同的问题有着不同标准的各种规范。历史上从不同角度提出的各种科技伦理规范层出不穷。比如，在默顿看来，有四种作为惯例的规则：普遍性、公有性、无偏见性、有条理的怀疑主义。这些规范被认为组成了现代科学的精神气质，也是规范科技行为的道德命令。

专栏 14-2

乌普斯拉科学研究规范[①]

1984年瑞典的乌普斯拉提出了他的科学研究规范，包括：①应该保证所进行的科学研究及应用和后果并不引起严重的生态破坏。②应该保证所进行的科学研究的后果不会对我们这一代及我们的后代的安全带来更多的危险，因此，科学成就不应该应用于或有利于战争和暴力。③科学家对认真地估价其研究将产生的后果并将其公开负有特殊的责任。④当科学家断定他们正在进行或参加的研究与这一伦理规范相冲突时，应该中断所进行的研究并公开声明做出这一判断的理由。做出判断时就应考虑不利结果的可能件和严重性。

在现代社会里，科技工作者应该遵守的职业道德规范主要有：热爱真理，献身科学；求实创新，勇于开拓；团结协作，公平竞争；学术民主，自由探索；尊重前辈，奖掖后学；热爱自然，珍惜资源；治学严谨，学术规范等。

作为科技工作者，热爱真理、献身科学是他们应有的良心、责任、义务、荣誉、节操和幸福之所在，是他们自我约束的力量源泉和自我评价的标准。科学的求实精神是使理论的真理性得以保证的基本条件，也是使科学真正具有力量的保证。科学家要认识客观规律，必须在观察、思考、概括问题时做到求实。它要求科技人员在从事科技活动中，必须从实际出发，面对客观事实，能冲破传统观念的束缚，不唯书，不唯上，只唯实，坚持实事求是的严谨态度。

科技活动是分工协作的活动，科技事业是集体合作的事业。随着科学技术的进步，科学

---

① 资料来源：刘大椿．在真与善之间．北京：中国社会科学出版社，2000：243—244．

研究的规模日益扩大，由“小科学”向“大科学”转化，科技研究已经从“个人兴趣”的研究活动变成了团队化的多学科、多领域的合作攻关。在现代科技史上，从曼哈顿工程到阿波罗登月计划和人类基因组工程，从欧洲核子中心、到航天飞机和宇宙飞船，这些重大项目无一不是千万名科技人员集体智慧和共同协作的结晶，集聚每个人的聪明才智，加上共同的奋斗目标，才有如此的结果。当代科技活动中科技人员互相配合、协作攻关更为必要，合作的重要性、优势性更为突出，试图单枪匹马独闯科技战场而有所发现、发明的成功概率已经越来越小。科技工作者愿不愿意与人合作，善不善于与人合作，不仅仅是个人的工作方式与处世能力的问题，而是直接关系到科技活动的得失成败，关系到能不能为国家民族的科技事业作出贡献。

严谨治学是科学技术研究本身的要求，科学研究、发明创造，离不开多思善想、综合分析、整理归纳、理论思维、精心观察、科学预见等，而这些又都不能离开严谨治学思想。科学研究工作是一种严肃、严密的工作，要获得成功，必须在科研活动的各个环节上严肃认真、一丝不苟。所谓学术规范，是指由知识共同体所共同认可和接受的规则。学者杨守建在《中国学术腐败批判》一书中，把学术规范分为“原则性规范”和“技术性规范”两个层次。[①] 原则性规范是各学科都得遵守而且能够遵守的普适性的学术规范。如对前人研究成果的充分尊重，使用材料的客观性，分析推理的逻辑性，所得成果要有所创新、要有知识增量等。技术性规范是根据不同学科特点在技术层面上制定的一系列可操作的学术规范。学术道德规范是学术研究活动中必须遵守的行为准则。它既包含学术内在伦理要求，也包含基本学术规范要求，是保证学术正常交流、提高学术水平、实现学术积累和创新的根本保障。

学术道德失范是指学术人用不符合学术道德规范的手段来实现自己的文化目标（职称、金钱等）。作为科技工作者，在整个科学研究过程中包括将其研究成果向社会公开或正式发表时，都必须始终恪守学术道德规范。然而，受种种主客观因素的影响，学术的不端行为屡禁不止，时有发生，我国学术界也不能掉以轻心。

图 14-1　抄袭舞弊[②]

学术不端问题的根源在于道德规范失衡。我国正处于社会大转型时期，在道德教育、市场规范、法制建设、评估体系等方面尚有不足，科技界难以保住一片净土，科研人员难以独善其身。科学研究在一开始，并不是一种职业，而是受强烈兴趣驱动的，因此鲜有造假、剽窃等学术不端行为。在科学研究逐渐职业化以后，学术成就与工作、晋级、个人荣誉等密切相关，这就导致种种学术不端行为的出现。学术竞争制度的不够合理也是导致学术不端行为的重要原因之一。例如，把科学问题定量化，用统一的量化指标当成主要标准来衡量学术成果。当然，最根本的是，科技工作者自身的道德水准和科学精神水平出了问题，缺乏坚定的信念信仰，没有树立正确的荣辱观和名利观。

解决学术不端行为问题是一个长期的艰巨过程，需要构建教育、制度、监督、法制相结合

① 杨守建. 中国学术腐败批判. 天津：天津人民出版社，2001：208.

② 资料来源：http://www.baidu.com.

的科技诚信工作体系，需要“他律”与“自律”相结合。“他律”最重要一环就是完善法律、法规和制度。要加快科技立法，让学术不端行为承担法律责任，严肃处理违规行为。“自律”是“他律”的基础。科学家的道德完美要求，必须出于科学家本人的渴望，而不仅仅是外部法律的威慑。无论我们出台什么法律，都不可能尽善尽美，只有科学道德成为整个科学共同体的愿望，学术规范才能持久得到遵守。

专栏 14-3

学术不端行为的七种表现[①]

一、故意做出错误的陈述，捏造数据或结果，破坏原始数据的完整性，篡改实验记录和图片，在项目申请、成果申报、求职和提职申请中做虚假的陈述，提供虚假获奖证书、论文发表证明、文献引用证明等。

二、侵犯或损害他人著作权，故意省略参考他人出版物，抄袭他人作品，篡改他人作品的内容；未经授权，利用被自己审阅的手稿或资助申请中的信息，将他人未公开的作品或研究计划发表或透露给他人或为己所用；把成就归功于对研究没有贡献的人，将对研究工作作出实质性贡献的人排除在作者名单之外，僭越或无理要求著者或合著者身份。

三、成果发表时一稿多投。

四、采用不正当手段干扰和妨碍他人研究活动，包括故意毁坏或扣压他人研究活动中必需的仪器设备、文献资料，以及其他与科研有关的财物；故意拖延对他人项目或成果的审查、评价时间，或提出无法证明的论断；对竞争项目或结果的审查设置障碍。

五、参与或与他人合谋隐匿学术劣迹，包括参与他人的学术造假，与他人合谋隐藏其不端行为，监察失职，以及对投诉人打击报复。

六、参加与自己专业无关的评审及审稿工作；在各类项目评审、机构评估、出版物或研究报告审阅、奖项评定时，出于直接、间接或潜在的利益冲突而作出违背客观、准确、公正的评价；绕过评审组织机构与评议对象直接接触，收取评审对象的馈赠。

七、以学术团体、专家的名义参与商业广告宣传。

三、科技行为的道德选择与评价

科技行为是指科技工作者受思想支配而自觉地、有目的地探索、研究自然现象的本质与发展规律并综合运用物质手段、精神手段和信息手段，为社会生产和人类物质文化需要服务的活动。

---

① 摘自中国科协 2007 年 3 月发布的《科技工作者科学道德规范》。

所谓科技行为的道德选择，是指处在一定环境中的科技工作者，在科技行为出现多种可能性时，根据自己的科技道德信念作出决断，选取其中某一行为作为未来的行动方向。它要求科技工作者在多种选择的可能性面前，选择那种具有道德必然性的科技道德原则与规范，使其行为有益于社会、有益于人民。传统意义上的科技工作者常常被认为是保持价值中立的，但进入 20 世纪以后，两次世界大战的爆发以及冷战格局的形成，击碎了科学乐观主义者的幻想，连带“科学价值中立”的信条也一同随之破灭。事实上，在现代科技活动的实践领域，没有一个科技工作者是能够保持中立的。现代科技不再只是科技工作者们自己的事情。换言之，科学技术在这个时代里，不再仅仅是求知的问题，它还直接维系着国家的安危与民族的利益。当科学价值中立不能成立时，就不可避免地遭遇到各类伦理问题。

科技负效应的产生与科技人员从事科技行为时的道德选择有直接或间接的关系。科技工作者不能超脱于所作的研究之外，必须作出道德选择。科技工作者在正确认识科技领域和道德领域必然性的基础上，应该具有辨别和选择科技行为和科技道德行为的能力。科技道德责任引导科技工作者进行科技行为的道德选择。在科技活动中，当科技工作者与他人、集体、社会发生利害关系时，在动机、目的、手段等方面，科技工作者是有主观选择道德自由的。正因为科技工作者有选择科技行为和科技道德行为的自由，所以对自己的选择就负有相应的科技道德责任。

当然，现代科技行为的道德选择有时候也难免会遭遇两难选择。一般而言，道德选择是对善与恶作出一种选择，如果价值标准明确以及具有向善的意愿和识别恶的能力，一般不会处于进退维谷的境地。但是现代科技活动在实现终极目标的过程中，会遇到在彼此冲突的善与善之间作出非此即彼的选择，这些善与善之间的冲突如果是由基本需要与非基本需要之间的冲突造成的，就是大善与小善的冲突，如果是由基本需要之间的冲突造成的，则是主要的善的价值的冲突。这种情况我们称之为科技道德的两难选择。科技道德的两难选择有着不同于一般道德选择的内涵、特征及作用。人们处于两种冲突的利益关系之中而又必须对其行为进行决断和选择，这在现代科技活动中表现得更为突出。

例如，1997 年 2 月 23 日英国科学家宣布成功克隆出绵羊“多利”，立即引发了罕见而广泛的社会轰动和关注，原因在于：既然科学试验已经证明，在一定条件下科学可以在高等动物上恢复体细胞的全能性，那么也就开辟了利用人体细胞克隆出一个人类肌体的可能性。可见，科学技术从来没有像现在这样如此深刻地决定着人类的命运。正如爱因斯坦所说，科学技术“一方面，它们所产生的发明把人类从精疲力竭的体力劳动中解放出来，使生活更加舒适而富裕；另一方面，给人的生活带来严重的不安，使人成为技术环境的奴隶。而最大的灾难是为自己创造了大规模毁灭手段。……科学就其意义讲从来没有像现在这样具有道德性质。”[①]对于人类而言，重要的问题不是需不需要发展科技，而是发展怎样的科技。

所谓科技行为的道德评价，是对科技工作者的职业行为所作的善恶褒贬的道德评判，它是人们社会道德活动的一个重要组成部分。道德评价会形成一种无形的精神力量，范围之广，无处不在，无时不有，是科技工作者道德行为选择和价值取向的重要杠杆，在科技工作者的职业生活中起着裁决、教育和调节的重要作用。在科技活动中，只有进行科学的、合理的、

① 爱因斯坦文集(第 3 卷).北京:商务印书馆,1979:259.

认真的道德评价，才能坚持和宣扬好的科技道德行为，纠正不良的科技道德行为，为科技事业的快速发展提供良好的道德环境。道德评价虽然不像法律那样具有强制作用，但是有时在法律无法达到的地方却能发挥巨大威力。只有褒贬得当，奖惩合理，正强化和负强化同时起作用，才会有力地激起科技人员的道德责任心和荣誉感，增强道德修养，从而促进他们道德水平的提高。由此可见，道德评价能够激励人的上进心，调动人的积极性，鼓舞人的创造精神。

要对科技工作者的道德行为作出科学的评价，需要有正确的评价标准和科学的评价依据。在传统伦理学中，关于道德评价问题，曾经存在动机论与效果论两种相对立的观点。动机论者认为，人的行为善恶取决于动机是否善良，而与行为效果无关，因此，在评价行为的善恶时，只需要看动机而不必看效果。康德就是动机论的著名代表。他认为一种行为是否合乎道德，完全在于动机是否出于"善良意志"。总之，动机论者把善行与功利绝对地对立起来，否认行为的功利价值及其社会效果。与此相反，效果论者则认为，人的行为善恶取决于效果，因此，在评价行为的善恶时，无需考察动机。在西方伦理学思想史上，效果论以英国的边沁和穆勒的"功利主义"著称。

显然，把动机和效果绝对化的评价方法在科技道德评价体系中都有失客观性，无法全面地判断科技道德行为的善恶，因为在具体的科技活动中存在着动机与效果不一致的现象。实际上，动机对科技工作者行为的主观愿望和意向起着支配作用，效果则表达着科技道德行为给人类社会带来的后果，这两者是同科技道德评价直接相关的重要因素，应该把这两者结合起来。科技道德的评价对象是科技行为特别是科技应用行为的实际后果，为了保证对实际后果评价的客观性，必须以人类整体利益原则作为科技道德评价的最高原则，即对科技的应用不能损害人类的整体利益。只要是合乎这一原则的应用领域即是应当允许的，反之则施以必要的限制、暂停乃至禁止。禁止针对的是应用，限制和暂停则既可针对研究开发，又可针对实际应用。总之，对于现代科技行为的善恶价值的判定，主要是通过道德评价的裁决作用来实现的。

专栏 14-4

医疗实践中动机和效果的统一①

一个富有正义感和道德责任感的医疗工作者，在医疗实践工作中要能够自觉意识到动机与效果统一的重要性和必要性。医务人员的行为、动机与效果的统一的基础是医疗实践。对主观动机的检验，不仅要注意效果，而且要坚持在医疗实践中加以考察。"一个医生在工作中发生了医疗事故，效果当然是不好的，但是，我们不但要看到事情的后果，而且要看到事情的全过程。如果从医疗过程来检查，医生在各方面都采取了负责的态度，只是因为技术和某些意外的情况而导致了事故，而在事故发生后，又能总结经验，认真改正，这种情况下就不应该说他的行为是不道德的。"

① 摘自罗国杰．马克思主义伦理学，北京：人民出版社，1982：503—504．

第二节　现代科技伦理的若干重要领域

现代科学技术的领域非常广泛，都会不同程度地涉及伦理问题。核伦理、太空伦理、网络伦理、基因伦理和生态伦理是当前人们较为关注的五个科技伦理领域。生态伦理在第四章中已经涉及，这里重点对前四个领域的伦理进行简要讨论。

一、核伦理

核技术是人类探索、开发和利用核能和核辐射等的高新技术，是现代科学技术的重要组成部分。第二次世界大战期间，核能首先被用于战争。战后，美苏两国制造了大量的原子弹和氢弹，威胁到人类的生存和安全。其后，核能逐渐被和平利用，人类也建造了许多核电站，对核能进行有益于人类、有益于生命和自然界的开发利用。核伦理是以核燃料生产、核能核术的开发利用，特别是核武器的研制使用与可能爆发的核战争所带来的伦理道德问题为研究对象的一门新兴应用伦理学科。

早期核伦理学主要研究核武器战略相关伦理问题，为保障核安全发展、避免核灾难、维护世界和平做出了应有的贡献。它探讨的主要问题有：研究与使用核武器与伦理道德的关系问题；人类在核时代有何共同的道德准则；如何将一般道德原则运用于核时代的国家关系；制定核时代的基本道德准则，等等。核伦理问题的研究，是人们试图改变思维方式，寻找人类摆脱核毁灭的理论探索。现代核伦理学超出了传统核伦理学仅仅研究核武器相关伦理问题的视阈，而是紧紧围绕核安全在五个方面展开了论争和研究：一是对核实践这一充满价值难题的现象进行伦理辨析和论争；二是渗透到基于核安全的人因工程各个领域的伦理应用研究；三是核安全责任研究；四是核实践对物种和基因以及生态环境安全影响的伦理研究；五是核实践的公平性问题研究。

随着人类核理性的增强，作为武器开发的核实践活动相对缓和，而作为和平民用的核实践活动却蓬勃发展，为人类打开了巨大的宝库，掘出了幸福之源，同时与之相伴的核安全问题也接踵而来。核实践活动一般要涉及放射性物质，一旦出现核安全事故或不当应用，必将对人类社会、生态环境、物种等产生巨大灾难。“力量越大责任越大”。在核实践的巨大利益和巨大风险之间的隔离墙是核安全，而安全背后是责任，对核安全责任的研究促使核伦理学转型。核技术的和平研究、开发和应用，应该遵循这样的伦理原则：一是人道主义原则，二是生态原则，可持续发展原则。根据这些原则，高度重视核能技术未来的发展，才能加快建造安全高效的核电站，为人类服务。

日本地震及福岛核泄漏事件，为我国乃至世界核电站建设敲响了警钟，使得核电站建设规划更加关注第四代核电技术的研发和应用。四代核电技术是待开发的核电技术，其主要特征是防止核扩散，具有更好的经济性，安全性高和废物产生量少。四代核电技术采用的是高温保护，而不是像二代、三代那样发生泄漏需要冷却，此外，四代核电可以在几千度的高温下运行，也提高了它的热电转换效率。在安全性方面，四代明显优于三代和二代。因为它采用的是氦气这种冷却剂，在高温条件下，是利用自然对流方式来控制核反应堆。即使在1600摄氏度的高温下加热几百小时，堆芯包覆颗粒燃料仍可保持完整性。从设计角度来说，四代核电不会产生溶堆。但是在实际操作中，各种不可预知的风险都是存在的。

课堂讨论

核泄漏事故中政府与科学家的责任

案例：日本福岛核电站事故引起全球关注，除地震、海啸等客观因素外，日本以及国际上的部分专家和媒体认为，灾前和灾后忽视安全隐患和疏于管理是造成此次事故并导致事故扩大的重要原因。福岛核电站事故为世界所有核设施敲响了警钟，切不能因疏忽隐患而再次引发核危机。

讨论：中国是名副其实的全球在建核电规模最大的国家。你认为福岛核电站泄漏的惨痛教训能给我们哪些理性启示？政府、专家和公众能否过分关注核电站的经济效益？核泄漏事故中政府与科学家各自应当承担什么责任？

从核实践所引发的伦理问题和核伦理研究的轨迹及趋向看，核伦理问题统而归之主要集中在三个核心问题上：一为正当性，它是核实践价值实现的前提；二为安全性，它是核实践价值实现的支点，没有安全保障的核实践只能是灾难，毫无价值可言；三为公平性。是关于核权利和核利益的分配及风险的分摊问题，是国际核博弈的焦点，也是核实践中不同利益主体之间的利益博弈的焦点。核实践的正当性是目的（动机）的善，安全性是过程或手段的善，公平性则是结果（利益分享和风险分摊）的善。这三个问题囊括了核实践的所有伦理问题，其他问题皆由此三者衍生，因而是现在和未来核伦理学研究的方向。

二、太空伦理

航天技术的发展和应用，使人类的活动超越了祖祖辈辈赖以生存的地球，进入广阔无垠的宇宙空间，也为人类开发、利用地球资源和外层空间资源提供了强有力的工具。人类在太空探索活动中，应遵守的太空伦理规范主要有：不轻易干扰、改变外星环境；悉心维护外星与空间的秩序；关爱、保护外星生命；在推进大系统进化、与环境和谐相处、协同发展、不损害并有利于地球人类、生命、环境的前提下开发利用太空等。

太空伦理要求各国公正公平地分配太空资源和宇航利益，坚决反对任何国家任何形式的太空殖民控制。各国有权探索和利用外层空间，但不得据为己有。随着航天技术的发展，这个问题将日益凸显出来：人类应用航天技术开拓新领域，开辟新疆界，是否同殖民时代一样，可以奉行“我首先走到哪里，哪里便是我的领土”的逻辑？显然，这种殖民逻辑是违背人类伦理道德的。

开发太空的国家要有太空环保意识，坚决反对在太空抛弃垃圾的不道德行为。目前太空间碎片的数量在以很高的速度增长，太空环境在日益恶化，令人担忧。有人甚至认为如果不加防治，再过百年，空间碎片会在地球外层空间形成一个碎屑层，将使太空变得无法使用，太空探索可能因此而止步。地面上的环境污染尚能找到一些办法进行治理，而对于空间碎片，目前人们“只有招架之功，而无还手之力”。现在的常用措施是减缓碎片的产生、跟踪监测较大碎片，让航天器提前规避，提高航天器防护能力。但是除了“防”和“躲”，人类尚没有能力主动消除空间碎片。这是以后人类进行空间探索的一个严重的也是必须克服的障碍。因此，随意抛弃太空垃圾同在地球上随意抛弃废物一样是个道德问题，我们要反对在太空抛弃垃圾的不道德行为。

空间技术主要应当是用于人类的和平与安全，特别是解决当今人类的可持续发展问题，要坚决反对在这个领域的军备竞赛和霸权主义。人类对宇宙太空的探索和向往似乎与生俱来，对茫茫太空的不断探索是全人类共同的梦想和追求。空间探索的一个重要目的是探求宇宙奥秘、扩展人类的经验和知识。苏联解体和冷战结束以来，世界航天活动的总体格局发生了巨大变化，各国的空间技术，尤其是载人航天活动的目标由追求政治、军事威望逐步转向追求经济性和实用性。因为太空伦理的全球性特征，国际协调机制在解决相关伦理问题时的作用也愈显突出。太空伦理涉及更多的是国际社会以及全人类所共同面对的问题，具有全球性的特征。在一个国家发展航天技术和开展太空探索活动的过程中，面对全人类共同的遗产，稍有不慎，将会直接影响将来的探索活动，损害下一代人的利益。同时，由于其全球性特征，加上太空虽然无穷，但资源也是有限的(比如近地轨道)，在此过程中也将必然会影响他国和他人的利益。因此，如何不伤害他国和他人的利益也已经成为太空伦理的一个基本问题。

三、网络伦理

互联网的发展与广泛应用，为人们及时获取信息、加强与外界的交流，提供了便利的条件。然而，在为社会带来进步的同时，互联网也给人们的思想道德观念、行为方式带来了巨大冲击。

专栏 14-5

网络问题的七个 P

国外有人把网络问题概括成七个 P，第一个 P 是 privacy(隐私)，第二个是 piracy(盗版)，第三个是 pornography(色情)，第四个是 pricing(价格)，第五个是 policing(政策制定)，第六个是 psychology(心理学)，第七个是 protection of the network(网络保护)。

美国南加利福尼亚大学在网络伦理声明中把不道德行为归为六类[①]：①有意地造成网络混乱，擅自闯入网络及其相连的系统。②商业性地或欺骗性地利用大学计算机资源。③偷窃资料、设备或智力成果。④未经许可而接近他人文件。⑤在公共用户场合做出引起混乱或造成破坏的行为。⑥伪造电子函件信息。网络伦理应该成为一种能使权利得到公正分配的制度伦理。这种伦理观念充分尊重个体的自由与权利，同时倡导兼顾他人，确保他人的权

① 严耕等. 网络伦理. 北京：北京出版社，1998：225—226.

利得以实现。

网络伦理的基本原则规范可以概括为：

无害。它是指人们应当尽可能地避免给他人造成不必要的伤害。因为网络不道德行为的最直接后果就是这些行为给其他的网络主体造成了伤害，而且由于网络连接的广泛性和快捷性，这些行为的不利影响会非常迅速地使很多主体受到影响。同时，无害原则之所以应该成为网络伦理的基本原则，是因为很多被指责实施了不道德行为的网络主体以自己行动动机"是无恶意的"进行自我辩护。根据功利主义的理论，人的权利是现实的，人在选择任何一种行为之前，必定会尽可能充分地评估这种行为将带来的利益是否最大化，而由于人的权利是在与他人的关系网络中实现的，在道德生活中不存在无义务负担的权利和自由，任何人的权利都必须是有偿的。既然任何人都不可能孤独地实现自己的权利要求，那么也就意味着个人权利的实现只能在权利主体之间的相互关系中求得实现。

公正。公正是每一个社会组织的内在要求，网络主体都期望平等地被对待、平等地享有权利和义务，网络应该对每一个用户都一视同仁。而且，网络的无中心性、无权威性、人际关系的非直接性，似乎也使得无偏见的公正的实现成为更易达到的现实。但是理想不等于现实，面对网络权利结构下主体权利实现的不平等，必须依靠公正原则对之加以规范。公正原则是在承认网络权利结构不平等的现实情况下，使非权利精英阶层获得应有的利益，而不仅仅作为网络经济的营销目标。网络权利精英层不应该将他们对于公正原则的遵守视为慷慨的施舍行为，公正待人是每个人的社会责任，受到公正的对待是每个具有独立人格的人的权利。

自主。它的内涵首先是网络主体在不对他人造成不良影响的前提下有权利选择自己的行为方式和活动原则，其次是要求主体对其他主体的权利和自由给予同样的尊重。因特网的出现给道德主体自主权的实现提供了前所未有的空间。没有了监视的目光，没有了舆论的约束，人能脱出社会负担，建立自主性道德意识，以自主自愿的态度去面对社会。对网络生活自主原则的最大威胁来自于本质上专注于效益的网络社会权利结构，在这个结构里，人的一切需要、欲望、计划和思维过程都逐渐适应于网络技术发展的模式。尽管自主权是神圣的，但在现实中难免与权利结构达成折中，即通过契约转让其自主权。以隐私权为例，自主原则所强调的并不是绝对的隐私权，而是个人对其隐私信息的使用方式或使用与否具有自我决定的权利。

知情同意。为了确保自主规范的真正实施，行使网络信息权利的主体应该使受到影响的相关群体尽可能充分地知晓过程、潜在风险和可能后果，并自主地做出抉择。按照社会契约论的观点，对于任何一个公正、平等的社会来讲，其社会体系秩序规范的形成，都是在绝大多数成员了解了自己的权利和义务、了解了自己所做的选择将要产生何种后果的前提下达成的，道德的正义是在尽可能多的社会成员的参与下形成的。所以，每一个社会成员的权利都应该受到尊重，都对将要发生的事情有知情权，这样才有可能建立起一个秩序井然、稳固的社会有机体。然而，现实中不断增长的利益猛烈地刺激着网络权利层，信息和知识极可能因此而被垄断，广大公众的知情同意权利的不利状态几乎难以逆转，解决的途径唯有靠公众的认真追究。

互联网原本被设想为一个巨大的知识库或者一个全球性通讯工具。但是随着时光推移，互联网却部分地成为某些网站追踪用户个人隐私的帮凶。实际上，一些网站的重要目的就是收集成员信息，然后根据用户的兴趣投放广告，向用户出售虚拟物品和礼物，通过这些数据赚钱。如 Facebook 网站就知道用户住在哪里，年纪多大，访问过哪些网站，在哪里工作，去哪里度假，有哪些朋友以及喜欢吃什么。用 Facebook 的说法，这是用户的“社交图谱”。但这个图谱背后，我们看到的是用户个人隐私荡然无存。这一切，如果没有网络伦理的引导和规范，后果将不堪设想。

四、基因伦理

人类在基因领域已经取得了巨大进步，并通过基因工程技术在改变自然以服务人的需要方面进展迅速。作为一种工具，它给人类带来福利与便利的同时，又可能造成某种灾难与危机。遗传基因的隐私权问题、基因歧视和社会权利问题、基因设计问题、基因武器问题等，都是科技伦理的重要内容。

例如，基因技术可能造成社会公正的失衡，带来基因歧视的风险。基因歧视可能发生在各个层面，个体、阶层、民族、种族等。所谓“好基因”携带者歧视“坏基因”，“聪明基因”歧视“愚笨基因”，“漂亮基因”歧视“难看基因”。如果“基因改造”技术盛行，基因技术与克隆技术结合起来，基因歧视将成为社会动荡的重要根源。有人提出，今后划分人群要用基因为标准，不是看你的社会地位，而是看你是好基因的携带者还是坏基因的携带者。由此社会上会不会出现所谓的好基因、坏基因群落？社会也许很不公平，到底谁承担得起基因改造的费用？已接受基因改造的人与未被改造的“劣等人”之间是否会产生种族歧视？有人甚至担心，基因歧视走到极端，会导致社会过分追求提高人的自身素质，从而导致优生学的片面发展，甚至使种族歧视借尸还魂。

专栏 14-6

基因工程的安全性

人们对转基因食品安全性担忧的主要原因在于转基因的动物和植物中由于有外源细菌或取自一些带有病毒、细菌等动植物的基因，可能引起食用者生出一些不知名的疾病。前些年在欧洲发生的震惊世界的疯牛病是因为人们用动物的骨粉和内脏做畜用饲料而引起的。如何才能确保转基因产品的质量和安全，既为基因工程技术自身的不断完善提出要求，也为从事基因工程技术的人员提出责任和道德要求。当然，人们担心由于人工使某种具有生存优势的转基因生物进入到自然生态系统，就有可能排挤自然种群，降低生态系统物种的多样性而打破生态平衡。人工将某些亲缘关系很远或根本无亲缘关系的物种整合到一起，可能会在长期的生物进化和演变的过程中，打破生命世界的基本秩序而产生“怪异”。

人类基因研究及其技术应用，必须遵循人道主义原则。国际人类基因组织（HUGO）伦理委员会曾提出坚持四项原则：一是人类基因组是人类共同的遗产的一部分；二是坚持人权的国际规范；三是尊重参与者的价值、传统、文化和完整性；四是承认和坚持人类的尊严和自

由。我们认为，这四项原则的主旨或核心就是人道主义。在21世纪的今天，人类基因研究及其技术应用，会引起各种各样的问题，而这些问题都与人有着直接的关联，要解决或避免这些问题，人道主义原则是必不可少的。为此，在人类基因研究及技术应用中，首先要按人道主义原则把人的健康、生命、意志、尊严放在第一位。其次，从事人类基因研究及技术应用的科技人员，必须坚持人道主义原则，时刻用人道主义来约束自己。人类基因研究的去向如何，取决于研究人员个人的素质，一旦研究人员不遵循人道主义原则，其后果是不可想象的，人类社会的毁灭也许就不远了。

我们重视基因的作用，但坚决反对基因决定论。基因决定论强调个体行为与遗传基因之间存在的因果关系，生命系统中一切可能发生的过程与事物都是由基因决定的，都可从基因中得到阐释。因此，人对自己的所作所为可以完全免责，“责备我的基因吧，不要责怪我”成了推卸自身责任的“科学”依据和最好借口。基因决定论这种线性因果思维模式的特征，忽视了不同基因、基因与环境、先天与后天之间的复杂联系和影响，抹杀了作为理性的人所拥有的主观能动性，直接束缚了科学思维的深入和技术的全面发展。人不仅仅是一个基因复合体，而且是具有理性和情感，有目的、价值、信念、理想并具有在人际关系中活动能力的社会存在。人的成长及其人格的形成，都是多基因和自然、社会环境长期复杂交互作用的结果，绝不单单由基因决定。基因决定论对基因的过度渲染和强调，使基因客观上成为一种社会与文化的专制表现，由此导致的道德后果是社会对遗传学产生过高的期望，并对之进行野心勃勃的规划和发展，这有可能使科学最终沦为某种政治工具。

人类基因研究及其技术应用，必须尊重个人的自主权、隐私权和平等权。现代生命伦理学非常重视自主原则，无论在基因研究，还是在基因技术的应用中，都必须坚持“知情同意”或“知情选择”。人们认为基因破译、基因普查可能是好事，但如果要牺牲自己的隐私权，便宁愿不知道自己的疾病隐患。一个人的基因信息将是他(她)最内在的隐私，必须加强保护。在人类基因组研究中，还要有效地防止基因歧视，维护人类平等权利。我们必须清醒地看到，科学再发展也不可能消灭疾病，不可能消除残疾。对于那些患有严重疾病的人或残疾人绝不能歧视。他们也是人，享有人的尊严和平等权利。

保护基因资源，反对基因垄断。对于基因的掌控权也越来越成为大众关注的焦点。人类的基因归属于全人类还是个人？是政府还是医疗机构？这些问题可能直接关系到基因技术会给人类带来怎样的结果。人类基因组是人类共同遗产的一部分。普遍的意见是对在自然状态中的人类基因组不能专利，未知功能的DNA序列没有效用。专利只能用于发明，如对基因的具体应用。与基因有关的技术可以拥有专利，可以是个人或公司的财产。随着人类基因组研究的深入开展，一场异常激烈的基因争夺战已经浮现，并且愈演愈烈。争夺的焦点主要集中于基因专利和基因资源两个方面。此外，还要反对人类基因组研究中的垄断现象。人类基因组研究已经和即将产生的巨大经济价值，不能不引起私人机构甚至个人的眼红，基因伦理必须旗帜鲜明地反对基因垄断。

对基因治疗要采取审慎态度。基因治疗是一个涉及千万人身体健康的大事，安全性是不能回避的问题。目前，无论是体细胞还是生殖细胞基因治疗，都处于初期临床试验阶段，均没有稳定的疗效和完全的安全性。基因治疗进一步发展的意义不仅仅在于治病，还有可能是“增强性的”，如延长人的寿命或增强人的某种功能。至少从目前看，由于各种弊端，“增强性的"基因治疗很难得到大多数人的赞同。这种争议取决于对一个更深层问题即医学的价值和终极目标的理解：医学的目的仅仅是对付疾病、缺陷，还是按照人们的理想制造"超人"？事实上，医学一直都在重新塑造自己，尽管医生总要处理一件事：治疗疾病，但他们所承担的任务，无论想象上、制度上、科学上、人道上都是永远处于变化之中的。

在伦理意义上，我们还应当严格区分生殖性克隆和治疗性克隆。现阶段主流生命科学界和各国政府意见一致，都反对生殖性克隆。因为克隆人涉及的伦理问题还没有经过充分讨论，克隆人的社会地位、对现在社会结构和家庭结构引起的冲击等还需要进行大量伦理学方面的研究和探索；另外，克隆技术虽然在不断发展，但还远远不够成熟。"多利羊之父"维尔穆特教授本人也反对克隆人，认为现在进行克隆人是危险和不负责任的。但对于克隆技术基础理论的研究，则不应该有任何限制。例如，治疗性克隆是通过在体外克隆人类早期胚胎，再从中提取干细胞进行体外培养并诱导分化成各种人体组织和器官，从而实现可降低免疫排斥反应的组织或器官移植。严格地说，这并不是克隆，而是核移植技术。一个体外的胚胎在有限的时间如14天里，尚属一般的生物细胞，此时还没有神经细胞和脑细胞的产生，既无知觉也无感觉，因此科学界一般认为它在此时还不是一个道德意义上的人。可见，目前鉴于治疗性克隆对于人类基因研究以及医学实践具有重要意义，我国政府持支持态度，在伦理上也是可以站住脚的。

本章框架

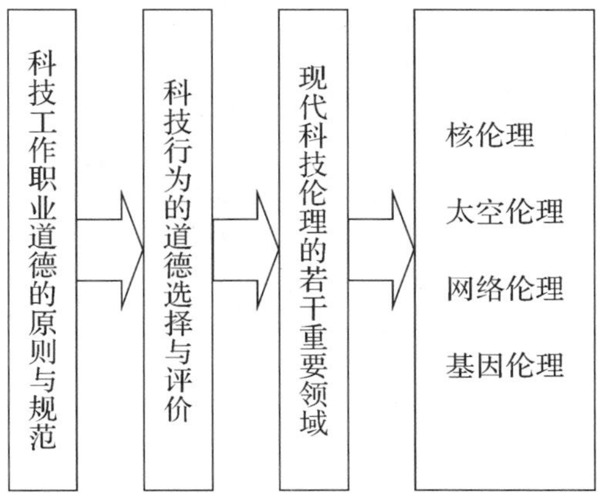

进一步阅读文献

1. 王学川编著. 现代科技伦理学(第1、4章). 北京：清华大学出版社，2009.

2. 陶明报著. 科技伦理问题研究(第6章). 北京：北京大学出版社，2005.

3. 李庆臻等著. 现代科技伦理学(第1章). 济南：山东人民出版社，2003.

复习思考题

1. 科技工作职业道德原则与规范是什么？
2. 怎样进行现代科技行为的道德选择和评价？
3. 核伦理、太空伦理、网络伦理、基因伦理等领域，各有哪些值得关注的问题？

第十五章　科学技术与创新型国家建设

重点提示

- 创新型国家是以创新为主要发展动力的国家，它是第二次世界大战后在一定历史条件下形成的国家发展模式，其形成具有一定的共性。
- 科学技术是创新型国家建设的关键，建设创新型国家也对科技发展提出了新的要求。
- 提高自主创新能力是中国建设创新型国家的战略目标，中国特色国家创新体系的构建以及深化科技体制改革将为创新型国家建设提供不竭的动力。

国家竞争力越来越体现为以自主创新为核心的科技实力上。重视科技创新，建设创新型国家，走依靠创新促进社会经济发展的道路已成为许多国家的战略选择。我国在 2006 年提出了建设创新型国家的战略任务，这是一项以全面创新为核心内涵的极其广泛而深刻的社会变革，科技进步和创新将成为国家建设最重要的力量，国家创新体系的构建将在创新型国家建设中发挥关键作用。

第一节　创新型国家的内涵及其形成

一、创新型国家的内涵与评价

1. 创新型国家的内涵及其特征

“创新型国家”的概念，至今尚无明确的定义。从某种意义上讲，创新型国家并不是一个具有严格内涵和边界的概念，而是对以创新为主要发展动力的国家的一种概括和总结。依据发展战略的不同，一般把世界上的不同国家分为三类：第一类，资源型国家，主要依赖自身丰富的自然资源谋求经济社会的发展，如中东产油国家和巴西；第二类，依附型国家，主要依附于发达国家的资本、市场和技术，如一些拉美国家；第三类，创新型国家，这些国家普遍把科技创新作为基本战略，通过大幅度提高自主创新能力，形成自身日益强大的竞争优势。

国际上把以科技创新为基本战略，大幅度提高科技创新能力，主要依靠创新驱动经济发展，并形成强大国际竞争优势的国家称为创新型国家。其主要表现为：整个社会对创新活动的投入较高，重要产业的国际技术竞争力较强，投入产出的绩效较高，科技进步和技术创新在产业发展和国家财富增长中起着重要作用。创新型国家至少具备以下四个基本特征：①创新投入高，国家的研究与发展经费 R&D 投入占 GDP 的比例一般在 2%以上；②科技进步贡献率高达 70%以上；③自主创新能力强，国家的对外技术依存度指标通常在 30%以下；④创新产出高，尤其是发明专利数量占全世界总量的比重较高。

目前世界上公认的创新型国家有美国、日本、瑞典、德国、芬兰、加拿大、瑞士、法国、韩国、丹麦、英国等 20 多个国家，这些国家所获得的三方专利（美国、欧洲和日本授权的专利）数占世界总量的 99%，在创新投入、知识产出、创新产出和自主创新能力等方面，远远高于其他国家。

2. 国家创新能力评价

评价一个国家是否属于创新型国家，不能单纯以拥有多少科技人员、发表多少学术论文、取得多少科技成果等为依据，更重要的是看创新在这个国家的发展中是否起到主导作用。目前，衡量国家创新能力的测评体系主要有 OECD 科技指标、欧洲创新计分牌（简称 EIS）、美国科技指标等。其中，EIS 被认为是比较全面的国家创新能力测评体系。

EIS 的评价指标体系由五类共 26 个指标组成，分为创新投入和产出。创新投入包括创新驱动因素、知识创造和企业创新。创新驱动因素主要考察与创新相关的人力资本与基础设施；知识创造主要衡量作为知识经济成功的关键因素，研发活动的投入情况；企业创新通过分析参与创新的企业数量与企业对创新的投入，以及信息通讯技术（ICT）投资情况反映企业在创新活动中的投入。创新产出从技术应用与知识产权方面进行分析。技术应用主要考察企业采用高技术带来的新价值。知识产权主要考察专利、商标、外观设计的人均占有量。表 15-1 详细说明了创新指标体系的五类 26 个指标，以及每个指标的原始数据来源。

对比欧盟与美国、日本的指标，美国、日本在创新能力上远远超过欧盟 25 国，这一差距在最近几年没有大的变化。有三个指标可以解释欧盟落后于美国、日本的原因，它们分别是：美国专利、受过高等教育的人口以及 ICT 投入。在 EIS 的基础上，欧盟推出了“全球创新计分牌”（简称 GIS）。GIS 将全球相关 48 个国家和地区分为创新领先型、创新先进型、创新追赶型、创新落后型四类国家，中国属于创新落后型国家。用其他方法对国家创新能力的评价结果均已表明，我国离创新型国家还有相当大的差距。正如在 EIS2006 中所指出：“无论是阿根廷和巴西，还是印度和中国，无论在绝对指标还是相对指标上，都难以与任何一个创新较好的欧盟国家相比。看来这些国家的创新体系需要有实质性的改善，才能赶上创新绩效好的国家。”①

① 成思危. 论创新型国家的建设. 理论参考，2010(5)：5—7.

表 15-1 创新指标体系的评价指标[①]

五类指标			具体指标	欧盟25国	欧盟15国	美国	日本	原始数据来源
创新投入	创新驱动	1.1	科学与工程类毕业生/20～29岁人口(‰)	12.2	13.1	10.9	13.2	EUROSTAT
		1.2	受过高等教育人口/25～64岁人口(%)	21.9	23.1	38.4	37.4	EUROSTAT ,OECD
		1.3	宽带普及率(%)	6.5	7.6	11.2	12.7	EUROSTAT
		1.4	参加终身学习人口/25～64岁人口(%)	9.9	10.7	—	—	EUROSTAT
		1.5	青年受高中以上教育程度/20－24岁人口(%)	76.7	73.8	—	—	EUROSTAT
	知识创造	2.1	公共R&D支出/GDP(%)	0.69	0.7	0.86	0.89	EUROSTAT ,OECD
		2.2	企业R&D支出/GDP(%)	1.26	1.3	1.91	2.65	EUROSTAT ,OECD
		2.3	中、高技术R&D/制造业R&D支出(%)	—	89.2	90.6	86.8	EUROSTAT ,OECD
		2.4	企业R&D支出中来自公共基金的投入比例	N/a	n/a	—	—	EUROSTAT (CIS)
		2.5	高校R&D支出中来自企业的投入比例	6.6	6.6	4.5	2.7	EUROSTAT ,OECD
	企业创新	3.1	开展内部创新的中小企业/中小企业总数(%)	N/a	n/a	—	—	EUROSTAT (CIS)
		3.2	参与合作创新的中小企业/中小企业总数(%)	N/a	n/a	—	—	EUROSTAT (CIS)
		3.3	创新支出/销售总额(%)	N/a	n/a	—	—	EUROSTAT (CIS)
		3.4	早期阶段的风险资本投资/GDP(%)	—	0.025	0.072	—	EUROSTAT
		3.5	信息通信技术支出/GDP(%)	6.4	6.3	7.8	8	EUROSTAT
		3.6	采用非技术变革的中小企业/中小企业总数(%)	N/a	n/a	—	—	EUROSTAT (CIS)
创新产出	技术应用	4.1	高新技术服务行业的就业人口比重	3.19	3.49	—	—	EUROSTAT
		4.2	高技术产品出口/总出口额(%)	17.8	17.2	26.9	22.7	EUROSTAT
		4.3	市场新产品销售额/销售总额(%)	N/a	n/a	—	—	EUROSTAT (CIS)
		4.4	企业新产品销售额/销售总额(%)	N/a	n/a	—	—	EUROSTAT (CIS)
		4.5	受雇于中/高技术制造业的就业人口比重	6.6	7.1	1.89	7.4	EUROSTAT
	知识产权	5.1	百万人口拥有的欧洲发明专利数	133.6	158.5	154.5	166.7	EUROSTAT
		5.2	百万人口拥有的美国发明专利数	59.9	71.3	301.4	273.9	EUROSTAT
		5.3	百万人口拥有的其他第三方专利数	22.3	36.3	53.6	92.6	EUROSTAT ,OECD
		5.4	百万人口新注册的区域性商标数	87.2	100.9	32	11.1	OHIM
		5.5	百万人口新注册的设计数	84	98.9	12.4	15.1	OHIM

① 资料来源：周勇，徐宝艳．全球创新计分牌（GIS）评析．科技管理研究，2008(4)；EIS 的 12 个指标主要来自 Eurostat，世界银行（世界发展指标），经合组织（OECD），UNESCO，UNIDO 和 WITSA /网际网路资料中心的数据。

二、创新型国家的形成与经验

1. 创新型国家的历史形成

近现代世界历史表明，创新特别是科技创新，是国家现代化的发动机，是一个国家进步和发展最重要的因素之一。重大原始性科技创新及其引发的技术革命和进步成为产业革命的源头。在近现代几百年的世界发展史上，出现过三次引领世界发展潮流的原始科技创新。18世纪，英国发明和推广蒸汽机技术，引领了第一次工业革命；19世纪，德国以电气化和发展重化工产业，推动了第二次工业革命；20世纪，美国以信息、生物技术方面的划时代重大发明及开拓应用，引领了世界发展潮流。

图 15-1　蒸汽机的出现引领了18世纪英国的第一次工业革命①

创新是人类社会发展中持续不断的过程，创新型国家则是特定历史阶段的产物，是人类社会经济发展到一定阶段的产物，其形成需要诸多历史条件：一是社会总体生产力水平高度发达，能够从事相对专门化的科技创新产品生产；二是科学技术发展已经达到很高的水平，为不断的原始性创新提供理论支撑和技术平台；三是社会经济发展开始提出突破自然资源与空间制约的要求，为原始性创新提出客观与现实要求；四是科学技术与社会经济发展已经高度国际化，从而形成具有等级梯次的国际经济体系；五是具备完善的创新文化环境，注重通过教育制度的改进，培养全民创新文化，通过价值体系的完善，培育有利于创新的文化氛围。这些历史条件是在"二战"结束以后，伴随经济全球化加速推进和民族国家发展高潮出现的。"二战"后，一些国家把科技创新作为基本战略，大幅提高科技创新能力，经历了不同的历史转折点，形成了各具特色的创新型国家发展之路。

以美国为例，"二战"结束至20世纪60年代，主要以市场竞争配置创新资源。20世纪70年代，美国政府开始重新考虑在支持R&D上的立场，提出"新技术机会计划"，代表政府对创新政策认识有了重大转折。20世纪80年代美国进入制度创新时代，美国的创新政策开始从科技政策和产业政策中逐渐独立出来。20世纪90年代，美国进入全面建设国家创新体系阶段，重视国家创新体系及创新网络的构建，加强对科技活动统一指导和参与；加强政企

① 图片来源：http://www.baidu.com.

合作，鼓励产业界增加R&D投资；积极推动实用的基础研究计划，加速军转民项目的实施；重视教育，增加对大学R&D的投资；注重培养创新文化。

2004年，美国竞争力委员会发布《创新美国》研究报告。该报告为美国创新型国家建设确立了政策路线图，为美国构建了一个创新生态系统框架。创新已不仅仅是一个从研究到发明、从发明到商业化的线性过程，而是一个系统立体考虑的结果，其中不仅包括对创新的供给和投入，也包括外部的市场需求，还包括政策环境和基础设施等在内的诸多外在因素。报告提出了80余项强化创新的政策建议，主要从创新人才、创新投资、创新组织及机制三方面提出创新美国倡议。"创新美国"成为政府、企业、教育和科研机构共同推动的事业。

2. 创新型国家建设的国际经验

主要创新型国家在建设的初期经济发展程度相差很大，在自然资源禀赋、经济规模和政治结构上也存在巨大差异，但在半个多世纪创新型国家建设经验方面，还是具有以下共同点。

(1)自主创新作为国家发展的主导战略

依靠自主创新提升国家的综合国力和核心竞争力，建立国家创新体系，走创新型国家发展之路，是创新型国家政府的共同选择。例如，日本一直坚持走"技术立国"之路，但在20世纪90年代中期后便改弦更张，明确提出将"科技创新立国"作为基本国策。2002年，英国启动了10年科技发展规划，是英国历史上第一次由政府主持制订的科学技术长远发展规划。2004年，韩国科技部提出，逐步由对发达国家"模仿、追赶"型的研发模式转变为"创新型"模式。

(2)优化的国家创新体系结构

创新型国家注重以政府为主导建设国家创新体系，把各种资源有效整合起来，以加强体系内各个创新主体的互动。这些国家重视科技创新设施的建设，包括大学、科研机构、企业实验室或技术开发中心，也包括科技园区和其他创新支持服务机构的建设。例如，芬兰政府成立了由芬兰总理担任主席的芬兰科技政策委员会；成立了为企业研究与开发提供咨询服务和经费资助的芬兰技术发展中心；并在全国先后建立了10个促进产学研结合的科技园。

(3)企业培育成为创新主体

企业是国家经济实力的基础和支柱，更是科技创新的主体。创新型国家都把增强企业创新能力作为提升国家竞争力的重要措施，其科技创新体系都是以企业为主导。例如，私营企业是美国技术创新的主要执行者，其研发经费约占美国研发总支出的70%。其中，中小企业是美国国家技术创新的核心力量，美国一半以上的创新发明是小企业完成的，其人均发明创造为大企业的两倍，研发回报率比大企业高14%。

(4)市场经济体制催生和培育创新环境

所有创新型国家都是市场经济体制比较完善的国家，只有完善的市场经济体制，才能一方面不断为企业提供创新激励，另一方面，能够直接检验创新成功的价值。创新主体只有不断地获得创新回报，才有不断的创新激励。例如，设在布鲁塞尔的可口可乐创新实验室团队，每年完成600多个创新项目，每个项目都是通过市场调查立项的。从这个意义上说，市场经济体制不仅为创新提供激励，更重要的是为创新提供方向。

(5)构建有利于创新的文化环境

创新型国家注重通过教育制度的改革，培养全民创新文化，通过价值体系的完善，培育有利于创新的文化氛围。例如，以色列 1948 年建国，只有 500 万人口，自然资源和环境很差，但经过半个世纪的发展，实现了创新立国。其成功的原因主要在于以色列不仅重视知识，而且重视创新型人才及其能力培养。以色列诺贝尔奖得主、卓越的科学家、各种专业人才的数量之多，占其人口的比例远远超过其他国家。这是其在科技创新方面的表现令很多大国难望其项背的文化原因。

第二节　科学技术与创新型国家建设

一、科学技术是创新型国家建设的关键

1. 从“科学技术是第一生产力”到建设创新型国家

科学技术是第一生产力，是推动人类文明进步的革命力量，1988 年邓小平在中国首次提出“科学技术是第一生产力”的著名论断，成为我国现代化建设的指导方针。

进入 21 世纪以来，世界新科技革命继续迅猛发展，信息技术的发展推动着经济增长和知识传播的进程，能源技术的发展将可能化解世界性能源和环境危机，空间技术的发展将促进对太空资源的开发和利用。在新科技革命的推动下，知识和技术成为决定竞争优势的重要资源，当代社会开始进入知识经济社会。在农业经济社会，自然资源和劳动力是决定生产力的主要因素，在工业经济社会，物质资源和资本是生产力发展的主导力量，而在知识经济社会，知识成为推动经济发展和社会进步的核心要素。在这种新形势下，1997 年中国科学院向中共中央、国务院提交了《迎接知识经济时代建设国家创新体系》的报告，呼吁建立包括知识创新、技术创新、知识传播和知识应用等系统在内的国家创新体系。我国的科技发展战略开始了以自主创新为特征的跨越式发展，逐渐替代了改革开放以来以跟踪模仿为主的渐进式发展。

图 15-2　2006 年全国科技大会①

本次大会提出自主创新、建设创新型国家战略。

2006 年在全国科技大会上，胡锦涛总书记作了《坚持走中国特色自主创新道路，为建设创新型国家而努力奋斗》的重要讲话，提出要实施新世纪的科技发展规划纲要，用 15 年时间把我国建设成为创新型国家的战略目标。之后，我国政府颁布了《国家中长期科学和技术发展规划纲要(2006—2020)》(简称《纲要》)，《纲要》以增强自主创新能力为主线，强调进一步发挥科技进步和创新的重大作用，这是对“科学技术是第一生产力”的传承，也是适应时代需要的发展。

---

① 图片来源：新华网。

从“科学技术是第一生产力”到建设创新型国家，贯穿其中的主线是科学技术，科技的进步和创新已经在推动经济社会发展中发挥了关键作用，在创新型国家建设中更要把科技进步和创新摆在首要的位置，把提高自主创新能力作为科技发展的战略基点和指导方针，只有这样，我国在当前和未来的全球化进程中才能始终处于主动地位。

2. 增强自主创新能力离不开科学技术

《纲要》明确指出，要把提高自主创新能力摆在全部科技工作的突出位置。要把增强自主创新能力作为发展科学技术的战略基点，把增强自主创新能力作为调整产业结构、转变增长方式的中心环节，把增强自主创新能力作为国家战略，走出中国特色的自主创新道路，推动科学技术的跨越式发展。

自主创新，有三方面含义：一是加强原始性创新，努力获得更多科学发现和技术发明；二是加强集成创新，使各种相关技术有机融合形成具有市场竞争力的产品或产业；三是加强对引进技术的消化、吸收与再创新。从一定意义上讲自主创新就是科学技术的自主创新，创新总是要以科学的发展和技术的发明为基础，离开科学技术的创新就是无源之水，要增强自主创新能力必须依靠科学技术，特别是科技创新。

新中国成立以来，我国科技事业取得了令人瞩目的巨大成就。以“两弹一星”、载人航天、杂交水稻、陆相成油理论与应用、高性能计算机为标志的一大批重大科技成就，极大地增强了我国的综合国力。但我国总体创新能力和创新绩效距离创新型国家还有相当的距离，特别是我国关键技术自主研发比例低，发明专利少，科学研究质量不高，科技成果转化滞后，拔尖人才比较缺乏。在国际竞争日趋激烈的形势下，这种创新能力不足将对经济社会发展和国家安全构成严重制约。

图 15-3　中国的“两弹一星”①

从左至右分别为：1964 年 10 月 16 日，我国第一颗原子弹爆炸成功；1967 年 6 月 17 日，第一颗氢弹空爆试验成功爆炸；1970 年 4 月 24 日，“长征一号”运载火箭成功发射第一颗人造卫星“东方红一号”。

强化科技创新，把科技投资作为战略性投资，大幅度增加科技投入，超前部署和发展前沿技术及战略产业，实施重大科技计划，才能不断增强自主创新能力和国际竞争力。增强自主创新能力，必须以科学技术为依托，加大对自主创新的投入，着力突破制约经济社会发展的关键技术；加快建设国家创新体系，支持基础科学研究、前沿技术研究、社会公益性技术研究；加快建立以企业为主体、市场为导向、产学研相结合的技术创新体系，引导和支持创新要

① 图片来源：新华网。

素向企业集聚，促进科技成果向现实生产力转化；深化科技管理体制改革，优化科技资源配置，完善鼓励技术创新和科技成果产业化的法制保障、政策体系、激励机制、市场环境，实施知识产权战略，充分利用国际科技资源；进一步营造鼓励创新的环境，努力造就世界一流的科学家和科技领军人才。

二、创新型国家建设推动科学技术发展

1.创新型国家建设对科学技术提出新的要求

2006年开始，我国把建设创新型国家作为未来15年的国家目标，实质是要从根本上解决未来我国经济社会发展的道路问题，使经济和社会发展转变到依靠创新驱动轨道上来。

长期以来，为了在相对薄弱的科技和经济基础上尽快提高经济发展水平和实现工业化，我国走的主要是依靠劳动力、自然资源和资本等生产要素高投入、高积累的粗放型经济增长道路，改革开放以后，这种状况没有根本性改观。这严重影响了我国企业和产业的国际竞争力，使企业技术创新能力相对薄弱，国家重大产业对外技术依存度居高不下，产业生产率大大低于国际先进水平，据世界银行2001在《中国与知识经济：把握21世纪》的统计，在20世纪90年代，中国农业劳动生产率是美国和法国的5%；制造部门劳动生产率也不足美国和法国的5%。同时，这种发展模式使我国的资源供应压力加剧，环境恶化加速，经济和社会进一步发展面临资源、环境等瓶颈要素的极大制约。

要改变这种局面，必须努力转变经济社会发展模式，走主要依靠科技进步和创新为驱动力的创新型国家发展道路。为实现这一目标，我国科学技术发展必须认真落实《纲要》，坚持"自主创新、重点跨越、支撑发展、引领未来"的指导方针，建设和形成强大的原始创新能力，在科学技术突飞猛进和科技革命中把握先机并从容应对；形成强大的关键核心技术创新能力，在日趋激烈的国际经济科技竞争中占据主动地位；形成强大的系统集成创新和引进消化吸收再创新能力，在开放的环境中有效吸纳利用国际创新资源；科学系统地认识中国自然环境和基本国情，实现人与自然和谐发展和社会可持续发展；建设和形成高效通畅的技术转移机制，高效的科学知识传播机制，使科技创新产生的经济社会效益惠及全体人民；建设和形成中国特色社会主义法律体系，先进的创新文化，良好的创新创业社会氛围，充满生机活力的创新体系和国民教育体系，使创新智慧竞相迸发、创新人才大批涌现，形成强大的自主创新能力，支撑中国经济社会发展。

《纲要》提出的我国创新型国家建设具体目标是：到2020年，争取全社会研究开发投入占国内生产总值的比重提高到2.5%以上，力争科技进步贡献率达到60%以上，对外技术依存度降低到30%以下，本国人发明专利年度授权量和国际科学论文被引用数均进入世界前五位。

2.创新型国家建设推动全社会科技创新

科技创新是原创性科学研究和技术创新的总称，是指创造和应用新知识和新技术、新工艺，采用新的生产方式和经营管理模式，开发新产品，提高产品质量，提供新服务的过程。科技创新可以被分成三种类型：知识创新、技术创新和现代科技引领的管理创新。

科技创新涉及政府、企业、科研院所、高等院校、国际组织、中介服务机构、社会公众等多个主体，包括人才、资金、科技基础、知识产权、制度建设、创新氛围等多个要素，是各创新主

体、创新要素交互作用下的一种复杂现象。从技术进步与应用创新构成的技术创新双螺旋结构出发，进一步拓展视野，可以看到技术创新的力量源泉来自科学研究与知识创新，来自专家和人民群众的广泛参与。而现代科技引领的管理创新是我们这个时代创新的主旋律，也是科技创新体系的重要组成部分。科技创新正是科学研究、技术进步与应用创新协同演进下的一种复杂涌现。知识创新、技术创新、现代科技引领的管理创新之间的三螺旋结构共同演进、协同互动形成了科技创新(见图 15-4)。

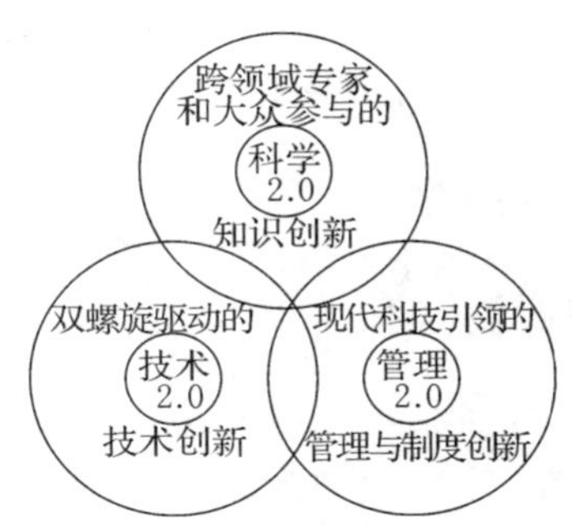

图 15-4　面向知识社会的科技创新体系

建设创新型国家的战略目标需要科技创新各主体之间加强联系与合作，通过积极调动科技创新各要素，争取专家和人民群众的广泛参与，形成知识创新、技术创新、现代科技引领的管理创新之间的协同互动，创造全社会科技创新的局面。在创新型国家建设中，科技创新应以解决关系国家全局和长远发展的基础性、战略性、前瞻性的重大科技问题为着力点，注重自主创新，加快实施重大专项，确定一批科技创新战略目标，建设一批世界先进水平的创新基地，培养一批高水平科技创新和创业人才；科学选择战略性新兴产业，特别是围绕发展电子信息、生物医药、能源环保、先进制造等重点产业，加强科技攻关和产业化，逐步使战略性新兴产业成为经济社会发展的主导力量。

第三节　中国建设创新型国家的道路

一、建设国家创新体系

1. 国家创新体系内涵和结构

“国家创新体系”概念至今没有明确的界定。OECD 在 1996 年《以知识为基础的经济》中认为：在以知识为基础的经济中，“国家创新体系的结构是一个重要的经济决定因素，这种结构由工业界、政府和学术界之间在发展科学和技术方面的交流和相互关系构成。”在 1997 年综合性报告《国家创新体系》中，OECD 认为并没有关于国家创新体系的单一的被共同接受的概念，该报告列举了五种较有代表性的界定方式(参见专栏 15-1)，并明确指出，重要的是“交互作用的网络”。

虽然不同研究者对国家创新体系有不同界定，但这些界定的核心是一致的，主要都围绕知识技术创造、扩散过程中的社会机构及制度的作用问题展开讨论，包括以下几点值得重视：知识在现代经济增长中有极为重要的作用和意义；知识的生产与知识的传播、应用之间存在着复杂的联系；知识生产和运用的不同主体之间存在着密切的整合和互动关系。

根据 OECD 对国家创新体系的描述，结合我国实际，一般认为我国的国家创新体系是以政府为主导、充分发挥市场配置资源的基础性作用、各类科技创新主体紧密联系和有效互动的社会系统，是由政府和社会各部门组成的一个组织和制度网络，目的在于推动科技创新。

企业、科研机构和高校及致力于技术和知识转移的中介机构是创新体系的主要构成，其中企业是创新系统的核心。

专栏 15-1

关于国家创新体系的几种界定[①]

Freeman(1987)：公共和私人部门中的机构与制度网络，其活动和相互作用激发、引入、改变和扩散着新技术。

Lundvall(1992)：在生产、扩散和利用经济有效的新知识上相互作用的要素和关系……它们处于一个国家之内或根植于一个国家之中。

Nelson(1993)：一组机构，其相互作用决定了国家公司的……创新绩效。

Patel，Pavitt(1994)：国家的种种机构，其作用结构和能力决定了一个国家技术学习的速率和方向(或数量和成分的变化所引发的活动)。

Metcalfe(1995)：种种不同特色机构的集合，这些机构联合地和分别地推进新技术的发展和扩散、提供了政府形成和实施关于成形过程的政策和框架。这是创造、储存和转移知识、机能及新技术产品的相互联系的机构所构成的系统。

国家创新体系的结构主要包括以下内容：知识创新系统、技术创新系统、知识传播系统、知识应用系统、制度创新系统。知识创新系统是技术创新系统的基础和源泉，技术创新是企业发展的根本，通过知识传播系统来培养高素质人才，知识应用系统促使科学知识和技术知识转变为现实生产力，而国家通过制度创新系统来进行制度安排，以调控整个国家创新体系的良好运行。我国构建中国特色国家创新体系的战略目标是为创新型国家建设提供基础平台，主要目标是在未来 10～20 年内，建成结构合理、机制灵活，具有持续创新能力的国家创新系统，为全面建设小康社会提供强大的科技支撑。

2. 确立企业的技术创新主体地位

加强国家创新体系的建设，关键是要建立以企业为主体、市场为导向、产学研相结合的技术创新体系，使企业真正成为研究开发投入的主体、技术创新活动的主体和创新成果应用的主体，全面提升企业的自主创新能力。

企业自主创新能力是国家自主创新能力的基础，企业的创新能力决定了国家的经济竞争力。历史发展的经验表明，技术进步对经济、社会发展具有极其重要的作用，而企业的技术创新正是充分发挥技术进步作用的重要途径。在经济全球化的过程中，创新能力强的跨国公司在当今技术开发和创新活动中扮演着主导角色，特别是发达国家的跨国公司，生产、拥有和控制着世界上大部分的先进技术。目前，全球跨国公司投入的研发开支占全球研发总投入的 50%以上，占全球商业性研发总投入的 2/3 以上。

增强企业技术创新能力，必须处理好推动企业提高技术创新能力的政府行为与市场机

① 资料来源：全国工程硕士政治理论课教材编写组. 自然辩证法——在工程中的理论与应用. 北京，清华大学出版社，2008：151.

制之间的关系。市场需求和市场竞争是推动企业提高技术创新能力的主要力量，需要通过市场竞争，运用市场配置科技资源的基础性作用提高企业技术创新的自觉性和主动性，同时，需要加强政府对企业技术创新的政策激励和引导。政府在促进企业成为技术创新主体和增强企业自主创新能力方面的作用，主要表现在消除妨碍企业技术创新的体制性、机制性约束，打破不利于公平竞争的行业和市场垄断，创造有利于最大限度地调动广大企业技术创新积极性和主动性的市场环境；制定相关科技、经济和产业政策，激励和引导企业加强研发投入，建立和完善研发机构，加强面向技术创新的公共服务平台建设等方面。

3.发挥高校和科研机构的中坚作用

国家创新体系要求建设科学研究与高等教育有机结合的知识创新体系，以建立开放、流动、竞争、协作的运行机制为中心，高效利用科研机构和高等院校的科技资源，稳定支持从事基础研究、前沿高技术研究和社会公益研究的科研机构，集中力量形成若干优势学科领域、研究基地和人才队伍。

国家的科研机构主要开展与国家利益和安全相关的战略性重大科技问题研究，企业、高校等感到耗资大、风险高，不愿开展或无力开展的基础科学和技术科学等研究，以及提高人民生活质量的社会公共、公益领域的科技研究，如医学、农学等；政府履行职责所需的技术监督、计量标准、质量检测、环境保护等方面的科研工作。在发达国家，政府机构执行全国10%～20%的研究与开发任务，而所拥有的研究与开发经费为全国的20%～50%。我国现有的国家级科研机构在技术、知识创新方面具有相当强的优势和基础，承担了国家大量的研究与开发任务，也拥有大量的成果，但由于有些项目在设立之初就无市场导向，取得成果后又未产业化，使得国家大量的科研投入半途而废，没有成为生产力而促进经济增长。

我国的高等院校创新人才聚集，有良好的基础设施、自由的学术氛围和多学科交叉的优势，是培养科技创新人才的主要基地，也是科技知识生产和传播的重要基地。根据OECD的统计报告，美国、日本和德国等发达国家，大学是仅次于产业部门的第二大研究开发活动主体。在我国，据科技部的统计，2000—2009年高校共承担了中央政府的国家重点基础研究发展计划（“973计划”）、国家高技术研究发展计划（“863计划”）和国家科技支撑计划等各类国家科技计划项目27700多个，获得科技经费总额约277.5亿元，占国家科技计划总经费的25.7%。“973计划”项目中高校作为第一承担单位并任首席科学家的有43项，占立项总数的58.1%；重大科学研究计划中高校作为第一承担单位的项目有20项，占立项总数的57.1%。2008年国家科技重大专项启动后，已有150余所高校参加重大专项的研发工作，承担项目经费达19.34亿元，占总经费额度的18%。[①] 这些都充分反映出我国的高校具有坚实的科研实力，在国家科技工作中占有重要地位。

推进国家创新体系建设，要进一步发挥高校和科研机构在知识的创造和应用中的中坚作用，建设科学研究与高等教育紧密结合的知识创新体系。支持有条件的高等院校建设高水平的研究型大学，促进科研院所之间、科研院所与高等院校之间的结合和资源集成，形成一批高水平的资源共享的基础科学、前沿高技术和社会公益研究基地。鼓励和支持具有优势地位的企业利用高校和科研院所的特色资源优势，联合相关机构，建立并完善专业性的公

---

① 科技部.发挥高校作用建设创新型国家.决策管理，2010(10)：6.

共技术支撑平台以及国家级工程中心、国家级企业技术中心。支持高等院校、研究院所共建开放式实验室,鼓励高等院校和研究院所发挥科技条件资源优势,形成一批面向市场应用的公共开放实验室。

二、实施自主创新战略

实施自主创新战略要从增强国家创新能力出发,加强原始创新、集成创新和引进消化吸收再创新。这三种创新方式具有不同特点,其实现的途径、所需条件及产生的形式结果也不同。原始创新一般通过理论创新、原理创新、方法创新实现,而集成创新、消化吸收创新主要通过结构创新、功能创新实现;原始创新可以得到理论、方法、技术或产品,集成创新或消化吸收创新一般得到技术或产品;原始创新是以目前已有的技术、方法、理论等为基础的长期的学术、经验和阅历积累后的"裂变",消化吸收创新侧重于创新素材的来源,集成创新则更多强调了是通过集成的方式方法来获取创新结果,集成创新与消化吸收创新互相联系包含。

1.加强原始创新

原始创新指前所未有的重大科学发现、技术发明、原理性主导技术等创新成果。其根源在于基础研究。基础研究对于经济增长具有乘数效应,美国近30年来经济上的成就依赖于基础研究所培育的智力资本和知识增长,美国企业专利所引的参考文献70%来源于由公共资金资助的基础研究。原始创新成果具有首创性、突破性、带动性,这些特征决定了它是我国创新型国家建设的首要路径。

为反映科技原始创新能力,我国设立了国家自然科学奖和国家技术发明奖。2008年以来这两个奖项获奖数和质量有显著提高,说明近年来我国科学理论、技术原理和技术方法等原始创新成果丰硕。从我国设立的五项国家级科学技术奖获奖项目上分析,反映原始创新能力的国家自然科学奖和国家技术发明奖项目主要由大学、科研院所完成;体现科技与经济社会紧密结合,集成创新、引进消化吸收再创新的项目多以大学、科研院所和企业分别完成或合作完成。从获奖项目的经费投入看,国家自然科学奖和国家技术发明奖的R&D投入主要由国家科技计划和国家自然科学基金支持,分别为60.7%和64%。而紧密结合国民经济建设和社会发展的科技进步奖项目,其经费来源多元化,R&D经费来自企业投入的项目数量在不断增加,占获奖项目的69.3%。说明我国以高校、科研院所为主体的知识创新体系,以企业为主体的技术创新体系正逐步形成。

2.加强集成创新

集成创新是利用各种信息技术、管理技术与工具,对各个创新要素和创新内容进行选择、集成和优化,形成优势互补的有机整体的动态创新过程。集成创新的主体是企业,其目的是有效集成各种要素,在主动寻求最佳匹配要素的优化组合中产生"1+1>2"的集成效应,以此更多地占有市场份额,创造更大的经济效益。

随着经济全球化、信息技术与互联网的快速发展以及企业生存环境的复杂化,集成创新的构成要素也在不断地发生变化。现在,集成创新不只是集中在技术方面,还要考虑组织、战略、知识等方面。集成创新是技术融合的进一步延伸,是产品、生产流程、创新流程、技术和商业战略、产业网络结构和市场创新的集成。进入21世纪后,企业的经营环境愈加复杂多变,越来越多的企业发现,仅有良好的生产效率、足够高的质量、较好的灵活性已不足以保持市场竞争优势。对于原始性技术创新与重大发明专利都较稀缺的我国及我国企业来说，集成创新显得尤为重要。集成创新有可能成为技术跨越的突破口。

3. 加强引进、消化吸收再创新

引进、消化吸收再创新，也称"二次创新"，是指在已有成熟技术的基础之上，沿着已经明确的技术道路进行技术创新，如在原有技术之上将技术更加完善，开发出新的功能等。就企业而言，早期跟随策略可能是最优的，因为其进入新市场决策的有效性取决于怎样尽快克服由消费者和创新领先者决定的双重进入障碍。尽可能早地辨别出创新领先者开辟的新市场的潜力，并迅速配置创新产品所需的关键资源，成功地实施"二次创新"，是跟随者获取较大创新效益的关键。

改革开放以来，我国通过直接引进国外先进技术，增加了技术积累，为增强自主创新能力奠定了基础。但一些企业只重视引进，不注意消化吸收再创新，导致自主创新能力不足、国际竞争力不强。因此必须把增强自主创新能力作为"二次创新"的出发点，形成通过引进技术促进自主创新能力提高的体制机制。真正的核心技术和关键技术是买不来的，只能通过自主开发获得，在引进技术时，要注重加强学习和消化吸收，努力形成独立的产品开发能力，避免陷入"引进—落后—再引进—再落后"的被动局面。

三、深化科技体制改革

1. 推进技术创新与制度创新互动

在熊彼特提出技术创新之后，有关创新的理论基本上沿着两条主线展开：一条是以新增长理论为基础的"内生技术论"，另一条是以新制度经济学为基础的"制度决定论"。前者强调技术是现代经济增长的决定因素，后者强调对经济增长起决定作用的是制度因素而非技术性因素，两者分别从不同角度对"索罗余值"的要素贡献作出了有力的阐释。这启示我们：技术、制度都是实现经济增长的重要创新要素。技术创新体现了人为降低生产的直接成本所作的努力，制度创新特别是经济制度的演变则体现了人为降低生产的交易成本所作的努力。科学技术的生产力属性决定了技术创新往往是创新的突破口，进而技术创新的需求拉动了生产关系范畴的制度创新，制度创新反过来又对技术创新存在巨大的推动作用。

在我国经济发展进程中，普遍存在一种重视技术创新忽视制度创新的思想倾向。我国现阶段科研成果转化效率不高，企业缺乏技术创新的积极性，国家创新系统的创新能力仍显薄弱等老大难问题，是与现行制度框架所能提供的激励相对不足直接相关的。在我国当前的经济转型时期，制度创新短缺正在成为促进经济增长的创新系统运动的主要矛盾，制度创新比技术创新显得更迫切、更重要。仅仅通过"提高创新意识"、"增加投入"或"引进新技术"等途径来加快技术创新进程，仍是一种粗放型的经济发展模式，无法保证我国经济的持续健康发展。与时俱进的制度创新，才是增强我国自主创新能力、建设创新型国家的关键。具体来说，在保障企业主动的技术创新投资及其演化而成的产学研合作网络方面，政府要有所作为，成为最强有力的制度供给者，通过财税、金融、政府采购、知识产权保护、人才队伍建设等方面的一系列政策法规的制定和实施，引导并约束企业等创新主体的自主创新活动良性发展。只有摒弃传统的重技术轻制度的思想观念，同时注重技术创新和制度创新，扫除与技术创新不相容的旧的制度性障碍，才能使科技成果走出实验室，转化为最直接的现实生产力。

专栏 15-2

索罗余值

全要素生产率(Total Factor Productivity)又称为“索罗余值”,最早是由美国经济学家罗伯特·索罗(Robert M. Solow)提出的,是衡量单位总投入的总产量的生产率指标。即总产量与全部要素投入量之比。全要素生产率的增长率常常被视为科技进步的指标。全要素生产率的来源包括技术进步、组织创新、专业化和生产创新等。产出增长率超出要素投入增长率的部分为全要素生产率(TFP,也称总和要素生产率)增长率。

全要素生产率(TFP)无法从总产量中直接计算出来,故只能采取间接的办法:

$$GY=GA+aGL+\beta GK$$

其中:GY 为经济增长率,GA 为全要素生产率(技术进步率),GL 为劳动增加率,GK 为资本增长率,a 为劳动份额,β 为资本份额。

2. 建立恰当的科学研究结构比例关系

建立恰当的基础研究、应用研究和开发研究三者之间的比例关系,是科学技术体制的重要内涵。不同发展水平、不同环境条件的国家和地区,在三种研究之间有不同的结构比例。例如,2008 年日本的基础研究、应用研究和开发研究所占比例分别为 13.7%、23.4%和 62.9%,韩国为 16.1%、19.6%和 64.3%,我国则为 4.8%、12.5%和 82.7%,反映出我国在基础研究投入方面的较大差距。[①] 基础研究是国家长期发展的战略资源,是进行原始创新最基本和最重要的源泉,中国作为世界上最大的发展中国家,不可能也不应该没有自己的基础研究。我国在科技体制改革中提出了“稳住一头,放开一片”[②]方针,就是希望能够正确处理三种研究之间的关系。

3. 建立产学研紧密结合的创新体制

建立国家创新体系的关键是实现不同创新主体之间的密切联系和有效互动。产、学、研是创新活动中最重要的主体,其结合的状况直接影响甚至决定着国家创新体系的建立及运行绩效。增强企业自主创新能力,不但需要依托并不断培养企业自身的研究开发力量,而且需要提高与产学研紧密结合的能力和水平,创造相应的物质条件和制度环境。促进各种类型的产学研合作,加强企业与高等院校、科研院所在技术、人才和资金等方面不同形式的联系,正在成为各国提高企业技术创新能力、增强科学系统内在活力的共同趋向。

要整合政府和社会科技资源为企业技术创新服务,促进产学研之间的良性互动。国家科技计划和重大工程项目要向国内企业开放,国家科研基地、重点实验室、国家工程中心和

---

① 科技部.国际科学技术发展报告 2010.北京:科学出版社,2010:316—317.

② “稳住一头”指保持精干的科技力量从事基础性研究、高技术研究、重点社会公益性研究和重大科技攻关项目研究;“放开一片”指推动技术开发型机构、科技咨询和信息服务以及其他科技机构多层次、多渠道、多方位地进入市场,长入经济。

公共科技成果要向企业开放，特别是在具有市场应用前景的领域，要建立由企业牵头实施国家重大科技项目的机制。同时，要鼓励和支持企业与科研机构、高等院校联合建立研究开发机构、产业技术联盟等。

要正确理解产学研合作的内在含义，鼓励和支持产学研合作并不意味着用技术创新来取代和冲击科研机构、高等院校所应当从事的基础研究和公益性研究，也不意味着科研机构、高等院校要直接进入市场进行技术开发或创办企业。事实上，产学研之间良性的、可持续的合作关系恰恰是以科研机构和高等院校在科学研究和人才培养方面的卓越贡献为基础的，是以不同机构之间在新知识和新技术的生产、扩散和应用之间的合理分工和高效互动为前提的。

4. 完善创新人才大量脱颖而出的机制

人才资源是第一资源，创新型人才是建设创新型国家的根本，必须造就一支宏大的自主创新人才队伍，使其成为新知识的创造者、新技术的发明者、新学科的创始者、新路径的引领者、新制度的倡导者和新氛围的营造者，激发全社会的创新精神，共同建设创新型国家。①

要转变观念，形成尊重自主创新人才的社会共识。坚定人才资源是第一资源的观念，培养追求真理、艰苦奋斗的科学精神，充分肯定和尊重自主创新人才的工作；造就宽容失败、鼓励争鸣的氛围，鼓励科技人才勇于创新、大胆探索、锲而不舍，促进跨学科、跨专业人才的交流合作，形成“百家争鸣、共谋创新”的局面。

要优化育人环境，建设有利于创新型人才生成的教育培养体系。以培养自主创新人才为目标，从单纯传授知识、追求全面发展向注重培养创新意识、个性发展转变；以培养人的创新能力为重点，从专业型教育、单纯模仿向创新型教育、自主创新转变，增强学生自主能力、分析能力、动手能力和创造能力，提高学生综合素质和创新能力，不断激发创新潜能。完善组织模式，建立有利于学科交叉、融合和汇聚的科研体制，促进科学研究、学科建设和人才培养的有机统一。加快建立网络化、开放式、自主性的终身教育体系，使广大科技人员不断掌握新知识新技能，不断提高进行科技创新的素质和能力。

5. 营造有利于和谐创新的文化环境

一个创新型国家必然是全社会成员关注创新、支持创新、参与创新的国家。大力发展创新文化，培育全社会的创新精神，是建设创新型国家的一项重要任务。一个具有中国特色的创新文化，必须具有以人为本的科学理念，追求真理的科学精神，诚实守信的科学守则，整体和谐的科学观念。以此为基础，尊重科学技术自身规律，形成自由、宽松的科研环境；加强科学普及，提高公民科学素养，促进全社会形成尊重科学、崇尚理性、实事求是的价值观念，以及关注创新、支持创新、参与创新的良好社会氛围。

要特别重视传统文化在促进创新方面的重要作用。发展中国特色创新文化，需要深刻把握传统文化的精髓，真正认识和发挥传统文化在促进创新方面的积极作用，将传统文化与当代科学技术发展、当代文化思想融会贯通，构建具有丰富思想内涵和科学实践性的创新文化。要用马克思主义的历史观和文化观分析传统文化的创新因素，树立民族自信心和自豪感。那种把封建文化视为中国传统文化，进而认为中国传统文化阻碍创新的看法，是不科学

① 教育部邓小平理论和“三个代表”重要思想研究中心.造就自主创新人才 建设创新型国家.光明日报，2006-06-26(6).

的。中国传统文化承载了中华民族五千年的历史，生生不息、绵延至今，富有生机和活力，有其内在的合理性，是我们中华民族创造力的不竭源泉，是建设创新型国家的宝贵财富。

本章框架

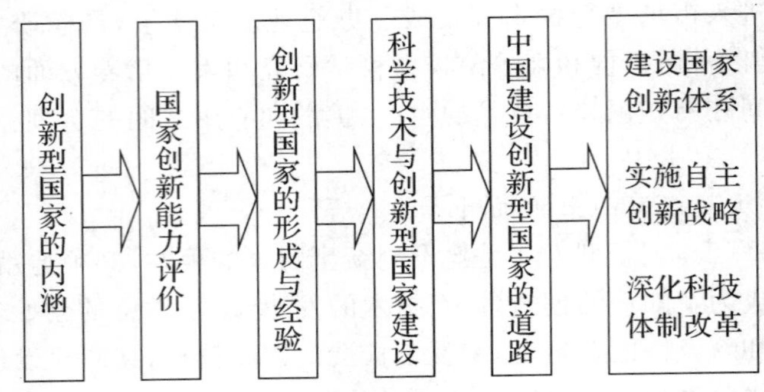

进一步阅读文献

1. 国务院. 国家中长期科学和技术发展规划纲要(2006—2020). 2006.
2. 陈劲等编著. 创新型国家建设——理论读本与实践发展(第 2、4、6、7、8 章). 北京：科学出版社，2010.
3. 钱俊生主编. 自主创新与建设创新型国家学习读本(第 4、5、8、9 章). 北京：中共党史出版社，2006.
4. 全国工程硕士政治理论课教材编写组. 自然辩证法——在工程中的理论与应用(第 5、6 章). 北京：清华大学出版社，2008.

复习思考题

1. 世界上主要的创新型国家具有哪些共同特征？
2. 政府、企业、高校和科研机构在创新型国家建设中的主要作用分别是什么？
3. 你认为中国应该如何建设创新型国家？
4. 如何培育具有中国特色的创新文化？

后　记

作为硕士研究生政治理论课的自然辩证法课程，从20世纪80年代初期开始设置，伴随着我们国家改革开放的前进步伐，已经有了30多年的历程。广大研究生在学习这门课后都感到从中学到了马克思主义的立场和方法，提高了科学思维的能力，开阔了科学研究的视野，对自身的成长颇有帮助。

改革开放30多年来，我国的经济高速增长，科技飞速进步，社会迅速变革，自然辩证法课程的教学内容和方法也与时俱进，不断创新。2010年国家有关部门提出了对于自然辩证法课程新的改革要求。如何适应新的教学改革需要，成为广大教师和研究生共同关心的问题，其中编写适合改革需要的自然辩证法教材是重要方面。

为此，浙江省自然辩证法研究会教学与普及委员会根据教育部关于课程改革的精神，在《自然 科技 社会与辩证法》(浙江大学出版社2002年出版)和《自然辩证法——在工程中的理论与应用》(清华大学出版社2008年出版)两书的基础上，组织全省部分高校从事自然辩证法教学和研究的老师，结合自身多年教学实践的经验，编写新的教材。

教材按照自然观与生态文明、科学观与科学方法、技术观与技术方法、科学技术与当代社会四个部分成篇，包括了以往一般自然辩证法教材的主要内容，并且根据科学技术发展的时代要求，增加了关于生态文明、科技伦理、实践科学发展观、建设创新型国家等内容。考虑到教学改革对于课时调整的要求，教师的课堂教学时间将更加紧凑，因此教材编写在篇幅上可能多于教师讲授的需要，以方便研究生在课后自学。

在教材的编写形式上，我们对每章增加了重点提示、本章框架、进一步阅读文献、复习思考题等要素，可以帮助教师和学生更好地把握基本逻辑和教学重点；同时各章还适当插入了专栏、照片、图表、课堂讨论等内容，以提高教材的活泼性和可读性。

全书的编写过程始终体现了参与作者群策群力、集思广益的科学共同体规范，从提纲的形成、修改，到各章节的最后完成，都是我们这个共同体集体讨论的结晶。

全书各章初稿的撰写和修改者分别是：

绪　论　许为民(浙江大学)

第一章　钱　卉(杭州电子科技大学)

第二章　徐献军(杭州电子科技大学)

第三章　楼慧心(浙江大学)

第四章　周光迅(杭州电子科技大学)

第五章　许为民(浙江大学)
第六章　王彦君(浙江大学)
第七章　楼慧心(浙江大学)
第八章　徐炎章(浙江工商大学)
第九章　倪　钢(宁波大学),许为民(浙江大学)
第十章　倪　钢(宁波大学),许为民(浙江大学)
第十一章　许为民(浙江大学)
第十二章　许为民(浙江大学)
第十三章　王彦君(浙江大学)
第十四章　王学川(浙江科技学院)
第十五章　邹阳洋(浙江工商大学)

初稿完成后,编写者集体认真讨论修改意见,再分头进行修改。修改汇总后,全书第一轮统稿由楼慧心负责第一章至第八章,许为民负责绪论、第九章到第十五章。最后由许为民负责第二轮统稿,并撰写各篇引言、增补专栏和定稿。

本书的完成和出版,得到了省内外许多专家同仁的关心支持。浙江省自然辩证法研究会的同仁,浙江大学出版社的朱玲编辑等,对本书的出版给予了多方面的帮助,在此一并表示我们衷心的感谢。写作过程中我们参考和借鉴了许多文献资料,限于篇幅无法全部标注,对此谨向有关文献的作者表示深深的歉意和谢意。

由于时间仓促,再加上作者的学识和水平限制,书中不尽如人意之处和错误肯定不少,敬请广大读者能不吝教正(电子邮箱:xwm@zju. edu. cn),以帮助我们不断修订完善。

作　者
2011 年 6 月